一流本科专业一流本科课程建设系列教材

U0182580

制冷空调数字化设计

张绍志　陈光明　编著

机械工业出版社

本书是制冷空调领域编程计算的实践指导书，强调快速入门。本书首先介绍了数值计算和工质热物性计算的常用知识，接下来对编程所要用到的工具 EES 软件和 REFPROP 软件进行了基础性讲解，在此基础上，讲解了制冷、低温、空调领域常见循环（蒸气压缩制冷循环、吸收式制冷循环、混合工质制冷循环、高压气体节流制冷循环）、系统（林德单塔系统、集中空调系统）、部件（压缩机、冷凝器、蒸发器、节流元件）的建模和编程分析，最后以专业期刊文章中的问题为例，进行了较为复杂的专业问题的数学建模和编程分析示范。书中大部分编程采用 EES 软件，还有小部分编程采用 MATLAB 软件。本书每章都配有例题，章尾布置有练习题，囿于篇幅，部分习题参考答案和编程代码在本书电子参考资料中提供。

　　本书可作为能源与环境系统工程、能源与动力工程、建筑环境与能源应用工程等专业的本科教材，也可供制冷及低温工程专业、动力工程专业研究生以及从事低温、制冷、空调行业的工程技术人员参考。

图书在版编目（CIP）数据

制冷空调数字化设计/张绍志，陈光明编著 . —北京：机械工业出版社，2023.5
一流本科专业一流本科课程建设系列教材
ISBN 978-7-111-72930-3

Ⅰ.①制… Ⅱ.①张… ②陈… Ⅲ.①数字技术－应用－制冷－空气调节设备－设计－高等学校－教材 Ⅳ.①TB657.2－39

中国国家版本馆 CIP 数据核字（2023）第 057171 号

机械工业出版社（北京市百万庄大街 22 号　邮政编码 100037）
策划编辑：蔡开颖　尹法欣　　责任编辑：尹法欣　章承林
责任校对：潘　蕊　张　薇　　封面设计：张　静
责任印制：常天培
固安县铭成印刷有限公司印刷
2023 年 9 月第 1 版第 1 次印刷
184mm×260mm・12.5 印张・339 千字
标准书号：ISBN 978-7-111-72930-3
定价：45.00 元

电话服务　　　　　　　　　　网络服务
客服电话：010-88361066　　机　工　官　网：www.cmpbook.com
　　　　　010-88379833　　机　工　官　博：weibo.com/cmp1952
　　　　　010-68326294　　金　书　网：www.golden-book.com
封底无防伪标均为盗版　　机工教育服务网：www.cmpedu.com

前　言

伴随计算机和互联网的迅速发展，各国传统制造业都走上了升级道路，我国在近年来也在大力推进制造业转型升级，以推动经济高质量发展。制冷空调行业属于传统行业，新的时代潮流对技术人员提出了新的能力要求，其中一个重要方面是运用计算机编程解决专业问题的能力。本书作者2005—2006年在美国马里兰大学、伊利诺伊大学厄巴纳-香槟分校访问期间，注意到这些高校在培养学生编程解决专业问题方面的努力，认为值得借鉴学习，遂从2007年起将他们使用的EES软件引入研究生课程"制冷与低温计算机分析"，并在近年引入本科高年级的专业课程。在教学过程中，作者深切意识到需要有一本相关教材，由浅入深地对编程解决专业问题予以讲解，并给出足够的示例和习题，以便学生自行学习。为此，在浙江大学能源与环境系统工程系列教材建设项目的支持下，编写了本书。

本书的第1章介绍了纯质热物性计算的基本原理，以及混合物热物性计算的方法。工质热物性的编程计算是开展循环、系统和部件分析计算的基础，理解其中的原理对自行编程或调用现成库函数都有很大帮助，但考虑到本书定位为一本实践指导书，因此对于该部分知识的介绍较为简略，有需要深入学习的读者建议参阅本书的参考文献。第1章还对数值计算的一些基础知识进行了简介，知识点的选择主要基于作者个人经验，在内容方面偏重编程实践，针对对象是未学过数值计算相关课程的读者，使他们能够快速上手运用相关计算方法，学习过数值计算相关课程且有编程经验的读者可略过该部分内容。

本书的核心内容是第2~4章。其中，第2章对制冷空调的专业工具软件EES的基本功能进行了详细介绍，对EES软件的高级功能进行了简略介绍（详细资料在本书的电子参考资料中提供），随后给出了应用EES软件进行基本热力学过程分析的示例。第2章的最后对美国国家标准与技术研究院（NIST）开发的物性计算软件REFPROP进行了介绍，包括该软件的可执行程序以及MATLAB调用REFPROP的方法。第3章给出了制冷、低温、空调领域常见循环和系统的分析，包括蒸气压缩制冷循环、吸收式制冷循环、混合工质制冷循环、高压气体节流制冷循环、林德单塔系统、集中空调系统等内容。第4章给出了典型系统部件的建模和编程分析，包括压缩机、冷凝器、蒸发器、节流元件等。

本书第5章的范例来自研究生课程教学，所选论文均在近10年发表，且涵盖了制冷、低温、空调三个方向。为方便读者结合文献原文进行深入理解，第5章中所用符号尽量与文献原文保持一致。考虑到期刊论文所给参数不够全面（事实上这也是期刊论文的常态），参考程序计算结果与文献原文只能做到大部分一致，所给程序仅供读者参考。此外，作者及其学生也发现，即使是权威期刊上所发论文，由于各种原因也可能存在错误，完全照搬其中的模型和参数会得到错误的结果，需要根据所学专业知识，结合紧密相关的其他论文，对疏漏处予以必要的甄别。

万事开头难，作者在长期教学过程中发现，不少学生在面对稍微复杂的专业问题时，不清楚或不习惯采用编程手段加以解决。使用EES软件能解决上述尴尬局面，该软件容易上手，使用者能在较短的时间内掌握并开展较为深入的分析，从而体会到编程解决专业问题的威力和魅力。但是，对应用 EES 软件编程的局限性我们同样要有所认知，其计算速度严重依赖于初始值的设置，在变量个数多的时候计算速度较慢。在进行非稳态分布参数问题分析时，不推荐采用 EES 软件。依据作者的经验，使用 MATLAB 软件进行专业问题编程计算时速度也不快。本书部分使用 MATLAB 软件编程主要是因为 MATLAB 软件提供了大量使用方便的数学函数。如果对计算速度有要求，建议读者采用 C（包括 C＋＋、C#）、Fortran、Python 等语言。在编程逻辑上，使用 MATLAB 软件与使用 C 语言等并无区别。

本书的编写受益于研究生课程"制冷与低温计算机分析"中各位同学的讨论，在编写过程中，得到了研究生谢若怡、梁璐瑶的协助，在此一并致谢。

由于作者水平有限，书中错漏之处在所难免，恳切欢迎读者批评指正。

作　者

目　录

第1章

数值方法和热物性计算

本章主要介绍非线性方程求解、数据插值和拟合、函数极值、流体热物性计算等内容。

本章电子资料

1.1 非线性方程求解

使用计算机求解的一种基本方法是迭代，即不断重复某一计算过程，直到找到答案，该方法在线性和非线性方程组求解、微分方程求解中均有应用。本节非线性方程求解所用的不动点法、二分法、试值法、牛顿-拉弗森法和割线法均为迭代法。

1.1.1 不动点法

函数 $f(x)$ 的不动点是指满足 $x_s = f(x_s)$ 的实数 x_s。在 $x \in [a,b]$ 范围内，若始终有导数绝对值 $|f'(x)| \leqslant K < 1$，则可以从初值 x_0 开始，构造序列 $x_{i+1} = f(x_i)$，$i = 0,1,2,\cdots$，最终得到方程 $x = f(x)$ 的解 x_s。以图形表示该迭代过程，如图 1-1 所示。

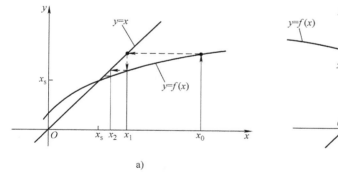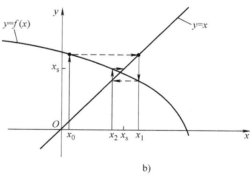

a)   b)

图 1-1 方程 $x = f(x)$ 不动点迭代求解图示

a) $0 < f'(x) < 1$ b) $-1 < f'(x) < 0$

应用 MATLAB 软件编制的不动点法求根的程序请扫码详见本书电子资料 fixpoint. m 程序。

例 1-1 流体力学中关于管内流动摩擦系数 f 的计算。

$$\frac{1}{\sqrt{f}} + 2\lg\left(\frac{1.5 \times 10^{-3}}{3.7 \times 0.01} + \frac{2.51}{28667\sqrt{f}}\right) = 0$$

解 令 $x = \sqrt{f}$，则有

$$\frac{1}{x} + 2\lg\left(\frac{1.5 \times 10^{-3}}{3.7 \times 0.01} + \frac{2.51}{28667x}\right) = 0$$

变换一下得

$$x = -\frac{0.5}{\lg\left(\frac{1.5 \times 10^{-3}}{3.7 \times 0.01} + \frac{2.51}{28667x}\right)}$$

调用上面的 fixpoint 函数，具体如下：

\> > x0 = 0.14；tol = 1e-8；max1 = 200；

\> > [k,s,yr] = fixpoint('fun2',x0,tol,max1)

```
function y = fun2(x)
a = 0.0015/3.7/0.01;
b = 2.51/28667;
y = -0.5/log10(abs(a + b/x));
end
```

初值取 0.14 得到的根为 0.3598，对应 $f = 0.1295$。

不动点法有较为严格的使用条件，即 $|f'(x)| \leqslant K < 1$，如果不满足则迭代不收敛。例如参考文献［6］中 10.6 节关于楼梯间送风问题得到的方程

$$Q = 0.32(510 + 103Q - 38Q^2)^{0.5} + 0.07(510 + 103Q - 38Q^2)^{0.57}$$

式中，Q 代表风量，若采用不动点法求解则会出现发散问题。

不动点法也可用于多变量非线性方程组求解，如

$$x_i = f_i(x_1, x_2, \cdots, x_n), i = 1, 2, \cdots, n$$

取接近真实解的初值 $x_1(0), x_2(0), \cdots, x_n(0)$，进行以下迭代

$$x_i(k+1) = f_i(x_1(k), x_2(k), \cdots, x_n(k)), i = 1, 2, \cdots, n; k = 0, 1, 2, \cdots$$

收敛到真实解的条件为

$$\left|\frac{\partial f_i}{\partial x_1}(x_1(k), x_2(k), \cdots, x_n(k))\right| + \left|\frac{\partial f_i}{\partial x_2}(x_1(k), x_2(k), \cdots, x_n(k))\right| + \cdots +$$

$$\left|\frac{\partial f_i}{\partial x_n}(x_1(k), x_2(k), \cdots, x_n(k))\right| < 1, i = 1, 2, \cdots, n; k = 0, 1, 2, \cdots$$

在以上条件得不到满足或求解不收敛时，可采用松弛迭代，即

$$x_i(k+1) = \omega f_i(x_1(k), x_2(k), \cdots, x_n(k)) + (1-\omega)x_i(k), i = 1, 2, \cdots, n; k = 0, 1, 2, \cdots$$

式中，ω 称为松弛因子。

例 1-2 长度为 300mm 不锈钢杆的一端与 $T_c = 77K$ 的液氮接触，表面传热系数 $\alpha_1 = 300W/(m^2 \cdot K)$，另一端与 $T_h = 300K$ 的环境接触，表面传热系数 $\alpha_2 = 10W/(m^2 \cdot K)$，已知不锈钢的导热系数 $\lambda = 0.0162T + 14.529$，式中 λ 的单位为［$W/(m \cdot K)$］；T 为热力学温度，单位为 K，求不锈钢杆中点的温度。

解 将长度 $L = 300mm$ 的杆分为 N 段，节点编号为 $0 \sim N$，如图 1-2 所示。

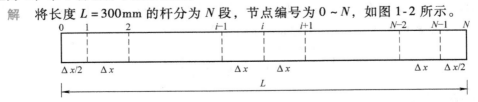

图 1-2 不锈钢杆节点示意图

对于左边界节点 0 建立差分方程

$$\alpha_1(T_c - T_0) = 2\lambda_{0,1}(T_0 - T_1)/\Delta x$$

式中，$\lambda_{0,1} = \dfrac{2\lambda(T_0)\lambda(T_1)}{\lambda(T_0) + \lambda(T_1)}$，该方程改写一下变为

$$T_0 = \frac{2\lambda_{0,1}/\Delta x}{2\lambda_{0,1}/\Delta x + \alpha_1}T_1 + \frac{\alpha_1}{2\lambda_{0,1}/\Delta x + \alpha_1}T_c$$

对于中间位置节点 i 建立差分方程

$$\frac{\lambda_{i-1,i}(T_i - T_{i-1})}{\Delta x} = \frac{\lambda_{i,i+1}(T_{i+1} - T_i)}{\Delta x}$$

式中，$\lambda_{i-1,i} = \dfrac{2\lambda(T_{i-1})\lambda(T_i)}{\lambda(T_{i-1}) + \lambda(T_i)}$，$\lambda_{i,i+1} = \dfrac{2\lambda(T_{i+1})\lambda(T_i)}{\lambda(T_{i+1}) + \lambda(T_i)}$，该方程改写一下变为

$$T_i = \frac{\lambda_{i-1,i}}{\lambda_{i-1,i} + \lambda_{i,i+1}}T_{i-1} + \frac{\lambda_{i,i+1}}{\lambda_{i-1,i} + \lambda_{i,i+1}}T_{i+1}$$

对于右边界节点 N 建立差分方程

$$\alpha_2(T_h - T_N) = 2\lambda_{N-1,N}(T_N - T_{N-1})/\Delta x$$

式中，$\lambda_{N-1,N} = \dfrac{2\lambda(T_{N-1})\lambda(T_N)}{\lambda(T_{N-1}) + \lambda(T_N)}$，该方程改写一下变为

$$T_N = \frac{2\lambda_{N-1,N}/\Delta x}{2\lambda_{N-1,N}/\Delta x + \alpha_1}T_{N-1} + \frac{\alpha_2}{2\lambda_{N-1,N}/\Delta x + \alpha_1}T_h$$

由于导热系数为温度的函数，由以上方程构成的方程组为非线性方程组。采用松弛迭代求解，MATLAB 程序请扫码详见本书电子资料 heat_conduction.m 程序。计算得不锈钢杆中点的温度为 188.65K。

1.1.2　二分法

通常情况下所求解的非线性方程 $f(x) = 0$，其中的自变量 x 具有明确的物理含义，这意味着 x 的上下限是能够确定的。例如，在间壁式热交换器中管外壁面温度 t_{wo} 应该处于冷热流体温度之间，常规热水采暖系统中供水温度上限不超过 100℃ 下限不低于 0℃。假设 $f(x) = 0$ 解的上下限分别为 a 和 b，且 $f(a)f(b) < 0$，则可通过以下计算步骤：

1）令 $c = (a + b)/2$。

2）计算 $f(c)$，如果 $f(c) = 0$，则 c 即为方程的解，计算结束。

3）如果 $f(a)f(c) < 0$，则令 $b = c$；如果 $f(b)f(c) < 0$，则 $a = c$。

重复以上步骤即求解。需要注意的是，条件 $f(c) = 0$ 通常以 $|f(c)| < \epsilon$ 代替，ϵ 为控制误差，如 $\varepsilon = 10^{-7}$。令 $c_1, c_2, \cdots$ 代表依次生成的 c，以图形表示该迭代过程，如图 1-3 所示。应用 MATLAB 软件编制的二分法求根的程序请扫码详见本书电子资料 bisec.m 程序。

例 1-3　求方程 $f(x) = e^x + x\sin(x) - 10 = 0$ 的根。

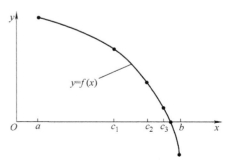

图 1-3　二分法求根

解　MATLAB 软件编程如下：

> > a = 1；b = 3；tol = 1e-8；

> > [c,yc] = bisec('fun3',a,b,tol)

function y = fun3(x)

y = exp(x) + x * sin(x) - 10；

end

在[1,3]区间得到的根为 2.1026。

1.1.3　试值法

由于二分法的收敛速度在很多时候都比较慢，有人提出用试值法对其进行改进，c 的生成使用新的计算方式，即

$$\frac{0 - f(b)}{c - b} = \frac{f(b) - f(a)}{b - a}$$

其几何意义如图 1-4 所示，连接点 $(a,f(a))$ 与点 $(b,f(b))$ 与 x 轴的交点。上述方程变形可得

$$c = \frac{af(b) - bf(a)}{f(b) - f(a)}$$

应用 MATLAB 软件编制的试值法求根的程序请扫码详见本书电子资料 regula.m 程序。

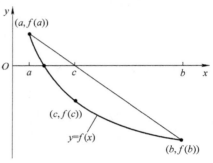

图 1-4　试值法求根

例 1-4　求方程 $\tanh(x) + 1.5x + x^{0.5} - 10 = 0$ 的根。

解　MATLAB 软件编程如下：

> > a = 2；b = 6；tol = 1e-8；

> > [c,yc] = regula('fun5',a,b,tol,tol,200)

function y = fun5(x)

y = tanh(x) + 1.5 * x + sqrt(x) - 10；

end

在[2,6]区间得到的根为 4.5743。

1.1.4　牛顿-拉弗森法

如果函数 $f(x)$ 及其一阶导数 $f'(x)$、二阶导数 $f''(x)$ 连续，则可以考虑用牛顿-拉弗森法求解 $f(x) = 0$，该方法通常比前述二分法、试值法都要快。对函数 $f(x)$ 在点 x_i 附近做泰勒级数展开并取一阶近似有

$$f(x) \approx f(x_i) + f'(x_i)(x - x_i)$$

令 $f(x) = 0$，即可得从初值 x_0 开始，构造序列 $x_i(i = 1,2,\cdots)$ 的方法如下：

$$x_{i+1} = x_i - \frac{f(x_i)}{f'(x_i)}, i = 0,1,\cdots$$

其几何解释如图 1-5 所示。需要注意的是，牛顿-拉弗森法有时不会收敛，例如图 1-6 所示的情形。初值的选择对收敛性影响较大。应用 MATLAB 软件编制的牛顿-拉弗森法求根的程序请扫码详见本书电子资料 newton.m 程序。

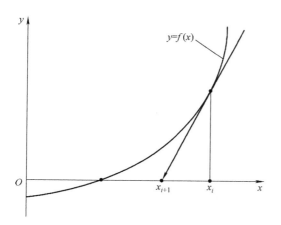

图 1-5　牛顿-拉弗森法求根

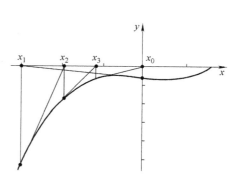

图 1-6　牛顿-拉弗森法不收敛的情形

例 1-5　求方程 $x^3 + x\cos(x) - 20 = 0$ 的根。

解　MATLAB 软件编程如下：

```
> > x0 = 2.5; tol = 1e-8;
> > [xr, y] = newton('fun7', 'dfun7', x0, tol, tol, 200)
function y = fun7(x)
y = x^3 + x * cos(x) - 20;
end
function y = dfun7(x)
y = 3 * x^2 + cos(x) - x * sin(x);
end
```

得到方程的根为 2.8313。

1.1.5　割线法

牛顿-拉弗森法需要计算一阶导数，而在实际的物理问题求解中能够解析出一阶导数的情形很少，此时用割线代替切线会是更好的选择。割线法需要在解附近提供两个初始点 x_0、x_1，后续 x_i 的计算与试值法类似，即

$$x_{i+1} = \frac{x_{i-1}f(x_i) - x_i f(x_{i-1})}{f(x_i) - f(x_{i-1})} \quad i = 1, 2, \cdots$$

其几何解释如图 1-7 所示。割线法偶尔会不收敛，因此在编制程序时需控制迭代次数。应用 MATLAB 软件编制的割线法求根的程序请扫码详见本书电子资料 secant. m 程序。

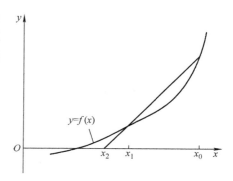

图 1-7　割线法求根

例 1-6　求方程 $0.3x^3 - 2x^2 + 5x - 2 = 0$ 的根。

解　MATLAB 软件编程如下：

```
> > x0 = 0.5; x1 = 0.6; tol = 1e-8;
> > [x1, y] = secant('fun9', x0, x1, tol, tol, 200)
function y = fun9(x)
y = 0.3 * x^3 - 2 * x^2 + 5 * x - 2;
end
```

得到方程的根为 0.4884。

MATLAB 软件提供了求解单变量方程根的函数 fzero。例如求解方程 $x^3 - x - 1 = 0$ 的根，代码如下：

```
> > options = optimset( ' display ',' iter ') ;
> > [ x , fx ] = fzero( @ ( x ) x^3 - x - 1 ,0. 5 ,options)
```

求得 $x = 1.3247$。

1.2 数据插值和拟合

在对具体的物理对象和过程进行物理建模和数值分析时，经常会面临对象热物性或特性数据、过程特性参数有限的问题，例如：

1. 氯化钙水溶液的黏度

从某手册上获得载冷剂，质量分数为 18.9% 的氯化钙水溶液的黏度见表 1-1，仅有 6 个数据点，需要根据该表计算温度在 -15 ~ 20℃ 之间溶液的黏度。

表 1-1 质量分数为 18.9% 的氯化钙水溶液的黏度

温度/℃	-15	-10	-5	0	10	20
黏度/10^{-3}Pa·s	6.15	4.67	3.43	2.99	2.24	1.80

2. 制冷机组的性能数据

某制冷机组的制冷量随冷凝温度 t_c 和蒸发温度 t_e 变化见表 1-2。如果要估计机组在冷凝温度 37℃、蒸发温度 -18℃ 时的制冷量，需要有合理的算法予以支持。

表 1-2 某制冷机组的制冷量　　　　　　　　　　　　（单位：kW）

t_c/℃	t_e/℃												
	-20	-15	-10	-7.5	-5	-2.5	0	2.5	5	7.5	10	12.5	15
30	8.3	10.5	13.2	14.6	16.2	17.9	19.7	21.6	23.6	25.8	28.1	30.5	33.1
35	7.7	9.9	12.5	13.9	15.5	17.1	18.9	20.8	22.8	24.9	27.2	29.5	32.1
40	7.1	9.3	11.8	13.2	14.7	16.3	18	19.1	21.8	23.9	26.1	28.5	30.9
45		8.5	11	12.4	13.9	15.4	17.1	18.9	20.8	22.8	25	27.3	29.7
50			10.2	11.5	12.9	14.5	16.1	17.9	19.7	21.7	23.8	26	28.4
55			10.6	12	13.5	15	16.7	18.5	20.5	22.5	24.7	26.9
60					12.4	13.9	15.5	17.3	19.1	21.1	23.2	25.4
65						12.7	14.2	15.9	17.7	19.6	21.7	23.8

3. 过程的动态数据

某调节过程对象温度随时间变化的实验数据见表 1-3，需要计算在该时间段内任意时刻的温度值。

表 1-3 对象温度随时间变化的实验数据

时间/s	0	1	2	3	4	5	6	7	8	9	10
温度/℃	5.9	3.6	2.5	1.9	1.8	1.3	1.1	1.0	1.0	0.9	0.7

如何对有限数据点或数据曲线进行较为合理的扩充，以满足工况区间计算需求，十分关键。插值和数据拟合是解决此类问题的两种常见方法。插值通过函数在有限个点处的取值，

以某种数学方法估算函数在其他点的取值。数据拟合又称曲线拟合，根据有限数据点得到事先给定形式的拟合函数的参数，拟合函数形式多来源于经验和对问题的物理认知，如何拟合同样涉及数学方法。本节即介绍插值和数据拟合所涉及的数学方法。

1.2.1　数据插值

对于单个自变量的数据，常见插值方法有分段线性插值、拉格朗日插值、分段三次样条插值，分述如下。

1. 分段线性插值

已知数据点$(x_i, y_i)(i = 1, 2, \cdots, N)$，则对位于区间$[x_1, x_N]$的$x$，相应的$y$值计算公式为

$$y = \frac{x_{k+1} - x}{x_{k+1} - x_k} y_k + \frac{x - x_k}{x_{k+1} - x_k} y_{k+1}, x_k \leqslant x \leqslant x_{k+1}$$

很显然，分段线性插值属于内插值，如果$x < x_1$或$x > x_N$，则需要另外处理。

2. 拉格朗日插值

拉格朗日插值是多项式插值的一种。已知数据点$(x_i, y_i)(i = 1, 2, \cdots, N)$，则$x$对应的$y$值计算公式为

$$y = \frac{(x - x_2)(x - x_3) \cdots (x - x_N)}{(x_1 - x_2)(x_1 - x_3) \cdots (x_1 - x_N)} y_1 + \frac{(x - x_1)(x - x_3) \cdots (x - x_N)}{(x_2 - x_1)(x_2 - x_3) \cdots (x_2 - x_N)} y_2 + \cdots$$
$$+ \frac{(x - x_1)(x - x_2) \cdots (x - x_{N-1})}{(x_N - x_1)(x_N - x_2) \cdots (x_N - x_{N-1})} y_N$$

应用 MATLAB 软件编制的程序请扫码详见本书电子资料 lagrange. m 程序。

例 1-7　使用拉格朗日插值对表 1-1 进行插值，求 18℃时的氯化钙水溶液的黏度。

解　MATLAB 软件编程如下：

```
> > X = [-15 -10 -5 0 10 20];Y = [6. 15 4. 67 3. 43 2. 99 2. 24 1. 8];xi = 18;
> > yi = lagrange(X,Y,xi)
```

求得$y_i = 1.2251$，即 18℃时氯化钙水溶液的黏度为$1.2251 \times 10^{-3} \text{Pa} \cdot \text{s}$。

3. 分段三次样条插值

在已知数据点$(x_i, y_i)(i = 1, 2, \cdots, N)$后，相邻点之间均使用三次多项式$s_i(x) = a_{i,0} + a_{i,1}(x - x_i) + a_{i,2}(x - x_i)^2 + a_{i,3}(x - x_i)^3$来进行插值，但每段对应的多项式系数不一样，插值函数$s(x)$满足以下条件：

1) $s(x) = s_i(x), x_i \leqslant x \leqslant x_{i+1}, i = 1, 2, \cdots, N - 1$

2) $s(x_i) = y_i, i = 1, 2, \cdots, N$

3) $s_i(x_{i+1}) = s_{i+1}(x_{i+1}), i = 1, 2, \cdots, N - 2$

4) $s'_i(x_{i+1}) = s'_{i+1}(x_{i+1}), i = 1, 2, \cdots, N - 2$

5) $s''_i(x_{i+1}) = s''_{i+1}(x_{i+1}), i = 1, 2, \cdots, N - 2$

上标'和"分别代表一阶导数和二阶导数。根据三次样条插值构建的插值函数曲线光滑，二阶导数连续。为构造唯一的分段三次样条插值函数，还需要补充条件，常见的有：

1) 一阶导数边界$s'(x_1) = d_1, \cdots, s'(x_N) = d_N$，所得样条称为紧压三次样条。

2) 二阶导数边界$s''(x_1) = d_1, \cdots, s''(x_N) = d_N$，所得样条称为端点曲率调整样条。

3) 边界x_1二阶导数$s''(x_1)$由点x_2、x_3处二阶导数外推得到，边界x_N二阶导数$s''(x_N)$由点x_{N-2}、x_{N-1}处二阶导数外推得到，所得样条称为外推样条。

4) 区间三阶导数$s'''(x) = 0, x_1 \leqslant x \leqslant x_2, \cdots, x_{N-1} \leqslant x \leqslant x_N$，所得样条称为抛物线终结样条。

针对条件 1) 应用 MATLAB 软件编制的程序请扫码详见本书电子资料 csfun1. m 和 csfun2. m 程序。其中 csfun1 求系数矩阵，csfun2 利用矩阵求具体某点的插值。

例1-8 作出过点 (0,1)，(1,0.9)，(2,2.3)，(3,2.6)，(4,3.2) 的分段三次样条曲线，使得左边界导数为0，右边界导数为0.3。

解 MATLAB 软件编程如下：

```
>>X = [ 0 1 2 3 4 ]';Y = [ 1 0.9 2.3 2.6 3.2 ]';dx1 = 0;dxn = 0.3;
>>S = csfun1(X,Y,dx1,dxn)
>>x1 = 0:.1:1;y1 = csfun2(S,X,x1);
>>x2 = 1:.1:2;y2 = csfun2(S,X,x2);
>>x3 = 2:.1:3;y3 = csfun2(S,X,x3);
>>x4 = 3:.1:4;y4 = csfun2(S,X,x4);
>>plot(x1,y1,x2,y2,x3,y3,x4,y4,X,Y,'*')
```

对于具有两个自变量的二元函数，如 $z = f(x,y)$，在已知数据点

$$(x_1,y_1,z_{1,1}),(x_1,y_2,z_{1,2}),\cdots,(x_1,y_M,z_{1,M})$$
$$(x_2,y_1,z_{2,1}),(x_2,y_2,z_{2,2}),\cdots,(x_2,y_M,z_{2,M})$$
$$\vdots \qquad\qquad \vdots \qquad\qquad \vdots$$
$$(x_N,y_1,z_{N,1}),(x_N,y_2,z_{N,2}),\cdots,(x_N,y_M,z_{N,M})$$

后同样可进行插值。如 $x_i \leqslant x_0 \leqslant x_{i+1}, y_i \leqslant y_0 \leqslant y_{i+1}$，先固定 y_0 不动，利用一元函数插值$(x_1, y_1,z_{1,1}),(x_1,y_2,z_{1,2}),\cdots,(x_1,y_M,z_{1,M})$ 求得 (x_1,y_0) 对应的插值$z_{1,0}$。同理，使用$(x_2,y_1, z_{2,1}),(x_2,y_2,z_{2,2}),\cdots,(x_2,y_M,z_{2,M})$求得$(x_2,y_0)$对应的插值$z_{2,0}$，使用$(x_N,y_1,z_{N,1}),(x_N,y_2, z_{N,2}),\cdots,(x_N,y_M,z_{N,M})$求得$(x_N,y_0)$对应的插值$z_{N,0}$。随后，利用一元函数插值 $(x_1, z_{1,0})$，$(x_2, z_{2,0})$，$\cdots$，$(x_N, z_{N,0})$ 求得 x_0 对应的$z_{0,0}$。MATLAB 程序请扫码详见本书电子资料 lagrange2. m 程序。

例1-9 随(x,y)变化的已知数据点见表1-4，求在点 (2.3，3.3) 处的插值。

表1-4 例1-9数据点

y	x				
	0	1.5	3	4.5	6
0	0	0.1875	1.5	3.9375	7.5
1.5	0.5625	0.75	2.0625	4.5	8.0625
3	2.25	2.4375	3.75	6.1875	9.75
4.5	5.0625	5.25	6.5625	9	12.5625
6	9	9.1875	10.5	12.9375	16.5

解 MATLAB 软件编程如下：

```
>>X1 = 0:1.5:6;Y1 = 0:1.5:6;
>>Z = [ 0   0.1875   1.5   3.9375   7.5;0.5625   0.75   2.0625   4.5   8.0625;2.25
    2.4375   3.75   6.1875   9.75;5.0625   5.25   6.5625   9   12.5625;9   9.1875
    10.5   12.9375   16.5 ];
>>zi = lagrange2(X1,Y1,Z,2.3,3.3)
```

求得插值为 3.22。

1.2.2 数据拟合

数据拟合与数据插值不一样的地方在于，数据拟合所得的函数不一定通过已知数据点，数据插值所采用的函数则一定通过已知数据点。对于函数值与自变量呈线性关系的问题，或

经过一定变换能转化为线性关系的问题，可采用线性最小二乘法求得拟合系数。对于函数值与自变量呈非线性关系的问题，可考虑通过最优化方法求得拟合系数。下面将对线性最小二乘法和最优化方法做简要介绍。

1. 线性最小二乘法

设有 N 个数据点 $(x_i, y_i)(i=1,2,\cdots,N)$，给定 M 个线性独立的函数 $f_j(x)(j=1,2,\cdots,M)$，将 y_i 表示成 x_i 的线性函数 $\sum_{j=1}^{M} c_j f_j(x_i)$，寻找 M 个系数 $c_j(j=1,2,\cdots,M)$，使得偏差平方和 $\sigma_t = \sum_{i=1}^{N}\left[\sum_{j=1}^{M} c_j f_j(x_i) - y_i\right]^2$ 最小。σ_t 的条件是 $\partial\sigma_t/\partial c_j = 0$，$j=1,2,\cdots,M$，由此可建立关于 c_j 的线性方程组：

$$\sum_{j=1}^{M}\left[\sum_{k=1}^{N} f_i(x_k)f_j(x_k)\right]c_j = \sum_{k=1}^{N} f_i(x_k)y_k, i=1,2,\cdots,M$$

求解该方程组即得 c_j。应用 MATLAB 软件编制的多项式拟合程序请扫码详见本书电子资料 fitpoly.m 程序。

例 1-10　将数据点 $(1,2),(2,2.9),(3,3.8),(4,7.1),(5,11.2),(6,16.8)$ 拟合为三次多项式。

解　MATLAB 软件编程如下：

```
>>X = [1 2 3 4 5 6];Y = [2 2.9 3.8 7.1 11.2 16.8];
>>C = fitpoly(X,Y,3)
>>x = 1:0.1:6;y = polyval(C,x);
>>plot(x,y,X,Y,'*');
```

使用函数线性化变换，能够将形式上非线性的函数变换为线性函数，从而应用上述最小二乘拟合算法。表 1-5 列出了一些典型的线性化变换。

表 1-5　一些典型的线性化变换

原始函数	变换	变换后函数
$y = A/(x+B)$	$X = xy, Y = y$	$Y = -X/B + A/B$
$y = \dfrac{x}{Ax+B}$	$X = 1/x, Y = 1/y$	$Y = A + BX$
$y = Ce^{Ax}$	$Y = \ln(y), X = x$	$Y = \ln(C) + AX$
$y = Cx^D$	$Y = \ln(y), X = \ln(x)$	$Y = \ln(C) + DX$
$y = \dfrac{1}{(Ax+B)^n}$	$Y = y^{-1/n}, X = x$	$Y = Ax + B$
$y = Cxe^{-Dx}$	$Y = \ln(y/x), X = x$	$Y = \ln(C) - DX$

2. 最优化方法

工程中的很多问题不是线性回归问题，或难以转换为线性回归问题，如将 (x_i, y_i) 数据点拟合成 $y = f(x) = a + bx^{1.5} + cx^d$ 的形式。此时，可采用非线性最优化方法求使得 $\sigma_t = \sum_{i=1}^{N}[f(x_i) - y_i]^2$ 最小的 a，b，c，d。在 MATLAB 软件中可借用 fminsearch、fminunc、fminbnd、fmincon 等函数实现。如果控制最大偏差，则求使 $\sigma_t = \max(|f(x_i) - y_i|)$ 最小的 a,b,c,d。优化方法的选择确定取决于解决实际问题的需要。

例 1-11　将表 1-3 中的数据点拟合成 $y = c_1 e^{c_2 t} + c_3 e^{c_4 t}$ 的形式。

解　MATLAB 软件编程如下：

```
>>t = (0:1:10)';
>>y = [5.9 3.6 2.5 1.9 1.8 1.3 1.1 1.0 1.0 0.9 0.7]';
>>plot(t,y,'ro');hold on;h = plot(t,y,'b');hold off;
>>title('Input data');ylim([0 6]);
>>pause;
>>start = [2;0.2];
>>options = optimset('TolX',0.1);
>>estimated_c = fminsearch('fitfun1',start,options,t,y,h)
function err = fitfun1(c,t,y,handle)
A = zeros(length(t),length(c));
for j = 1:length(c)
  A(:,j) = exp(-c(j)*t);
end
d = A\y;
disp("d = ");
disp(d);
z = A*d;
err = 0;
for j = 1:length(t)
  err = err + (z(j)-y(j))^2;
end
set(gcf,'DoubleBuffer','on');
set(handle,'ydata',z);
drawnow;
pause(.5);
```

拟合得到 $c_1 = 3.325$，$c_2 = 0.90602$，$c_3 = 2.5833$，$c_4 = 0.1239$。

1.3 函数极值

在工程实践中经常会遇到最优化问题，如：①在一定成本和尺寸条件下，设计制冷系统使其在额定工况下的制冷量最大；②在设计补气增焓低温热泵系统时，选取最佳中间压力使得制热效果最好；③在重量和尺寸限定的情况下设计综合成本最小的热交换器。求连续变化的函数在一定范围内的极值（极小值或极大值）是一类十分常见的最优化问题，根据变量个数又可分为单变量函数局部极值、多变量函数局部极值问题。接下来，将简单介绍求解单变量函数局部极小值问题的数值方法。

对于区间 $[a,b]$ 上的单峰问题，可使用搜索法。对于局部极小值问题，函数 $f(x)$ 在区间 $[a,b]$ 上单峰意味着，在区间 $[a,c](a<c<b)$ 上 $f(x)$ 递减，而在区间 $[c,b]$ 上 $f(x)$ 递增。与非线性方程求根的二分法和割线法类似，搜索法求极值也通过不断压缩极值点所在区间来解决问题。在 $[a,b]$ 中间取两点 c 和 d，使得 $a<c<d<b$，如 $f(c) \leqslant f(d)$，则极小值位于区间 $[a,d]$，将 b 换成 d，如 $f(c)>f(d)$，则极小值位于区间 $[c,b]$，将 a 换成 c，继续下一轮，直到区间被压缩到足够小，极值点即取最终区间的中点。点 c 和点 d 的取法常见有两种：黄金分割、斐波那契数列，相应的搜索法被称为黄金分割搜索法、斐波那契搜索法。黄金分割搜索法中，$c = a + 0.381966(b - a)$，$d = a + 0.618034(b - a)$。斐波那契搜索法中，$c_0 = a_0 + \left[1 - \dfrac{F(n-k-1)}{F(n-k)}\right](b_0 - a_0)$，$d_0 = a_0 + \dfrac{F(n-k-1)}{F(n-k)}(b_0 - a_0)$，$k$ 的初值为 0，每循环一轮，k 值加 1，斐波那契数 $F(n)$ 满足 $F(n) > \dfrac{b_0 - a_0}{\epsilon}$，$\epsilon$ 为区间控制的容差。斐波那契数计算规则：$F(0) = 0$，$F(1) = 1$，$F(n) = F(n-1) + F(n-2)$，$n = 2, 3, \cdots$。

黄金分割搜索法的 MATLAB 程序请扫码详见本书电子资料 goldsearch.m 程序，斐波那契搜索法的 MATLAB 程序请扫码详见本书电子资料 fibosearch.m 程序。

例 1-12　求函数 $0.1e^x - 3x - 0.2x^2$ 在区间 $[2,5]$ 的极小值。

解　MATLAB 软件编程如下：

＞＞m = goldsearch(@(x)0.1 * exp(x)-3 * x-0.2 * x.^2,2,5,1e-7)

得到极小值点为（3.8122, −9.8182）。

例 1-13　求函数 $0.2x^2 - x - 1.3x\cos(x)$ 在区间 $[0,2]$ 的极小值。

解　MATLAB 软件编程如下：

＞＞m = fibosearch(@(x)0.2 * x.^2-x-1.3 * x. * cos(x),0,2,1e-7,1e-7)

求得极值点为（1.0628, −1.509）。

对于单峰问题，还可使用二次函数近似逼近法。设函数 $f(x)$ 在区间 $[a,b]$ 上单峰、有极小值，从初值 x_0 开始，开始以下循环：①如果 $f'(x_0) < 0$，取步长 h，使得 $f(x_0) > f(x_0 + h)$，$f(x_0 + 2h) > f(x_0 + h)$，如果步长 h 太小，$f(x_0) > f(x_0 + h) > f(x_0 + 2h)$，则需放大步长，如果步长 h 太大，$f(x_0) < f(x_0 + h)$，则需缩短步长；②如果 $f'(x_0) > 0$，取步长 h，使得 $f(x_0) > f(x_0 - h)$，$f(x_0 - 2h) > f(x_0 - h)$，如果步长 h 太小，$f(x_0) > f(x_0 - h) > f(x_0 - 2h)$，则需放大步长，如果步长 h 太大，$f(x_0) < f(x_0 - h)$，则需缩短步长；③使用 $(x_0, f(x_0))$，$(x_0 + h, f(x_0 + h))$，$(x_0 + 2h, f(x_0 + 2h))$ 进行拉格朗日三点插值，得到 $f(x)$ 的二次函数近似，并进而求得 $x_1 = x_0 + \dfrac{[4f(x_0 + h) - 3f(x_0) - f(x_0 + 2h)]h}{4f(x_0 + h) - 2f(x_0) - 2f(x_0 + 2h)}$；④$x_1$ 替代 x_0 继续下一轮。

1.4　流体热物性计算

物质的热物理性质简称热物性，包括热力学性质和传递性质，它们的计算是开展各类制冷、低温、空调系统及设备分析和设计的基础。固体（如纯铜、316 不锈钢、尼龙）材料热物性的数量相比流体要少，且计算相对简单，密度、比热容、导热系数通常体现为温度的函数，可通过各种物理化学数据手册或数据库查取，也可通过有关软件计算得到。本书第 2 章介绍的 EES 软件有内嵌的固体材料热物性数据库，可通过调用密度、比热容、导热系数等函数获取相应的热物性数据。本节在大学本科"工程热力学"课程的基础上，介绍纯质以及混合物流体热物性计算的基本原理和方法。

1.4.1　纯质热力学性质计算

1. 状态方程

流体状态方程描述流体的压力、温度和体积之间的关系。理想气体状态方程 $pV_m = RT$ 已为大家所熟知。实际流体状态方程可分为立方型和多参数型。对于某些特殊物质（如水、二氧化碳），由于其特别重要还开发了专门的状态方程。立方型状态方程能够展开为比体积的三次方程，在温度、压力已知时可获得解析解。典型的立方型状态方程如范德瓦耳斯（Van Der

Waals）方程、RK（Redlich-Kwong 的缩写）方程、PR（Peng-Robinson 的缩写）方程、PT
（Patel-Teja 的缩写）方程，形式如下：

范德瓦耳斯方程

$$p = \frac{RT}{V_m - b} - \frac{a}{V_m^2}$$

RK 方程

$$p = \frac{RT}{V_m - b} - \frac{a}{T^{0.5} V_m (V_m + b)}$$

PR 方程

$$p = \frac{RT}{V_m - b} - \frac{a}{V_m (V_m + b) + b (V_m - b)}$$

PT 方程

$$p = \frac{RT}{V_m - b} - \frac{a}{V_m (V_m + b) + c (V_m - b)}$$

式中，V_m 为摩尔体积；R 为摩尔气体常数，值为 8.314J/（mol·K）。

范德瓦耳斯方程、RK 方程中的参数 a、b 是常数，可应用流体在临界点满足的条件：
$\left(\frac{dp}{dV_m}\right)_{T_c} = 0$，$\left(\frac{d^2 p}{dV_m^2}\right)_{T_c} = 0$，根据流体的临界性质（$T_c$，$p_c$，$V_c$）获取。一些流体的临界性质
见表 1-6。

表 1-6   一些流体的临界性质

流体，分子式	相对分子质量	临界温度 T_c/K	临界压力 p_c/MPa	临界摩尔体积 V_c/L/mol	偏心因子 ω
氧，O_2	32	154.58	5.043	0.0734	0.0222
氮，N_2	28	126.19	3.396	0.0894	0.0372
二氧化碳，CO_2	44	304.13	7.377	0.0941	0.2239
水，H_2O	18	647.1	22.064	0.0559	0.3443
氨，NH_3	17	405.4	11.333	0.0755	0.256
甲烷，CH_4	16	190.56	4.599	0.0984	0.0114
丙烷，C_3H_8	44.1	369.89	4.251	0.2	0.1521
异丁烷，C_4H_{10}	58.1	407.81	3.629	0.2577	0.184
R134a，$C_2H_2F_4$	102	374.21	4.059	0.1993	0.3268
R125，C_2HF_5	120	339.17	3.618	0.2092	0.3052
R32，CH_2F_2	52	351.26	5.782	0.1227	0.2769
R245fa，$C_3H_3F_5$	134	427.16	3.651	0.2597	0.3776

对于范德瓦耳斯方程，$a = \frac{27(RT_c)^2}{64 p_c}$，$b = \frac{RT_c}{8 p_c}$；对于 RK 方程，$a = \frac{0.42748 R^2 T_c^{2.5}}{p_c}$，
$b = \frac{0.08864 RT_c}{p_c}$。

PR 方程中的参数 a 为温度的函数：

$$a = \frac{0.42748 (RT_c)^2}{p_c} \alpha$$

$$\alpha^{0.5} = 1 + (0.37464 + 1.55422\omega - 0.26992\omega^2)(1 - T_r^{0.5})$$

式中，T_r 为对比温度，$T_r = T/T_c$；b 为常数，$b = 0.077796 RT_c / p_c$；ω 为偏心因子，由下式计算：

$$\omega = -\lg p_r |_{T_r = 0.7} - 1$$

它是对比温度为 0.7 时，对比饱和蒸气压 p_r 的函数。

PT 方程中的参数 a 也为温度的函数，参数 a、b、c 均与理论临界压缩因子 ζ_c 有关。

$$a = \Omega_a \frac{(RT_c)^2}{p_c} \alpha$$

$$\alpha^{0.5} = 1 + (0.45241 + 1.30982\omega - 0.295937\omega^2)(1 - T_r^{0.5})$$

$$b = \Omega_b \frac{RT_c}{p_c}$$

$$c = \Omega_c \frac{RT_c}{p_c}$$

$$\Omega_b^3 + (2 - 3\zeta_c)\Omega_b^2 + 3\zeta_c^2 \Omega_b - \zeta_c^3 = 0$$

$$\Omega_c = 1 - 3\zeta_c$$

$$\Omega_a = 3\zeta_c^2 + 3\Omega_b(1 - 2\zeta_c) + \Omega_b^2 + \Omega_c$$

ζ_c 表达为偏心因子 ω 和对比温度 T_r 的函数：

$T_r < 0.9$ 时　　$\zeta_c = 0.329032 - 0.076799\omega + 0.0211947\omega^2$

$0.9 \leq T_r \leq 1$ 时　　$\zeta'_c = \zeta_c - 10(T_r - 0.9)\left(\zeta_c - \frac{p_c V_c}{RT_c}\right)$

像 RK 方程、PR 方程、PT 方程等状态方程，为提高计算精度各国学者针对具体应用场合提出了多种修正方案。

典型的多参数型状态方程如 BWR（Benedict-Webb-Rubin 的缩写）方程、M-H（Martin-Hou）方程。BWR 方程形式如下：

$$p = RT\rho + \left(B_0 RT - A_0 - \frac{C_0}{T^2}\right)\rho^2 + (bRT - a)\rho^3 + a\alpha\rho^6 + \frac{c\rho^3}{T^2}(1 + \gamma\rho^2)\exp(-\gamma\rho^2)$$

式中，常数 $A_0, B_0, C_0, a, b, c, \alpha, \gamma$ 与物质种类有关，由大量实验数据经精确拟合得到。

M-H 方程形式如下：

$$p = \sum_{i=1}^{5} \frac{A_i + B_i T + C_i e^{-5.475 T_r}}{(v - b)^i}$$

式中，常数 A_1, C_1 为零；$B_1 = R/M$，M 为相对分子质量；v 为比体积(m^3/kg)；其余常数与物质种类有关，由临界参数、正常沸点以及已知某温度的饱和蒸气压数据经计算获得。

例 1-14　应用范德瓦耳斯方程计算压力 30MPa、温度 300K 的氮气的密度，并与参考值 294.8kg/m^3 对比。已知 $T_c = 126.19K$，$p_c = 3.396MPa$，$V_c = 89.4cm^3/mol$，$\omega = 0.0372$。

解　应用范德瓦耳斯方程的 MATLAB 程序如下：

```
>>p = 3e7;T = 300;
>>V = vdw(p,T);rho = 0.028/V;
function V = vdw(p,T)
% nitrogen
M = 28;
Tc = 126.19;
pc = 3.396e6;
R = 8.314;
a = 27 * (R * Tc)^2/64/pc;
b = R * Tc/8/pc;
V0 = R * T/p;
V1 = 0.85 * V0;
tol = 1e-6;
```

```
epsilon = 1e-6;
max1 = 200;
[V,y] = secant(@(x)p-R*T/(x-b)+a/x^2,V0,V1,tol,epsilon,max1);
end
```

求得摩尔体积为 $9.31 \times 10^{-5} \mathrm{m}^3/\mathrm{mol}$，密度为 $300.8 \mathrm{kg/m}^3$。

2. 热力学性质计算

流体的热力学性质既包括 p、v、T，还包括比热容、逸度、内能、焓、熵、亥姆霍兹（Helmholtz）自由能、吉布斯（Gibbs）自由能等。像焓、熵等性质，不能直接测量，须借助热力学关系，从状态方程出发，结合理想气体比热容数据，予以计算。另外，对于焓、熵等性质，工程应用中关注的是两个状态点之间的差别，孤立的单点性质数据难以说明任何问

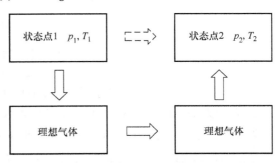

图 1-8　状态点性质差别计算

题。图 1-8 给出了计算两个状态点 1 和点 2 之间性质差别的基本办法，依据是两个状态之间热力学性质变化与改变路径无关。将实际流体性质 $\Psi(p,T)$ 与理想气体性质 $\Psi^0(p_0,T)$ 差别定义为偏差函数 $\Delta\Psi(p,T) = \Psi(p,T) - \Psi^0(p_0,T)$，则有

$$\Psi(p_2,T_2) - \Psi(p_1,T_1) = \Delta\Psi(p_2,T_2) - \Delta\Psi(p_1,T_1) + \Delta\Psi^0(T_2,T_1)$$

式中，$\Delta\Psi^0(T_2,T_1)$ 代表理想气体温度从 T_1 变化至 T_2 时的性质变化。在已知流体的理想气体比热容 $c_p^0(T)$ 后，$\Delta\Psi^0$ 很容易计算，如对于焓、熵有

$$\Delta h^0(T_2,T_1) = \int_{T_1}^{T_2} c_p^0(T)\mathrm{d}T$$

$$\Delta S^0(T_2,T_1) = \int_{T_1}^{T_2} \frac{c_p^0(T)}{T}\mathrm{d}T$$

理想气体比热容与温度的关系常用多项式的形式来关联，如 R134a 的理想气体比定压热容为

$$c_p^0 = c_0 + c_1 T + c_2 T^2 + c_3 T^3 + \frac{c_4}{T}$$

式中，c_p^0 为比定压热容 [J/(kg·K)]；T 为温度（K）；$c_0 = -5.257455$，$c_1 = 3.29657$，$c_2 = -2.017321 \times 10^{-3}$，$c_3 = 0$，$c_4 = 1.58217 \times 10^4$。

偏差函数 $\Delta\Psi(p,T)$ 可根据热力学基本关系及状态方程计算，如亥姆霍兹自由能为

$$\mathrm{d}F = -p\mathrm{d}v - S\mathrm{d}T$$

在定温条件下

$$\Delta F = -\int_{v_0}^{v} p\mathrm{d}v = -\int_{v_0}^{\infty} p\mathrm{d}v + \int_{v}^{\infty} p\mathrm{d}v \tag{1-1}$$

右边第一项对应理想气体，$p = \dfrac{RT}{Mv}$，其中 M 代表摩尔质量，将 p 代入式（1-1）得

$$\Delta F = \int_{v}^{\infty}\left(p - \frac{RT}{Mv}\right)\mathrm{d}v + \frac{RT}{M}\ln\frac{v_0}{v} \tag{1-2}$$

在得到 ΔF 后，熵偏差 ΔS、焓偏差 ΔH、内能偏差 ΔU、吉布斯自由能偏差 ΔG 计算如下

$$\Delta S = -\left(\frac{\partial \Delta F}{\partial T}\right)_v = \int_v^\infty \left[\frac{R}{Mv} - \left(\frac{\partial p}{\partial T}\right)_v\right]\mathrm{d}v - \frac{R}{M}\ln\frac{v_0}{v} \tag{1-3}$$

$$\Delta U = \Delta F + T\Delta S \tag{1-4}$$

$$\Delta H = \Delta U + (pv - RT) \tag{1-5}$$

$$\Delta G = \Delta H - T\Delta S \tag{1-6}$$

计算理想气体性质所用的 p_0 通常取值为 1 个大气压（$1.013\times10^5\,\mathrm{Pa}$）。

1.4.2　混合物热力学性质计算

为计算混合物的 $p\text{-}V\text{-}T$，一个思路是把混合物看作一种新物质，其状态方程的参数按照混合规则（数学或几何加权）求出。混合规则通常都是经验性的，也有半理论半经验性的，通过对比混合物性质计算值和实验数据确定，有时还引入描述混合物组分间作用的相互作用系数。下面以 PR 方程和 BWR 方程为例介绍常见的混合规则。

PR 方程有 a、b 两个参数，混合物的参数 a_m，b_m 计算如下

$$a_\mathrm{m} = \sum_{i=1}^n \sum_{j=1}^n x_i x_j (1-k_{ij})(a_i a_j)^{0.5}$$

$$b_\mathrm{m} = \sum_{i=1}^n x_i b_i$$

式中，n 为混合物组分数；x_i 为组分 i 的摩尔分数；a_i, b_i 为组分 i 的状态方程参数；k_{ij} 为组分 i 和 j 的相互作用系数，k_{ij} 根据实验数据拟合。

BWR 方程有 A_0，B_0，C_0，a，b，c，α，γ 等八个参数，混合物的参数计算如下

$$A_0 = \sum_i \sum_j x_i x_j (A_{0,i} A_{0,j})^{0.5}(1-k_{ij})$$

$$B_0 = \sum_i \sum_j x_i x_j (B_{0,i} B_{0,j})^{0.5}$$

$$C_0 = \sum_i \sum_j x_i x_j (C_{0,i} C_{0,j})^{0.5}(1-k_{ij})^3$$

$$a = \sum_i \sum_j \sum_k x_i x_j x_k (a_{ij} a_{jk} a_{ik})^{1/3}, a_{ij} = (a_i a_j)^{0.5}(1-k_{ij})$$

$$b = \sum_i \sum_j \sum_k x_i x_j x_k (b_{ij} b_{jk} b_{ik})^{1/3}, b_{ij} = (b_i b_j)^{0.5}$$

$$c = \sum_i \sum_j \sum_k x_i x_j x_k (c_{ij} c_{jk} c_{ik})^{1/3}, c_{ij} = (c_i c_j)^{0.5}(1-k_{ij})^3$$

$$\alpha = \sum_i \sum_j \sum_k \alpha_i \alpha_j \alpha_k (b_{ij} b_{jk} b_{ik})^{1/3}, \alpha_{ij} = (\alpha_i \alpha_j)^{0.5}$$

$$\gamma = \sum_i \sum_j x_i x_j (\gamma_i \gamma_j)^{0.5}$$

上述公式中，不同常数的相互作用系数 k_{ij} 各自独立，均由混合物物性的实验数据经拟合得到。

1.4.3　混合物传递性质计算

流体混合物传递性质计算方式与上面的混合物状态方程参数计算方式类似，主要存在两种方式：一种基于一定理论建立的物理模型，模型中可能有根据实验数据拟合的参数；另一种基于大量实验数据拟合所得的经验关联式。以下介绍混合物导热系数、黏度、扩散系数、表面张力的计算方法。

1. 气体混合物的导热系数

可采用简化方法计算低压气体混合物的导热系数，即

$$\lambda_\mathrm{m} = \sum_{i=1}^n \frac{\lambda_i}{1 + \sum_{j=1}^n (x_j \Lambda_{ij}/x_i)}$$

式中，x_i 为组分 i 的摩尔分数；λ_i 为组分 i 的导热系数；Λ_{ij} 为组分 i 和 j 的相互作用系数，$\Lambda_{ii} = 0$。

$$\Lambda_{ij} = \left(\frac{2M_j}{M_i + M_j} \right)^{0.5} \left(\frac{M_j}{M_i} \right)^{0.25}$$

式中，M_i 为组分 i 的相对分子质量。

2. 液体混合物的导热系数

可使用指数关联式计算液体混合物导热系数，即

$$\lambda_m^a = \sum_{i=1}^{n} w_i \lambda_i^a$$

式中，λ_i 为组分 i 的导热系数；w_i 为组分 i 的质量分数；指数 a 在各组分导热系数相差不超过 1 倍时可取为 -2。

3. 气体混合物的黏度

基于 Chapman-Enskog 理论得到的气体混合物黏度 η_m 近似计算式如下：

$$\eta_m = \sum_{i=1}^{n} \frac{x_i \eta_i}{\sum_{j=1}^{n} x_j \phi_{ij}}$$

式中，η_i 为纯气体组分 i 的黏度；x_i 为气体 i 的摩尔分数；ϕ_{ij} 为组分 i 和 j 的结合因子。

对于不含氢气的混合物，可使用 Herning-Zepperer 法计算近似 ϕ_{ij}：

$$\phi_{ij} = \left(\frac{M_j}{M_i} \right)^{0.5}$$

式中，M_i 为组分 i 的相对分子质量。

很多时候，由于气体黏度的实验数据有限，需要利用气体黏度与温度和压力的模型进行推算。气体黏度与温度的简单模型有三种：

$$\eta = a + bT$$
$$\eta = aT^n$$
$$\eta = \frac{a\sqrt{T}}{1 + b/T}$$

式中，η 为黏度；T 为温度；a、b、n 为常数。

4. 液体混合物的黏度

对于烷烃以及由烷烃衍生的化合物（如醇、有机酸和某些制冷剂）的混合物，可使用 Grunberg-Nissan 法计算液体混合物的黏度，计算公式如下：

$$\ln(\eta_m) = \sum_i x_i \ln(\eta_i) + \sum_{i(i \neq j)} \sum_j x_i x_j \Lambda_{ij}$$

式中，η_m 为液体混合物的黏度；η_i 为组分 i 的黏度；Λ_{ij} 为组分 i 和 j 的相互作用系数，$\Lambda_{ii} = 0$。Λ_{ij} 随温度的变化如下：

$$\Lambda_{ii} = 1 - \frac{(573 - T)[1 - \Lambda_{ii}(298)]}{275}$$

式中，T 为温度（K）。

对于二元混合物有

$$\ln(\eta_m) = x_1 \ln(\eta_1) + x_2 \ln(\eta_2) + x_1 x_2 \Lambda_{12}$$

对于水溶液，可使用 Laliberté 模型，即

$$\ln(\eta_m) = w_w \ln(\eta_w) + \sum_i w_i \ln(\eta_i)$$

式中，w_w 为溶液中水的质量分数；w_i 为溶质 i 的质量分数；η_i 为溶质 i 的黏度（mPa·s），根据以下经验关联式拟合

$$\ln(\eta_i) = \frac{a_1 w_i^{a_2} + a_3}{(1 + a_4 t)} - \ln(1 + a_5 w_i^{a_6})$$

式中，t 为温度（℃）。例如，对于 NaCl 水溶液，在 $-20 \sim 154℃$、NaCl 最高质量分数为 26.4% 的范围内，常数 $a_1 = 15.43744$，$a_2 = 0.92874$，$a_3 = 0.013206$，$a_4 = 0.00149$，$a_5 = 30.86328$，$a_6 = 2.09043$。水在 $-34 \sim 110℃$ 范围内黏度的关联式为

$$\eta = \sum_{i=1}^{4} a_i T_r^{b_i}$$

式中，η 为水的黏度（$\mu Pa \cdot s$）；$T_r = T/300$，T 为热力学温度（K）；常数 a_i、b_i 见表 1-7。

表 1-7　纯水黏度计算公式中的常数

i	1	2	3	4
a_i	749.95	53.39	55.70	5.77×10^{-4}
b_i	-4.6	-13.2	-22.0	-71.7

5. 气体混合物的扩散系数

对于低压二元气体混合物，可采用 Fuller 提出的关联式计算菲克扩散系数，即

$$D = \frac{CT^{1.75} \sqrt{\dfrac{M_1 + M_2}{M_1 M_2}}}{p(V_1^{1/3} + V_2^{1/3})^2}$$

式中，D 为菲克扩散系数（m^2/s）；$C = 1.013 \times 10^{-2}$；p 为压力（Pa）；T 为热力学温度（K）；V_1 和 V_2 分别为组分 1 和 2 的分子扩散体积，无单位，一些简单分子的分子扩散体积见表 1-8。

表 1-8　一些简单分子的分子扩散体积

O_2	N_2	空气（视作纯质）	H_2O	CO_2	CO
16.3	18.5	19.7	13.1	26.7	18

6. 液体混合物的扩散系数

对于无限稀释溶液，可使用 Wilke&Chang 关联式计算稀组分 1（溶质）在浓组分 2（溶剂）中的扩散系数

$$D_{12}^0 = 7.4 \times 10^{-12} \frac{(M_2 \phi_2)^{0.5} T}{\eta_2 V_1^{0.6}}$$

式中，D_{12}^0 为扩散系数（m^2/s），上标 0 代表无限稀释；η_2 为纯溶剂的黏度（$mPa \cdot s$）；ϕ_2 为与溶剂有关的常数，水的 $\phi_2 = 2.26$，乙醇的 $\phi_2 = 1.5$；V_1 为溶质标准沸点温度下的摩尔体积（cm^3/mol）。

7. 液体混合物的表面张力

可使用修正的 Macleod-Sugden 公式计算液体混合物表面张力，即

$$\sigma_m = \left(\rho_m \sum_{i=1}^{n} \frac{x_i \sigma_i^{0.25}}{\rho_i}\right)^4$$

式中，ρ_m 为混合物的密度；ρ_i、σ_i 分别为组分 i 的密度和表面张力；x_i 为组分 i 的摩尔分数。

练习题

1-1　求方程 $f(x) = x - 2\sin(x + 0.2) = 0$ 的根。

1-2　求以下方程的根：

$$Q = 0.32(510 + 103Q - 38Q^2)^{0.5} + 0.07(510 + 103Q - 38Q^2)^{0.57}$$

参考答案

1-3 编程进行 6 流程卧式壳管式冷凝器的设计计算，计算每流程管数和管长。已知制冷剂为 R22，空调工况下冷凝热负荷为 4700W，冷却水进口温度 30℃，出口温度 35℃，冷却水流速约 2.5m/s，传热管按正三角形排列，规格为 3 号滚轧低翅片管，结构参数如下：外径 $d_t = 15.1mm$，根径 $d_b = 12.4mm$，管壁厚 1mm，翅片高 1.35mm，翅片厚 0.4mm，翅片节距 1.2mm。R22 在低翅片管上的冷凝表面传热系数 [单位：W/($m^2 \cdot$℃)] 为

$$\alpha_{ko} = 0.725 B \psi \varepsilon_n d_b^{-0.25} (t_k - t_{wo})^{-0.25}$$

式中，t_{wo} 为管外壁面温度；物性修正系数 B 与冷凝温度 t_k 的关系如表 1-9 所示。

表 1-9 物性修正系数与冷凝温度的关系

t_k/℃	20	30	40	50
B	1658.4	1557	1447.1	1325.4

翅片增强系数 ψ 根据下式计算：

$$\psi = \frac{a_b}{a_{of}} + \frac{1.1(a_d + a_f)}{a_{of}} \left(\frac{d_b}{h'}\right)^{0.25}$$

$$h' = \frac{\pi(d_t^2 - d_b^2)}{4 d_t}$$

式中，a_b、a_d、a_f、a_{of} 分别为每米管长的翅间管面面积、翅顶面积、翅侧面积、管外总面积。ε_n 为三角形排列管排修正系数：

$$\varepsilon_n = \frac{n_1^{0.833} + n_2^{0.833} + n_3^{0.833} + \cdots + n_z^{0.833}}{n_1 + n_2 + n_3 + \cdots + n_z}$$

式中，n_1，n_2，n_3，$\cdots$，n_z 为卧式壳管式冷凝器的管排竖直方向上各列管子的数目，如图 1-9 所示。

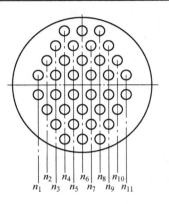

图 1-9 习题 1-3 图

1-4 已知某物质的比定压热容方程 $c_p = 0.99 + 1.65 \times 10^{-4} T + 9.777 \times 10^{-8} T^2 - 9.5634 \times 10^{-11} T^3 + 1.976 \times 10^{-14} T^4$，求对应 $c_p = 1.12kJ/(kg \cdot K)$ 的温度 T。

1-5 求由 Redlich-Kwong 状态方程推得的以下方程的根：

$$60000 - 120.694/(v - 0.0019) + 12.5578/[15.2643 v(v + 0.0019)] = 0$$

1-6 编程进行一台表冷器的湿空气冷却过程计算，结构如图 1-10 所示，管束按正三角形叉排排列，垂直于流动方向的管间距 $S_1 = 25mm$，迎面风速 $w_f = 2.5m/s$，管内 R134a 蒸发温度为 5℃，管外表面温度 $t_w = 9℃$，外表面温度对应的饱和湿空气状态点为 w，如图 1-11 所示，饱和湿空气比焓 $h_w = 29.5kJ/kg$，饱和湿空气含湿量 $d_w = 7.13g/kg$，进口空气状态点为 1，干球温度 $t_1 = 27℃$、湿球温度为 19.5℃，空气压力为 101.32kPa，出口空气状态点 2 在点 1 和点 w 的连接线上，根据以下方程求取：

$$\rho_a w_f S_1 (h_1 - h_2) = \alpha_j (a_f + a_b)(t_m - t_w)$$

其中，空气密度 $\rho_a = 1.1966kg/m^3$，t_m 为图 1-11 中 m 点的温度，可根据表冷器中湿空气平均比焓 $h_m = h_w + \dfrac{h_1 - h_2}{\ln \dfrac{h_1 - h_w}{h_2 - h_w}}$ 求取，析湿系数 $\xi = 1 + 2.46 \dfrac{d_m - d_w}{t_m - t_w}$。凝露工况下翅片效率 $\eta_f = \dfrac{th(mh')}{mh'}$，其中翅片参数 $m = \sqrt{\dfrac{2\alpha_o \xi}{\lambda_f \delta_f}}$，翅片与空气间的表面传热系数 $\alpha_o = 61W/(m^2 \cdot K)$，肋片热导率 $\lambda_f = 237W/(m \cdot K)$，肋片厚度 $\delta_f = 0.2mm$，肋片折合高度 $h' = 10.73mm$。空气侧当量表面传热系数 $\alpha_j = \xi \alpha_o \left(\dfrac{n_f a_f + a_b}{a_f + a_b}\right)$，其中每米管长翅片的外表面积 $a_f = 0.4148m^2/m$，每米管长翅片间的管子表面积 $a_b = 0.0297m^2/m$。湿空气比焓 $h = (1.005 + 1.86d)t + 2501d$，单位为 kJ/kg，其中，$t$ 为空气温度（℃），d 为空气含湿量（g/kg）。

1-7 将表 1-2 制冷机组性能数据拟合成如下多项式：

$$y = c_1 + c_2 t_e + c_3 t_e^2 + c_4 t_e^3 + c_5 t_c + c_6 t_c^2 + c_7 t_c^3 + c_8 t_e t_c + c_9 t_e t_c^2 + c_{10} t_e^2 t_c$$

式中，y 为制冷量；t_c 为冷凝温度；t_e 为蒸发温度。计算在蒸发温度为 2℃、冷凝温度为 38℃ 时的制冷量。

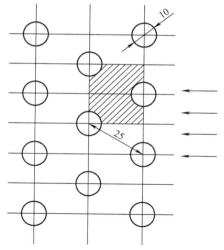

图 1-10　表冷器结构

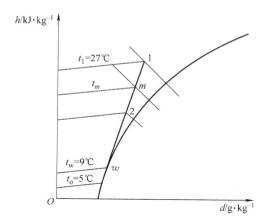

图 1-11　湿空气的状态变化

1-8　编制二次函数近似逼近法的程序，并用它求 $x^2 - x - 2x\cos(x)$ 在区间 $[0,2]$ 的极小值。

1-9　应用 RK 方程、PR 方程、PT 方程计算压力为 10MPa、温度为 100K 的氮气的密度，并与参考值 733.6kg/m³ 对比。已知 $T_c = 126.19K$，$p_c = 3.396MPa$，$V_c = 89.4cm^3/mol$，$\omega = 0.0372$。

1-10　应用 BWR 方程计算丙烷在压力为 0.9MPa、温度为 300K 时的密度，并与参考值 19.0kg/m³ 对比。针对丙烷，由实验数据拟合得到的丙烷 BWR 方程常数为：$A_0 = 0.69616N/mol^2$，$B_0 = 9.7313 \times 10^{-5} m/mol$，$C_0 = 5.1486 \times 10^4 N \cdot K^2/mol^2$，$a = 9.5931 \times 10^{-5} J/mol^3$，$b = 2.25 \times 10^{-8} N/mol^2$，$c = 13.068 J \cdot K^2/mol^3$，$\alpha = 6.07175 \times 10^{-13} m^3/mol^3$，$\gamma = 2.2 \times 10^{-8} m^2/mol^2$。

1-11　应用 M-H 方程计算压力为 1MPa、温度为 373K 的 R134a 的密度，并与参考值 36.3kg/m³ 对比。根据 R134a 的临界参数等数据，可以计算得到 R134a 的 M-H 方程参数为：$b = 0.0003455467$，$T_c = 374.21K$，$A_2 = -119.5051$，$A_3 = 0.1447797$，$A_4 = -1.049005 \times 10^{-4}$，$A_5 = -6.953904 \times 10^{-9}$，$B_2 = 0.113759$，$B_3 = -8.942552 \times 10^{-5}$，$B_4 = 0$，$B_5 = 1.269806 \times 10^{-10}$，$C_2 = -3.531592 \times 10^3$，$C_3 = 6.469248$，$C_4 = 0$，$C_5 = -2.051369 \times 10^{-6}$，方程中 p 的单位为 Pa，T 的单位为 K，v 的单位为 m³/kg。

1-12　应用 RK 方程计算压力为 30MPa、温度为 300K 的氮气的偏差焓、偏差熵。已知 $T_c = 126.2K$，$p_c = 3.394MPa$，$v_c = 3.195 \times 10^{-3} m^3/kg$。

1-13　已知丙烷与氮气的 PR 方程中 $k_{ij} = 0.085$，甲烷与氮气的 $k_{ij} = 0.031$，甲烷与丙烷的 $k_{ij} = 0$，求摩尔分数为 0.4/0.4/0.2 的甲烷/丙烷/氮气混合物在温度为 70℃、压力为 1MPa 时的密度。

1-14　求 $p = 1.013 \times 10^5 Pa$、28℃时空气的导热系数，参考值为 $2.607 \times 10^{-2} W/(m \cdot K)$。把空气视作体积分数组成为 78% 氮气 +21% 氧气 +1% 氩气的混合物。已知氮气、氧气、氩气的相对分子质量分别为 28、32、40，28℃时的导热系数分别为 $2.605 \times 10^{-2} W/(m \cdot K)$、$2.658 \times 10^{-2} W/(m \cdot K)$、$1.789 \times 10^{-2} W/(m \cdot K)$。

1-15　采用 Laliberté 方法计算质量分数为 10% 的 NaCl 水溶液在 -0.06℃时的黏度，参考值为 1.97mPa·s。

1-16　计算 $p = 1.013 \times 10^5 Pa$、25℃下，二氧化碳在空气中的扩散系数。

1-17　计算30℃、56℃、81℃等温度下甲醇和 2-丙醇在水中的无限稀释扩散系数，并与表 1-10 中的实验数据对照，甲醇、2-丙醇的标准沸点摩尔体积分别为 41.94cm³/mol、80.28cm³/mol。

表 1-10　实验数据

温度/℃	甲醇无限稀释扩散系数/($10^{-9}m^2/s$)	2-丙醇无限稀释扩散系数/($10^{-9}m^2/s$)	水的黏度/mPa·s
30	1.83	1.43	0.797
56	3.42	2.21	0.496
81	4.91	3.32	0.35

第2章

EES软件和REFPROP软件

EES（Engineering Equation Solver）是一款工程方程求解器软件，由F-Chart公司出品。EES 的基本功能是求解方程，主要用于求得线性代数、非线性代数和微分方程的数值解。EES 还拥有高质量的物性数据，并且内置了大量数学、流体力学和热力学方面的函数，支持用户自定义数据库，补充物性数据和自定义函数。这些特点使 EES 成为开发多种工程系统数学模型的有力工具。

本章电子资料

REFPROP（Reference Fluid Thermodynamic and Transport Properties）是一款工质物性计算软件，由美国国家标准与技术研究院（NIST）开发。REFPROP 基于目前可用的最精确的纯流体和混合物模型，主要用于计算工业上重要的流体及其混合物的热力学和传递性质参数。

本章介绍 EES 软件和 REFPROP 软件常见的功能和应用。本章所用符号参照国内标准，与软件自带符号略有区别。

2.1 EES 软件界面及基本操作

2.1.1 EES 软件界面

当第一次打开 EES 时，软件界面主要由主菜单栏、工具栏、方程窗口（Equations Window）和状态栏组成，如图 2-1 所示。

图 2-1 EES 软件界面

主菜单栏由十个菜单组成：

"File" 菜单包含保存、打开、合并和打印工作文件和库的命令。

"Edit" 菜单包含将文本、表格和绘图移动到剪贴板或从剪贴板移动的命令。

"Search" 菜单包含在方程窗口中使用的查找和替换命令。

"Options" 菜单包含几组命令：第一组命令包含用于设置变量的猜测值、边界和内置函数信息的命令；第二组命令允许更改默认单位和停止条件信息；使用 "Preferences" 命令可以配置显示和其他 EES 选项；最后，显示/隐藏图表工具栏控件允许在开发或应用程序模式下配置图表窗口。

"Calculate" 菜单包含检查、格式化和 EES 中的所有计算命令。

"Tables" 菜单包含四组命令：第一组命令提供了设置和修改参数表数据的功能；第二组命令提供了创建、操作和保存查询表的功能；第三组和第四组为表中的数据提供了 "Save Table" 命令和多重线性回归功能。

"Plots" 菜单包含用于在表中准备新的数据图，或修改现有图的外观的命令，还可以使用命令生成属性图和曲线来拟合已绘制的数据。

"Windows" 菜单可以组织多个窗口并完成将任何窗口置顶的操作。

"Help" 菜单包含访问帮助和各类窗口的解释。

"Examples" 菜单包含各类 EES 基本操作的例子。

工具栏包含各种小按钮，能够快速访问许多最常用的 EES 菜单命令。如果将光标移到一个按钮上并等待几秒钟，将会出现该按钮功能的解释。

可以在方程窗口输入要求解的方程或方程组。区别于大多数的编程语言，EES 允许用户输入方程而不是赋值语句。这两者有明显的差异，对于赋值语句而言，表达式右侧的所有变量的值都需要预先被确定，而方程和方程组的重点则在于描述变量之间的关系。赋值是显式的，按顺序求解。方程组可以是隐式的、非线性的，同时迭代求解。

状态栏位于方程窗口的下方。第一个面板显示数字的格式，具体为美国（US）或欧盟（EU）标准。第二个面板显示光标所在行和字符。当前设置的各种值显示在状态栏的后续面板中，包括自动换行、覆盖、大写锁定和单位设置等。将光标定位在这些面板中的任何一个并单击，就可以更改设置。警告面板（Warnings）提示在计算完成后是否会自动显示任何警告消息的窗口。接下来的两个面板显示当前是否激活了单位检查和复数。最后一个面板可以切换语法高亮显示设置。

如果需要在使用 EES 的过程中获得详细的帮助，按下 < F1 > 键将弹出一个与顶部窗口相关的帮助窗口。

2.1.2　方程组输入

EES 是一款可以直接求解方程的求解器软件。例如，求解以下非线性方程组，可以将其直接输入方程窗口。注意，这些方程可以以任何顺序输入，也可以以任何形式进行书写，EES 均会得到相同的解。

$$y = x - 6 \tag{2-1}$$
$$y + z = 2 \tag{2-2}$$
$$z = x^2 + 3 \tag{2-3}$$

方程窗口的功能很像一个文字处理器，可以使用剪切（Ctrl + X）、复制（Ctrl + C）、粘贴（Ctrl + V）和撤销（Ctrl + Z）命令，就像在 Microsoft Word 或其他处理文本的软件中一样。

EES 中的变量名称必须以字母开头，可以包括除 "( ) * / + - { }" 以外的任何键盘上的字符。EES 不区分大小写，因此 "x" 和 "X" 在方程窗口中被解释为相同的变量。为了方便阅读，可以使用 "&" 符号将很长的方程分成两行。本例方程组中的方程均不长，以式（2-1）~式（2-3）为例展示具体输入方式，直接输入如图 2-2a 所示，分行输入如图 2-2b 所示。

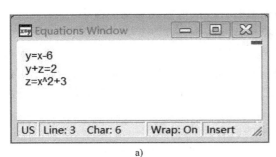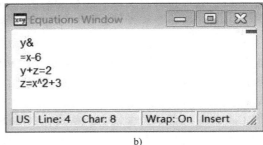

a)   b)

图 2-2   输入方程组后的方程窗口

a) 直接输入   b) 分行输入

为了方便阅读，可以选择 Windows 菜单中的格式化方程（Formatted Equations）窗口来查看以数学符号形式显示的方程。EES 允许该窗口中的方程以各种格式复制和粘贴，以便于撰写报告或论文。如果以图片格式复制，那么该方程将作为图片放置在剪贴板上，从而可以粘贴到另一个应用程序。在 EES 的专业版本中，还可以以 LaTex 代码或 Mathtype 格式复制。格式化方程窗口的各种常用变量标注符号显示方式汇总见表 2-1。若要在格式化方程窗口中显示希腊字母，则在方程窗口中输入字母名称的大/小写即可，比如输入"delta"显示"δ"、输入"DELTA"显示"Δ"。

表 2-1   格式化方程窗口变量标注符号显示汇总

在方程窗口的输入	在格式化方程窗口的显示效果
X_bar	$\bar{X}$
X_tilde	$\widetilde{X}$
X_hat	$\hat{X}$
X_dot	$\dot{X}$
X_ddot	$\ddot{X}$
X_prime	X'
X_dprime	X''
X | a	X^a
X_a	X_a
X_infinity	X_∞

为 EES 代码添加注释以解释代码的含义是一种良好的习惯。方程窗口中的注释格式有多种，可以在花括号或引号内进行注释，任何以两个斜杠开头的行也被认为是注释。如图 2-3 所示，注释在默认情况下以蓝色显示，表示它们不是要解决的方程组的一部分。以"!"字符（注释类型 2）开头的注释默认显示为红色。注释的默认颜色可以在"Options"菜单下的"Preferences"对话框中的"Equations"选项卡中更改。需要注意的是，在默认情况下，在格式化方程窗口中仅显示引号（""）中的注释内容，而不会显示花括号（{}）中的注释内容。

图 2-3   含有注释的方程窗口

注释功能也可以用于偶尔从方程窗口中暂时移去一个方程或一组方程。突出显示要删除的等式，然后右击，随后会弹出一个菜单。选择"Comment"命令，以便在高亮显示的代码的整个部分中放置花括号，并暂时将其从方程组中删除。要恢复等式，突出显示已注释的代码，右击并选择"Undo Comment"命令。

2.1.3　方程组求解

从"Calculate"菜单中选择"Solve"命令（或使用快捷方式按 < F2 > 键），以启动 EES 内部用于求解方程组的迭代过程。此时，将弹出一个对话框窗口显示求解进度。EES 会对方程进行重新排序，从一个猜测的解开始，迭代寻找方程的实际解。计算完成显示的对话框如图 2-4 所示。

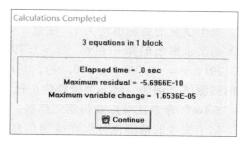

图 2-4　计算完成显示的对话框

单击对话框上的"Continue"按钮，将弹出如图 2-5 所示的显示方程组解（Solution）的窗口。除各变量的值外，该窗口还将显示求解所用时间。

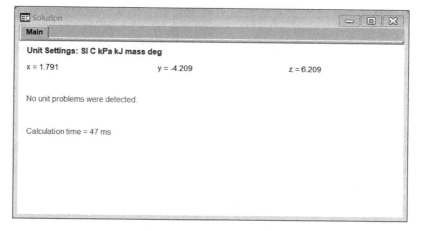

图 2-5　方程组解的窗口

EES 求解的结果取决于为每个变量设置的猜测值和范围。EES 使用牛顿法来求解方程组，具体内容见第 1 章。在方程组存在多组解的情况下，EES 很可能收敛到最接近初始猜测值的解。因此，可以通过改变变量设置来找到另一组解。从"Options"菜单中选择"Variable Info"命令，弹出"Variable Information（变量信息）"对话框，如图 2-6 所示。

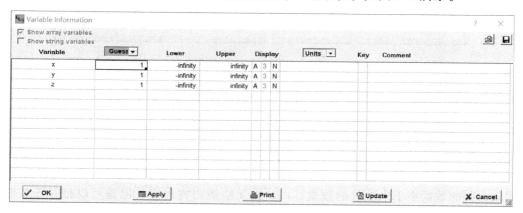

图 2-6　"Variable Information"对话框

在这个对话框中，各行为方程组中的各个变量，各列为可以查看或更改的变量的猜测值、范围、单位和其他信息。在 EES 的专业版中，可以通过变量信息对话框右上角的两个按钮，实现对变量信息文件（.var）的保存和读取功能。

该对话框中第二列是与第一列变量对应的猜测值，用于启动迭代求解过程。在默认情况下，每个变量的猜测值均为 1。注意 $x=1$，$y=1$，$z=1$ 并不是正确的解，但此处它更接近于 EES 初次求解出的第一组解（$x=1.791$，$y=-4.209$，$z=6.209$），而不是第二组解（$x=-2.791$，$y=-8.791$，$z=10.79$）。为了让 EES 收敛到第二组解，可以改变方程组中一个变量的猜测值。例如，将 x 的猜测值更改为 $x=-2.791$（或者 -3 等），单击"OK"按钮并启动"Solve"命令就可以获得第二组解。

每个变量的范围也可以在变量信息对话框中的第三列和第四列设置。默认情况下，EES 中所有变量的下限为负无穷，上限为正无穷。为了获得第二组 x 为负值的解，也可以将 x 变量的上限设置为 0。

EES 也支持将猜测值和上下限设置为另一个变量的值。例如，在方程窗口中增加语句："x_g = -3"，并将变量信息对话框中变量 x 的猜测值改为"x_g"即可。

变量信息对话框还具有修改变量或数组名称的功能。例如，需要将变量 x 的名称更改为"a"，则直接在变量信息对话框中将变量 x 的名称更改为"a"即可。

在 EES 程序中还可能包含许多数组变量，详见 2.1.8 节。每个数组变量都是一个独立的实体，每个变量都有自己的猜测值和上下限。

2.1.4 残差窗口

残差（Residuals）窗口显示了 EES 求解方程的顺序、单元检查的状态，以及相对残差和绝对残差。残差窗口中的信息将表明哪些方程已经被 EES 解出，以及每个方程在求解的过程中被计算了多少次。在对 2.1.2 节例题中的方程组进行求解后，从"Windows"菜单中选择"Residuals"命令，将弹出"残差（Residuals）"窗口，如图 2-7 所示。

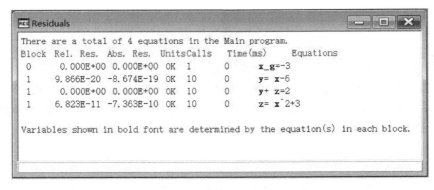

图 2-7 "Residuals"窗口

第一列显示区块（Block）编号，表示 EES 为求解方程组将其中的方程重新进行分块和排序的结果。有单个未知量且可以单独求解的方程会被赋值到第 0 块。EES 对第 0 块中方程的求解顺序决定了它们在残差窗口的排序。在求解完第 0 块的所有方程后，EES 将同时求解第 1 块中所有的方程，之后是第 2、3、4 块等，以此类推。由于例题中 x、y、z 三个变量需要共同求解，因此剩下的三个方程都位于第 1 块。块中的未知变量都以粗体显示。

如果方程的数量小于未知数的数量，EES 将无法解出方程组，但是可以打开残差窗口进行检查。通常情况下，区块编号是连续的。当方程组中存在一个或多个方程缺失时，EES 在求解过程中将跳过该缺失方程所在的区块,此时应仔细检查该区块中的所有方程,以确保方程组的正确性和完整性。

第二、三列分别显示方程的相对残差(Rel. Res.)和绝对残差(Abs. Res.),绝对残差是指方程左右两边的值之差,相对残差是指残差的绝对值除以方程左边的绝对值的结果。EES在迭代计算过程中监视相对残差的值,以确定方程何时求解到了要求的精度(在"Preferences"命令中指定)。对于相对残差大于指定残差的方程,区块编号将以粗体显示,以便用户识别 EES 无法求解的方程组区块。

第四列表示方程单位(Units)检查的结果。如果 EES 没有发现任何单位问题,则显示"OK"。如果存在单位转换问题,对应的行就会出现"?"。右击"?",将会弹出菜单,如图 2-8 所示。弹出菜单为解决单元问题提供了几个选项:第一个选项是跳转至方程窗口;第二个选项是单位检查,该选项将提供单位不一致性的更详细描述;第三个选项是禁用对所选方程的单位检查,如果此方程的单位检查被禁用,那么该单位列将显示一个"×"。

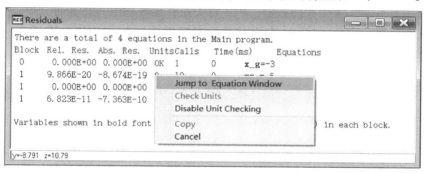

图 2-8 单位列弹出菜单

第五、六列分别表示方程在求解过程中需要调用的次数和所需的时间。在求解过程中,方程调用的次数必然会随着同时求解的变量数量的增加而增加。此外,残差窗口底部的状态栏将显示光标下方程中变量的数值及单位。

2.1.5 计算流窗口

计算流(Computational Flow)窗口显示了 EES 在程序中求解方程组的信息,以及每个方程需要的迭代次数。计算流窗口还标识了程序中每个变量的值设置在何处,包括在参数表、关系图窗口、宏和其他地方定义的变量。计算流窗口有助于确定导致计算时间增加的计算过程中的瓶颈,能够帮助用户在方程组不收敛的情况下快速找到问题。相较于残差窗口,计算流窗口更适合于求解复杂和大规模的问题,该功能仅限于 EES 专业版使用。

在对 2.1.2 节例题中的方程组进行求解后,从"Windows"菜单中选择"Computational Flow"命令,将弹出计算流窗口。计算流窗口分为三个窗格。左边的窗格显示了所有信息流的树状图,方程窗口中的主程序和每个子程序都有单独的树形结构。选择"Main"树节点,右击,随后在弹出菜单中选择"Show All Equations"命令,所有方程将显示在该窗口中,如图 2-9 所示。如果 EES 被配置为处理复数,则在方程窗口中输入的每个方程将生成两个方程,实部和虚部各一个。

如 2.1.4 节所述,EES 为求解方程组会将其中的方程重新进行分块和排序。首先,EES 会检查方程并执行那些给变量赋值的方程,这些方程会显示在第一个标记为"Constants"的树节点中,在本例中仅包含将变量 x_g 赋值为常数 -3 的方程。紧接着,EES 将尝试求解包含单个未知变量的方程,这些方程按照它们被求解的顺序被放置在单一未知方程(Single Unknown

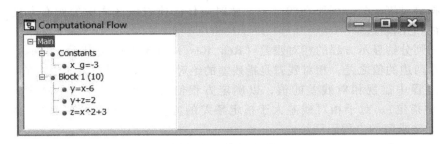

图 2-9　展开所有方程的计算流窗口

Equations）树节点中。最后，EES 将寻找可以同时求解的方程组（即 2.1.4 节中的区块）。区块名称后面括号内的数字表示在计算过程中被调用的次数。本例中，第 1 块中的方程被求了 10 次才得到解。

如果方程的数量小于未知数的数量，EES 将无法解出方程组，比如将式（2-1）从方程组中删除后再进行计算，EES 将报错。打开计算流窗口进行检查，如图 2-10 所示。注意前面有黄色问号图标的块，该标识显示的位置很可能是丢失方程的位置。

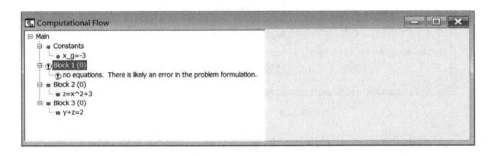

图 2-10　方程组求解报错的计算流窗口

在调试情况下，可以显示计算流窗口。注意信息树的每个分支左边的小图标，可能出现的图标及其含义汇总见表 2-2。

表 2-2　树节点图标及其含义汇总

图标	含义
●	表示方程或块已顺利求解
(!)	表示对方程或块的求解存在问题，求解精度未达到要求
▬	表示由于之前出现的错误，该方程或块未被求解
?	表示在此块内或之前出现了问题（例如方程缺失）

在区块列中常用的关键字及其含义汇总见表 2-3。

表 2-3　区块列中常用的关键字及其含义汇总

关键字	含义
Const	变量在方程窗口中定义为常数
Single	变量通过求解单个方程获得
Integral	变量由 EES 定义，是基于方程积分的积分变量

（续）

关键字	含　义
Macro	变量在宏文件或宏命令窗口中定义
Import	变量由 $ Import 命令定义
Table	变量在参数表中定义
MinMax	变量为 EES 在优化中设置的自变量
Common	变量由 $ Common 命令定义
Diagram	变量在关系图窗口（主窗口或子窗口）中定义
VarInfo	变量由 EES 定义，用于变量信息对话框中的猜测值或上下极限
Input	变量为输入变量（对于子程序或子模块）

单击左侧窗格中的区块名称，所有与所选区块方程相关的变量将显示在右上的窗格中。单击左侧窗格中的方程将显示所选方程的变量信息，此时窗口右下角将出现第三个窗格，显示所选方程的绝对残差和相对残差，如图 2-11 所示。

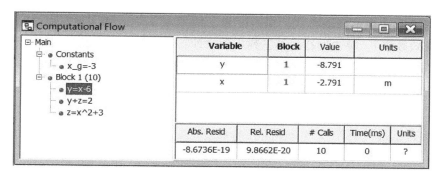

图 2-11　显示方程信息的计算流窗口

在树状图窗格中，在等式上右击，将弹出一个菜单，如图 2-12 所示。第一个选项将打开方程窗口并突出显示所选方程。第二个选项将弹出简化的变量信息对话框，该对话框只显示选定方程中的那些变量信息。第三个选项将禁用或启用所选方程的单位检查。

图 2-12　方程弹出菜单

在右上方的面板中，在某变量行右击，将弹出一个菜单，如图 2-13 所示。第一个选项将弹出简化的变量信息对话框。第二个选项将把树状图的焦点移到定义所选变量的树节点。只有当所选变量在参数表或关系图窗口中定义时，才会启用最后两个选项，选择后将打开参数表或关系图窗口，并突出显示定义变量的列或位置。

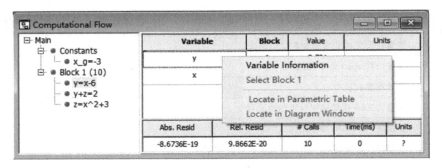

图 2-13　变量弹出菜单

2.1.6　显示设置

所有 EES 数值都使用扩展精度，具有 20 个有效数字。可以在变量信息对话框中为每个变量分别指定显示格式。如图 2-14 所示，可以通过修改 "Display" 下的内容改变变量显示格式。三列中第一列中的 A 表示自动格式，单击变量 y 的 "A"，并选择 "F" 和 "9"（固定十进制，有 9 个有效数字）。单击同行的第三列中的 "N"（正常），选择其中的 "X"（边框），单击 "OK" 按钮，求解方程。如图 2-15 所示，变量 y 的解以固定的十进制格式显示并且有外边框。除了数字格式外，EES 还提供日期、时间和字符串格式。

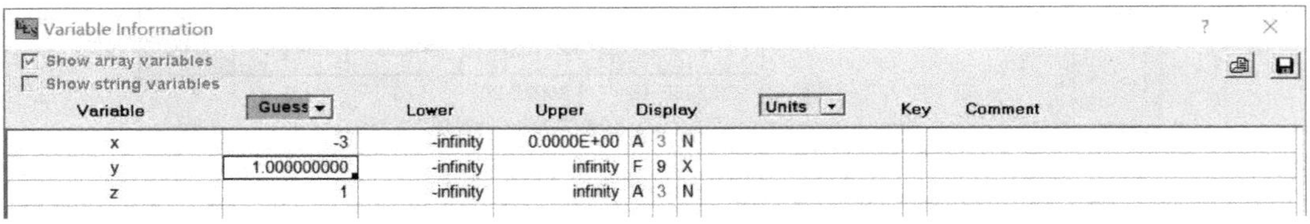

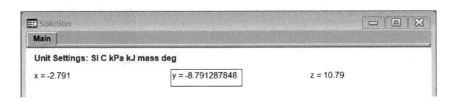

图 2-14　修改变量 y 显示格式

图 2-15　变量 y 显示格式修改效果

显示格式也可以在方程解窗口中直接设置，右击相应变量并弹出相应设置对话框，如图 2-16所示。

2.1.7　单位设置

选择 "Options" 菜单下的 "Unit System" 命令可以打开 "Unit System（单位系统）" 选项卡，如图 2-17 所示。用于设置内置的物性计算、传热计算以及力学计算有关函数中变量的单位。可以选择英制单位或 SI 单位（国际单位制）。

在 EES 中可以为每个变量赋值，还可以为其单位赋值。以一个例题来介绍 EES 中定义变

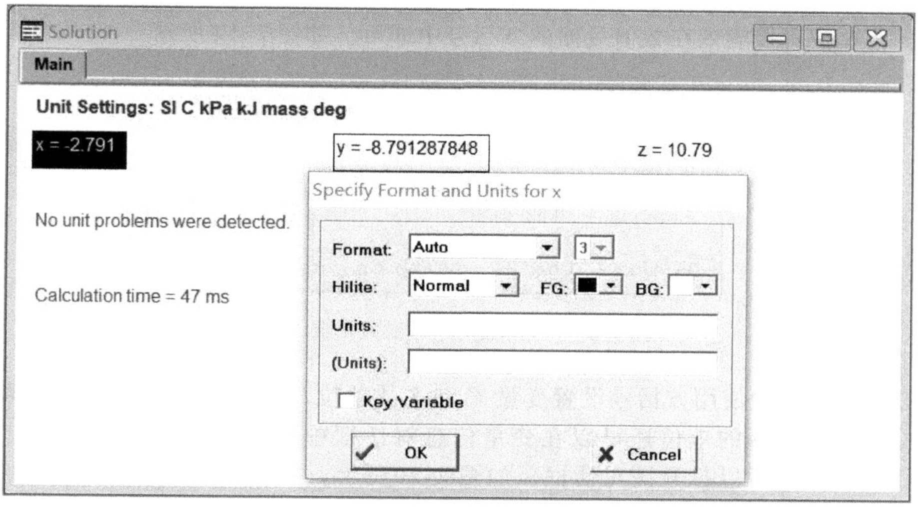

图 2-16　直接设置显示格式

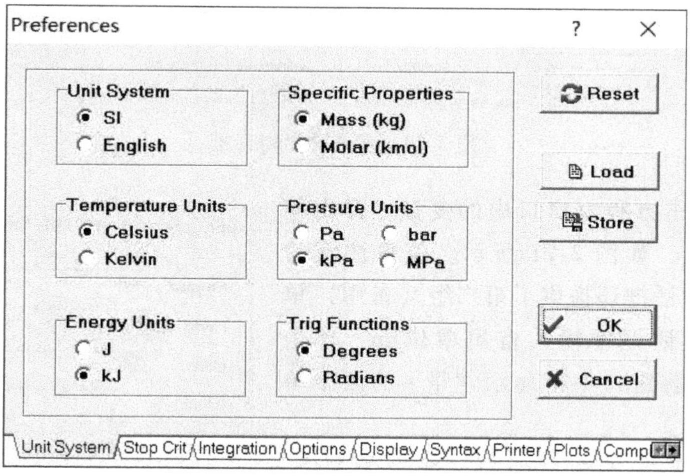

图 2-17　单位系统选项卡

量单位的具体方法。求解一个已知半径 $r = 1.5 \text{cm}$ 的圆的周长和面积，在方程窗口输入相应内容，如图 2-18 所示。从 "Calculate" 菜单中选择 "Solve" 命令求解，方程解窗口将显示每个变量的值，但是不会显示其具体的单位。

图 2-18　方程窗口

有几种方法可以设置变量的单位。数值常量的单位（例如，$r = 1.5$）可以在方程窗口中直接设置，将单位直接输入在数值后面的方括号中即可，如图 2-19 所示。

图 2-19　直接输入变量单位

不能在方程窗口中使用方括号设置变量 C 和 S 的单位，因为这两个方程的右侧不是一个数值常数。此外，变量的单位还可以在变量信息对话框中设置。选择"Options"菜单下的"Variable Info"命令可以打开该对话框，如图 2-20 所示。

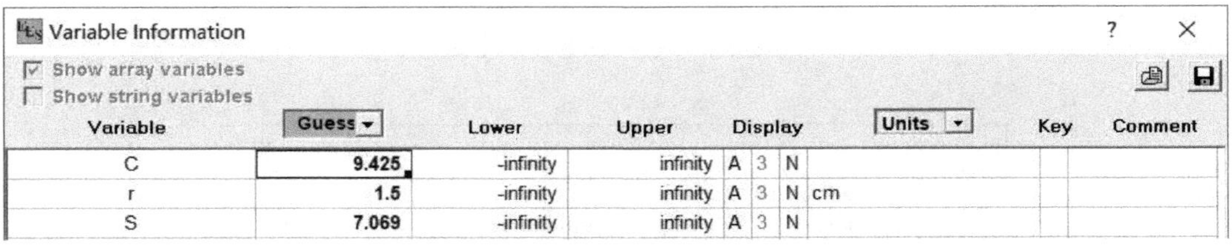

Variable	Guess	Lower	Upper	Display	Units	Key	Comment
C	9.425	-infinity	infinity	A 3 N			
r	1.5	-infinity	infinity	A 3 N			cm
S	7.069	-infinity	infinity	A 3 N			

图 2-20　变量信息对话框

还可以通过右击方程解窗口中的变量，弹出相应对话框进行设置，如图 2-21 所示。值得注意的是，图 2-21 所示对话框还提供了第二组（备用）单位。例如，在该对话框中输入备用单位 in，单击"OK"按钮，方程解窗口中将显示常量 r 的两个单位，如图 2-22 所示。

默认情况下，EES 不会自动定义变量的单位。在定义了常量 r 的单位之后进行求解，变量 C 和 S 还是没有显示单位，并且在方程解窗口的底部出现了一条红色警告消息，表明 EES 检测到方程的单位一致性存在潜在问题，如图 2-22 所示。

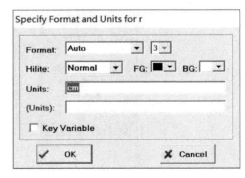

图 2-21　变量格式单位设置对话框

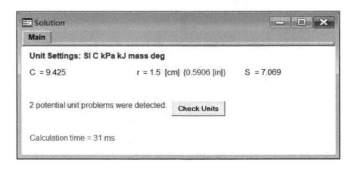

图 2-22　显示变量的两个单位

单击方程解窗口中的"Check Units"按钮，将弹出一个"Check Units（单位检查）"窗口，如图 2-23 所示。在有单位问题的方程上单击或右击，会弹出一个菜单。第一个选项是显示所有变量和常量单位的格式化等式，这有助于识别单位的问题。第二个选项是弹出方程窗口并指到该方程上。第三个选项是打开变量信息对话框。第四个选项是禁用对所选等式的单位检查。

在设置了 C 和 S 的单位后再次求解，方程解窗口如图 2-24 所示。默认情况下，EES 在每次求解方程组时自动执行这种类型的单位检查。虽然不推荐，但可以选择"Options"菜单下的"Preferences"命令，在"Options"选项卡中禁用该功能。

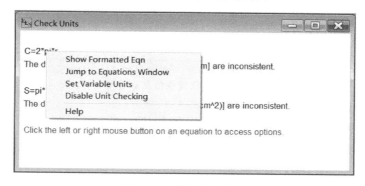

图 2-23　单位检查窗口

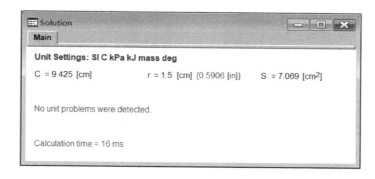

图 2-24　设置 C 和 S 单位后的方程解窗口

EES 具有单位转换功能。选择"Options"菜单下的"Unit Conversion Info"命令可以打开"Unit Conversion Information（单位转换信息）"对话框，如图 2-25 所示。对话框左侧列出了单位类别，而对话框右侧列出了 EES 内置的单位。如果在右侧选择了两个单位，则 EES 会在对话框的底部显示红色的单位转换。

EES 中的单位列表（Units List）功能为输入常用单位提供了一个快捷方式。可以通过右击任何可以手动输入单位的区域来打开单位列表。选择 Units List 可以访问一个常用的单位列表，如图 2-26 所示。

变量的单位可以用字符串变量来赋值。字符串变量可以在数值常量后面的方括号中代替单位名称，如图 2-27 所示。还可以在变量信息对话框的单位列中代替单位名称，如图 2-28所示。这个功能使得多个变量的单位能够统一修改，简化复杂程序中修改变量单位的操作。

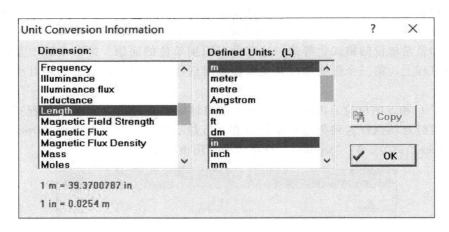

图 2-25　单位转换信息对话框

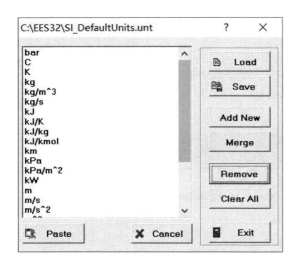

图 2-26　单位列表

图 2-27　方程窗口字符串变量单位赋值

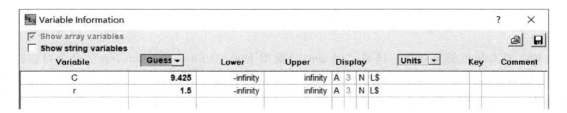

图 2-28　变量信息对话框字符串变量单位赋值

2.1.8　数组使用

数组（Arrays）是有序的元素序列，在 EES 中可以定义数组变量。变量名的总长度（包括括号和内部的整数值）不能超过 30 个字符。数组下标支持简单的算术操作，运算是从左到右进行的，没有运算符优先级。例如，在 EES 中 $X[2*3+3]$ 和 $X[1+2*3]$ 都等效于 $X[9]$。数组变量就像普通变量一样有自己的猜测值、上下限和显示格式。存储在数组中的数据可用于绘制图表，其方式与存储在参数表中的数据用法相同，见 2.1.9 节。

可以在方程窗口中单独为数组 P_array［］的每个数组元素单独赋值，方括号中的值是数组元素的下标，如图 2-29a 所示。引用多个数组值的方便快捷方法是使用数组范围表示法。数组中连续的数组元素可以通过由两个点分隔的第一个索引和最后一个索引来引用。例如，"P_array[1..4]" 等效于 "P_array[1]，P_array[2]，P_array[3]，P_array[4]"。因此，也可以集中为数组 P_array［］的数组元素赋值，如图 2-29b 所示。

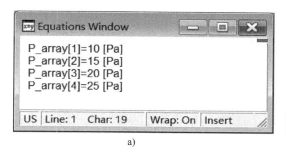 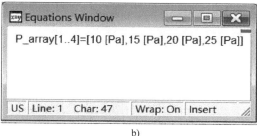

a)　　　　　　　　　　　　　　　　　b)

图 2-29　数组元素赋值

a）单独赋值　b）集中赋值

运行 EES 程序，可以在数组表（Arrays Table）中查看刚刚创建的数组变量。数组变量中元素的值将存储在数组表窗口中，选择 "Windows" 菜单下的 "Arrays" 命令可以显示数组表窗口。

字符串数组变量的名称必须以 "$" 字符结尾，例如

X $[1] = 'Hello'

X $[2] = 'World'

EES 中还可以使用多维数组，如果方括号内有以逗号隔开的两个数字，则这个数组将是二维的（即一个矩阵而不是一个矢量），如图 2-30 所示。

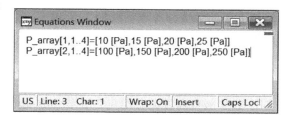

图 2-30　二维数组赋值

数组表窗口将显示如图 2-31 所示的赋值结果。

Sort	P_array,i,1 [Pa]	P_array,i,2 [Pa]	P_array,i,3 [Pa]	P_array,i,4 [Pa]
[1]	10	15	20	25
[2]	100	150	200	250

图 2-31　二维数组赋值结果

选择 "Edit" 菜单下的 "Array Editor" 命令可以编辑数组变量。在方程窗口中也可以选择 "Array Editor" 命令，在对话框顶部的下拉列表中可以选择方程窗口中的任何数组作为编辑对象。从 "Array" 下拉列表中选择 "Enter array name" 可以创建一个新的数组变量，如图 2-32所示。单击 "OK" 按钮，数组 T[] 将显示在方程窗口。该数组变量中元素的值可以从其他程序（如 Excel）中利用复制粘贴功能直接导入。

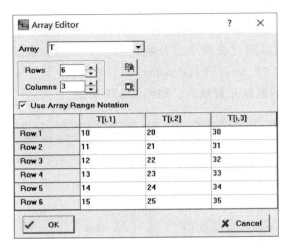

图 2-32　数组编辑对话框

2.1.9　参数表

参数表（Parametric Table）用于自动化重复计算、解微分方程，以及为绘图或曲线拟合功能提供数据。参数表（Parametric Table）窗口包含一个或多个参数表。下面以一个例题来介绍 EES 中参数表的具体使用方法。

解下面的常微分方程，已知 $t=0$ 时，$y_{t=0}=2$ 且 $y'_{t=0}=0$，求 $t=10$ 时，y 在 $\mu=0.2\sim0.8$ 之间的值。

$$y'' - \mu(1-y^2)y' + y = 0 \tag{2-4}$$

如图 2-33 所示，在方程窗口输入相应内容，利用 EES 内置的 integral 函数求解方程。有关 EES 数学函数的具体介绍见 2.2 节中有关内容。

在格式化方程窗口中的显示结果如图 2-34 所示。

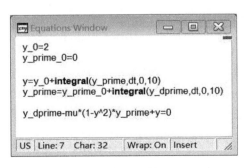

图 2-33　方程窗口

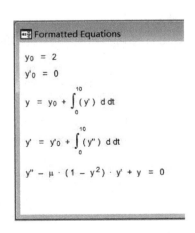

图 2-34　格式化方程窗口

选择"Tables"菜单下的"New Parametric Table"命令，将出现一个"New Parametric Table（新参数表）"对话框，如图 2-35 所示，可在其中输入信息来创建新的参数表。在本例中行数选择 9，选择左侧方程组中的 y 和 μ 两个变量，单击"Add"按钮将其加入右侧的参数表的变量中，最后单击"OK"按钮创建参数表"Table 1"。

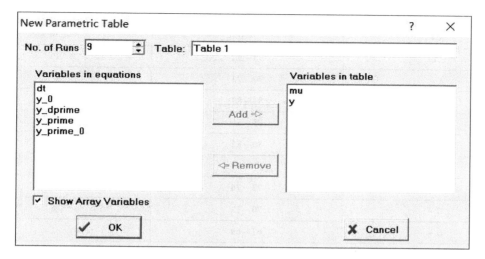

图 2-35　"New Parametric Table" 对话框

参数表的每一行都是一个单独的计算。可以使用"Tables"菜单下的"Insert/Delete Runs"命令和"Insert/Delete Vars"命令编辑现有参数表。单击变量列的右上角的小箭头，会出现如图 2-36 所示的对话框，可以在其中快捷设置参数表中该变量的值。

选择"Calculate"菜单下的"Solve Table"命令，将出现一个对话框，以选择求解的具体参数表以及求解的具体行，或单击参数表左上角的 ▷ 符号。计算完成后，结果如图 2-37 所示。

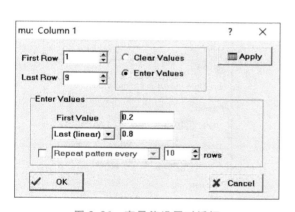

图 2-36　变量值设置对话框

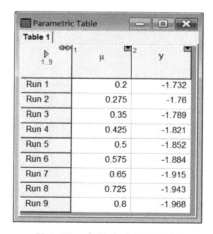

图 2-37　参数表求解对话框

2.1.10　查询表

查找文件（Lookup Files）是一组具有指定行数和列数的二维数据。查找文件提供了一种用表格数据输入函数关系的方法，并且可以在方程的求解中使用这些关系。查找文件可以存储在磁盘文件中。此外，在查询表（Lookup Table）窗口可包含一个或多个参数表。下面以一个例题来介绍查询表的具体使用方法。表 2-4 中列出了学校学生考试的成绩分布，其中分数均为整数。

表 2-4　学生考试的成绩分布

成绩等级	分数范围	人员数量
A +	97 ~ 100	6
A	93 ~ 96	15
A –	90 ~ 92	26
B +	87 ~ 89	30
B	83 ~ 86	42
B –	80 ~ 82	35
C +	77 ~ 79	28
C	73 ~ 76	19
C –	70 ~ 72	6
D +	67 ~ 69	1
D	63 ~ 66	0
D –	60 ~ 62	1

选择 "Tables" 菜单下的 "New Lookup Table" 命令，将出现一个对话框，可在其中输入信息来创建查询表，如图 2-38 所示。

将表 2-4 中的这些数据输入查询表中。注意：字母形式的成绩仅能在被转换为字符串类型后才可以被输入查询表的第一列，单击列表头之后选择 "Properties" 命令，类型（Style）选择 "String"，如图 2-39 所示。

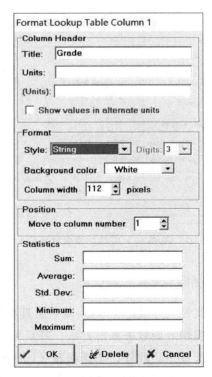

图 2-38　"New Lookup Table" 对话框

图 2-39　变量类型设置对话框

要想新建包含每个范围中值的第五列，需要单击第四列然后选择"Select insert column to the right"选项，然后单击新列并选择"Alter Values"选项，最后选中"Enter Equation"单选按钮，如图 2-40 所示。

最后单击"OK"按钮，可以创建如图 2-41 所示的查询表"Lookup 1"。

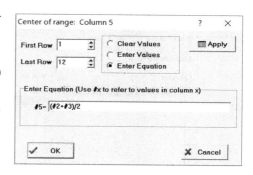

图 2-40　中值计算对话框

2.1.11　图表绘制

虽然在 2.1.9 节中已经通过参数表求解获得了 y 在 $\mu = 0.2 \sim 0.8$ 之间的多个计算值，但是变量 y 和变量 μ 之间关系的表述还不够直观。通过绘制相应的图表，可以更加清楚地展示变量 y 随变量 μ 在 $0.2 \sim 0.8$ 之间变化的特征规律。选择"Plots"菜单下的"New Plot Window"子菜单中的"X-Y plot"命令，将出现图 2-42 所示的对话框。

	Grade	Lower end of range	Upper end of range	Number of students	Center of range
Row 1	A+	97	100	6	98.5
Row 2	A	93	96	15	94.5
Row 3	A-	90	92	26	91
Row 4	B+	87	89	30	88
Row 5	B	83	86	42	84.5
Row 6	B-	80	82	35	81
Row 7	C+	77	79	28	78
Row 8	C	73	76	19	74.5
Row 9	C-	70	72	6	71
Row 10	D+	67	69	1	68
Row 11	D	63	66	0	64.5
Row 12	D-	60	62	1	61

图 2-41　查询表窗口

选择变量 μ 为 X 轴，变量 y 为 Y 轴，设置选择两个变量的最大/最小值和刻度间距（Interval），并选中"网格线（Grid lines）"复选按钮，以便于查看图形数值，最后在右下角将线条的颜色选为蓝色使线条更为明显。单击"OK"按钮，EES 将创建一个新图表"Plot 1"，并显示如图 2-43 所示的图表窗口。

EES 可以绘制条形图，这类图表是分类数据、非连续性或离散型数据的理想表现形式。下面以 2.1.10 节中介绍的例题为例，在已经创建的查询表的基础上介绍条形图的绘制方法。

选择"Plots"菜单下的"New Plot Window"子菜单中的"Bar Plot"命令。接着选择"Center of range"列作为 X 轴、"Number of students"为 Y 轴，单击"OK"按钮，可以创建图 2-44 所示的学生成绩条形图。

图表的外形选项可以通过右击图表内部或从"Plots"菜单选择"Modify Plot"命令来改变。任何一个操作都会显示图 2-45 所示的对话框。

如果希望在现有的图表中继续绘图，可以使用"Plots"菜单中的"Overlay Plots"命令，以叠加绘图。例如，可以把正态分布图覆盖在成绩的条形图上，以验证它们是否满足此分布。

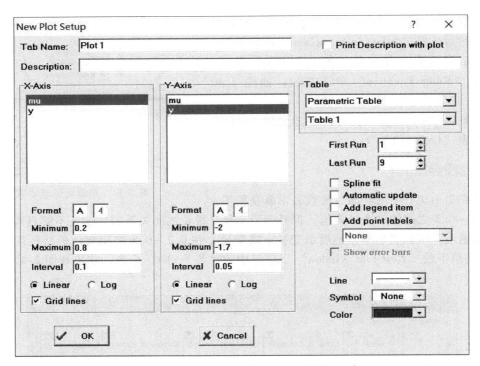

图 2-42 "New Plot Setup" 对话框

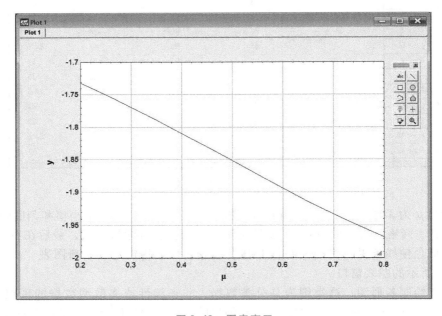

图 2-43 图表窗口

正态分布表示如下

$$p = \frac{1}{\sqrt{2\pi}} \exp\left[-\frac{(x - \bar{x})}{\sigma^2} \right] \tag{2-5}$$

式中，p 为概率密度函数；x 为随机变量；$\bar{x}$ 为一组变量的平均值；σ^2 为方差。

如图 2-46 所示，在方程窗口输入相应内容。

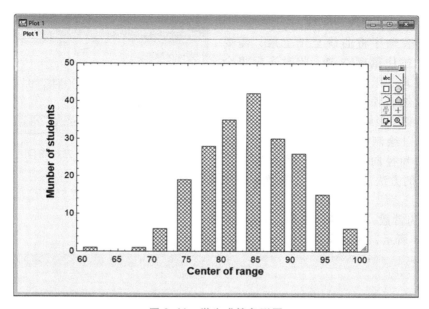

图 2-44　学生成绩条形图

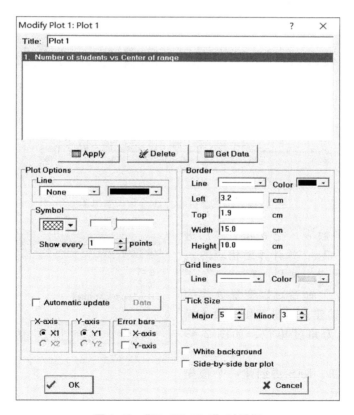

图 2-45　"Modify Plot"对话框

　　随后建立一个参数表，把 x 和 p 添加进表，变量 x 值的范围为 60~100。通过"Solve Table"命令来计算每个 x 值下的 p 值。从"Plots"菜单中选择"Overlay Plots"命令，然后选择参数表"Table1"作为数据源，其中 x 作为 X 轴、p 作为 Y 轴，学生数量绘制在右侧的 Y 轴。概率分布更适合以曲线形式绘制，需要在"Modify Plot"对话框中单击"Symbol control"按钮把符号变为无，把线型改为实线。

要改变图表顺序将曲线至于上层，需要在该图表名上按住鼠标右键，此时光标将会变为拖拽的样式。把光标移动到想要图表所在顺序的位置然后松开鼠标右键，图表的位置就会随之改变。最终效果如图 2-47 所示。

EES 还可以绘制极坐标图。极坐标图使用的是环向轴和径向轴，它是一种很容易用来表示极坐标的方法。例如，对于极坐标下玫瑰线的方程

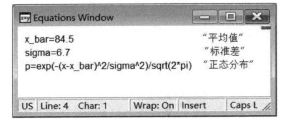

图 2-46　方程窗口

$$r = a\cos(k\theta) \tag{2-6}$$

式中，a 和 k 为常数；r 为径向位置；θ 为角位置。

如图 2-48 所示，在方程窗口输入相应内容。

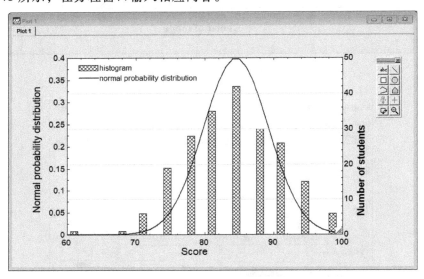

图 2-47　将正态分布曲线叠加于条形图上

随后建立一个参数表，把 θ 和 r 添加进表，θ 值的范围是 $0 \sim 2\pi$，并计算出相应的 r。选择 "Plots" 菜单下 "New Plot Window" 子菜单中的 "Polar Plot" 命令。以变量 θ 作为环向轴、r 作为径向轴建立极坐标图。要确保选择弧度（rad）作为角度单位，如图 2-49 所示。

单击 "OK" 按钮，EES 将创建一个极坐标图，如图 2-50 所示。

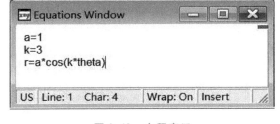

图 2-48　方程窗口

2.1.12　打印

在利用 EES 解决相应的问题后，用户通常需要将求解结果以某种形式记录或输出。EES 文件最直接的输出方式就是打印。选择 "File" 菜单中的 "Print" 命令，将弹出如图 2-51 所示的对话框。从对话框左侧的选项中选择需要打印的内容，还可以根据自身需求设置打印的具体细节。在默认情况下，不会将所有的 EES 窗口进行打印。

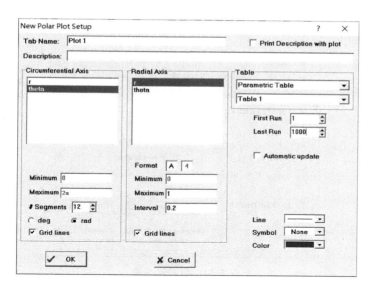

图 2-49　"New Polar Plot Setup" 对话框

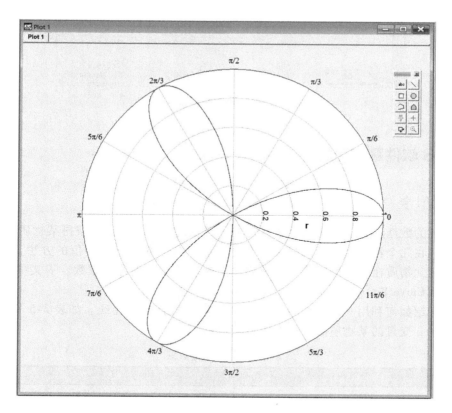

图 2-50　极坐标图

对于有多个表或图的情况，需要在打印之前选择具体需要打印的内容。例如，若 EES 中有多个查询表，则选中 "Lookup Tables" 复选按钮后将弹出选择具体需要打印的查询表的对话框，如图 2-52 所示。

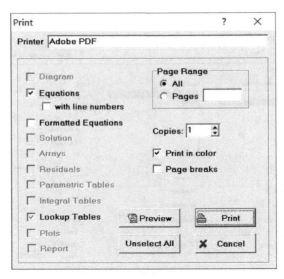

图 2-51　打印对话框

图 2-52　选择打印查询表对话框

2.2　EES 软件基本功能

2.2.1　曲线拟合

利用离散的数据集来求得连续性函数是十分常见的。比如，为了获得某物质的导热系数，通常会测量其在几个特定温度下的导热系数，然后通过曲线拟合或插值的方法，利用这些实验数据来预测此物质在任意温度下（甚至测量温度区间外）的导热系数。下文将介绍 EES 实现曲线拟合（Curve Fit）的具体方法。

首先，介绍如何利用一组具有单一变量的数据来拟合连续曲线。如表 2-5 所示，以一组以温度作为单一变量的某物质的导热系数数据为例。

表 2-5　导热系数数据

温度/℃	导热系数/[W/(m·K)]
−100	11.8
0	14.3
100	16.1
200	17.5
300	18.8
400	20.2

建立一个包含温度和导热系数的参数表并且绘制图表，如图 2-53 所示。

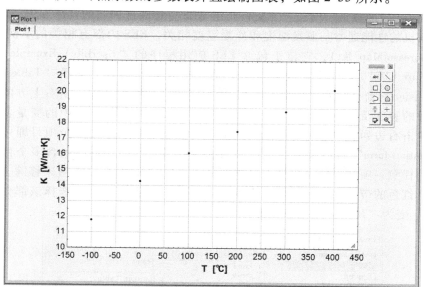

图 2-53　导热系数随温度变化图像

选择 "Plots" 菜单下的 "Curve Fit" 命令，将显示如图 2-54 所示的对话框。对话框左侧显示了图中出现的每个数据系列，在本例中仅有导热系数是温度的函数。在对话框的右侧，可以选择不同形式的方程来进行拟合，相应的公式形式会显示在对话框的最下方。选择曲线拟合的阶数为二阶。单击 "Fit" 按钮，EES 会计算出公式中各个系数的最佳值（本例中即计算 a_0、a_1、a_2），此时公式显示为红色，并且原来未知的各系数已显示为其最佳值。

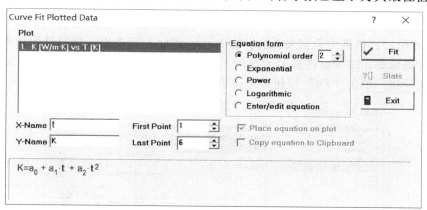

图 2-54　"Curve Fit Plotted Data" 对话框

在完成曲线拟合后，可以单击对话框右侧的 "Plot" 按钮，将拟合出的曲线叠加绘制到原本的图像上。选中 "Place equation on plot" 复选按钮可以使拟合的数学公式显示在图像上。

EES 中也可以使用用户自定义公式进行曲线拟合，曲线拟合中使用到的各个未知的系数必须表示为 a_0、a_1、a_2 等的形式。此外，EES 还可以利用过程 CurveFit1D 来对未被绘制成图像但以数组形式存在的数据集进行标准曲线拟合。

2.2.2　线性回归

EES 的线性回归（Linear Regression）功能为参数表、查询表或数组表中的数据提供了回归功能。不同于曲线拟合只针对一个独立变量，线性回归可以将任意列中的数据作为其他列（最多 9 个）数据的函数进行回归。下文将介绍 EES 进行线性回归的具体方法。

制冷压缩机的性能通常与蒸发温度和冷凝温度相关，EES 内部有相关的示例数据（Lookup Table CompressorMap. lkt），它位于包含 EES 应用程序的"UserLib \ Examples"文件夹的"CompressorMap. EES"文件中。选择该文件后，打开该查询表。选择"Tables"菜单下的"Linear Regression"命令，会出现如图 2-55 所示的线性回归对话框。从右上方的下拉列表中选择数据来源的表以及该表中的开始行和结束行。通过单击左侧列表中的变量名来选择函数的因变量，单击右边列表中的名称来选择函数的自变量，二次单击某个项目即可取消选择该项。在"Equation form"选项组可以选择回归的函数形式，以及是否包含多个自变量的交叉项。函数中的任意一项都可以通过先选中该部分再单击"Exclude"按钮来移除，被删除的项上将出现一个红色的带叉的框。如果需要重新添加一个被删除的项，选择该部分再单击已经从"Exclude"变为"Include"的按钮即可。

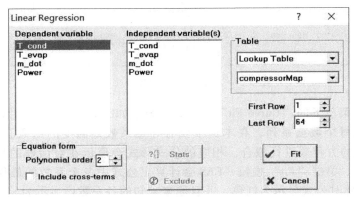

图 2-55　线性回归对话框

如图 2-56 所示，该例中数据来源为"compressorMap"查询表，自变量为功率，因变量为蒸发温度和冷凝温度。因变量将显示为使用三次多项式拟合的自变量的函数，并删除了其中所有的高阶交叉项。单击"Fit"按钮即可得到回归结果。

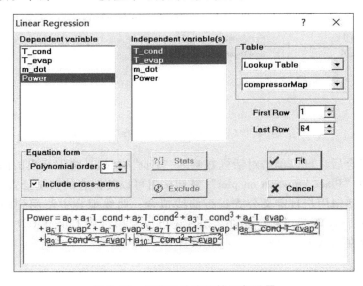

图 2-56　压缩机功率线性回归设置

2.2.3　插值

2.2.1 节和 2.2.2 节介绍的曲线拟合和线性回归都能够通过数学公式来估计未包含在离散数据集中的某个变量的具体数据值。EES 中的插值功能具有相似的作用，能运用数学工具来估计在已给定值中间的因变量的值。

EES 的插值功能需要使用查询表的数据。以 2.2.1 节中表 2-5 中的数据为例，创建一个包含温度和导热系数的查询表，如图 2-57 所示。

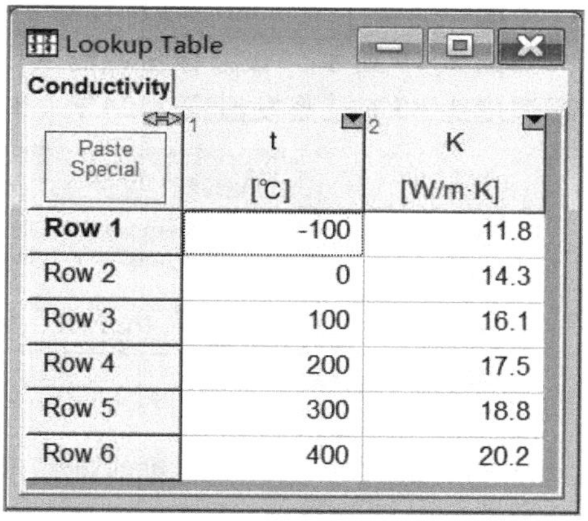

EES 中的 Interpolate1、Interpolate2 和 Interpolate3（可简写成"Interpolate"）函数分别使用线性、二次和三次插值的方法进行一维插值。有关函数功能的具体介绍见 2.2.4 节。

一维插值函数的调用格式一致，格式如下：

Interpolate（'Table Name'，'Dependent Variable'，'Independent Variable'，Independent Variable = Value，StartRow，StopRow）

"Table Name"为查询表的名称，可以为常数或字符串。"Dependent Variable"和"Independent Variable"分别是查询表中自变量和因变量的名称。利用"Independent Variable = Value"定义所求的因变量对应的自变量的值，给定的自变量应该单调变化（递增或者递减）。"StartRow"和"StopRow"是可选择的，它们既可以是常数，也可以是 EES 中的已设置好的变量。一旦两者被定义，则只有在起始行和终止行之间的行的数据会被使用。否则，所有参数表中的数据都会被使用。

图 2-57　导热系数与温度关系的查询表

如图 2-58 所示，在方程窗口输入以下指令并求解可以对所创建的查询表中的数据进行三次插值，获得温度为 175℃时的导热系数为 17.17 W/（m·℃）。

如果输入的自变量的值在表格中数据的范围之外，EES 会进行外推插值，但是求解的时候会跳出一条警告信息。

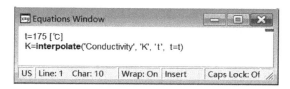

图 2-58　一维插值求解导热系数

EES 还具有二维插值功能，通过 Interpolate2D 和 Interpolate2DM 功能可以利用两个自变量来插值获得查询表中的一个因变量的值。

二维插值函数的调用格式与一维插值函数类似，格式如下：

Interpolate2D（'Table Name'，'Independent Variable 1'，'Independent Variable 2'，'Dependent Variable'，Independent Variable 1 = Value1，Independent Variable 2 = Value2，N）

Interpolate2DM（'Table Name'，'Independent Variable 1 Value'，'Independent Variable 2 Value'）

Interpolate2D 函数使用非线性插值方法，Interpolate2DM 函数使用二维线性插值。"Table Name"为查询表的名称，"Dependent Variable"是查询表中自变量的名称。对于 Interpolate2D 函数而言，"Independent Variable 1"和"Independent Variable 2"分别对应两个自变量的名称。对于 Interpolate2D 函数而言，"Independent Variable 1 Value"和"Independent Variable 2 Value"分别为表中定义单个行和列的自变量的值。

Interpolate2D 函数中的非必须参数"N"控制插值算法。当 N 小于 0 时，则使用默认方法，即双二次插值法；当 N 大于 0 时，采用径向基函数插值法。变量 N 的绝对值为插值过程中使用的最大数据点数。例如，如果 N 为 -32，则使用 32 个数据点进行双二次插值，如果 N 为 32，则使用 32 个数据点进行径向基函数插值。如果未指定 N，则使用 16 个数据点。使用的数据点越多则结果越精确，但插值过程的计算量越大。可指定的最小数据点数为 8 或表中的数据点数。

下面以 2.2.2 节中的压缩机性能查询表为例，介绍二维插值的方法。

如图 2-59 所示，在方程窗口输入以下指令并求解，可以利用 Interpolate2D 函数插值获得冷凝温度为 85℉ 且蒸发温度为 24℉、32℉ 时的压缩机功率。

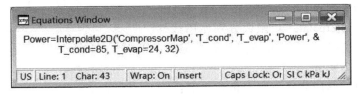

图 2-59　二维非线性插值求解压缩机功率

Interpolate2DM 函数为二维线性插值，若用此函数进行插值，首先将表中数据要以均匀矩阵的形式表示，如图 2-60 所示。第一行为第一个自变量即冷凝温度的值，第一列为第二个自变量即蒸发温度的值，剩余的值为在某一蒸发温度和某一冷凝温度共同作用下的因变量压缩机功率的值。

在冷凝温度为 85℉ 且蒸发温度为 24℉、32℉ 时，通过两种二维插值方法获得的压缩机功率分别为 11125W 和 11140W，结果非常接近。

	T_{evap} [F]	Column2	Column3	Column4	Column5	Column6	Column7
Row 1		70	80	90	100	110	120
Row 2	10	8800	9750	10600	11400	12200	12800
Row 3	15	9030	10070	11000	12000	12800	13600
Row 4	20	9210	10400	11400	12400	13400	14200
Row 5	25	9320	10600	11800	12900	13900	14900
Row 6	30	9330	10700	12000	13200	14400	15500
Row 7	35	9240	10700	12100	13500	14800	16000
Row 8	40	9020	10630	12200	13700	15100	16500
Row 9	45	8660	10410	12100	13700	15300	16800

图 2-60　压缩机性能表转换为矩阵形式

2.2.4　函数

EES 函数（Function）是一个代码片段，它接受一个或多个输入，并返回与函数名相关联的单个结果。EES 过程和函数类似，但它可以返回一个或多个结果，并由 Call 语句调用，该功能的详细介绍见 2.2.5 节。在 EES 函数和过程中所使用的代码与在 EES 主程序中所使用的代码有很大的不同，EES 主程序由方程组组成，而 EES 函数和过程中使用的是赋值语句而不是方程。

以语句 "$x = x + 1$" 为例，对赋值语句和方程之间的区别进行简单介绍。

"$x = x + 1$" 不是一个有效的方程，因为变量 x 不可能等于 "$x + 1$"。如果在方程窗口中输入此语句，EES 将使用默认的停止条件进行数值求解，使得求解结果的残差小于默认公差。虽然 EES 能够最终求解出一个结果，但是它并不是一个具有实际意义的有效解。

"$x = x + 1$" 是一个赋值语句，其能够显式地将等号右边的表达式即 "$x + 1$" 的值赋给等号左边的变量即变量 x 的值。在赋值语句中，等号右边的所有变量的值要求是已经被定义的。例如，如果当前变量 x 的值是 1，那么执行这个赋值语句后变量 x 的值会变为 2。

EES 的早期版本要求在赋值语句中使用赋值操作符 "：=" 来代替等号，则该赋值语句将表述为 "$x: = x + 1$"。在 Version 7.806（2006 年）以后的 EES 中，默认 EES 在函数和过程中同时接受等号和赋值操作符，可以在 "Preferences" 对话框的 "Options" 选项卡中进行修改。

下面将介绍 EES 函数的基本功能。EES 函数分为内置函数和外部函数，内置函数可以直接在方程窗口中编写，外部函数可以用任何高级编译语言编写，并被 EES 用相同的调用语句调用。

函数的格式如下：

Function 函数名（输入参数 1，输入参数 2，…，输入参数 N）

　　　　赋值语句或逻辑语句

　　　　（注意其中必须至少有一条赋值语句为 "函数名 = …" 的形式）

End

函数声明必须出现在方程窗口的顶部，位于 EES 主程序的任何方程之前。函数声明以关键词 "Function" 开头，函数名和参数列表在同一行。一个函数必须至少有一个输入参数，各输入参数间用列表分隔符分隔。函数声明以关键词 "End" 结束。内部的语句必须是赋值语句或逻辑语句，EES 将按照语句出现的顺序和指定逻辑进行处理。

在方程中调用函数的格式如下：

X = 函数名（输入参数 1，输入参数 2，…，输入参数 N）

调用语句中的参数名称不需要与函数声明中的参数名称相同，但是参数的数量和顺序必须相同。函数内的语句只能引用作为输入参数传递给函数或先前在函数本身内定义的变量。除了在 EES 主程序中使用 $ Common 指令定义的全局变量外，函数体中使用的所有变量都是函数的局部变量。函数返回函数体中形式为 "函数名 = …" 的赋值语句中赋值的值。

函数可以引用已经使用库文件加载的任何其他内置函数、过程或其他程序实体，函数都不能调用其本身。函数调用的一个具体例子可见 2.2.3 节中插值函数的使用介绍。

EES 有一个大型的内置数学函数库，其中包含许多工程中常用的函数，如贝塞尔函数、双曲函数、误差函数等。EES 还内置有转换单位的函数和帮助操作复数的函数。值得注意的是，EES 与其他方程求解软件的主要区别在于其广泛的热物理性质内置函数库，可以求解 R22、R134a、R407C、空气、氨、二氧化碳和许多其他流体的热物性。

2.2.5　过程

EES 过程（Procedure）类似于 2.2.4 节中介绍的函数，但它可以返回一个或多个结果，并由 Call 语句调用。与 EES 函数相同，EES 过程也分为内置过程和外部过程，内置过程可以直接在方程窗口中编写，外部过程可以用任何高级编译语言编写，并被 EES 用相同的调用语句调用。

过程的格式如下：

Procedure 过程名（输入参数 1，输入参数 2，…，输入参数 N：输出参数 1，输出参数 2，…，输出参数 M）

　　　　赋值语句或逻辑语句

　　　　（注意其中必须至少有 M 条赋值语句为 "输出参数 = …" 的形式）

End

过程声明必须出现在方程窗口的顶部，位于 EES 主程序的任何方程之前。过程声明以关键词"Procedure"开头，过程名和参数列表在同一行。参数列表前半部分为输入参数，后半部分为输出参数，两者之间以冒号分隔，各输入和输出参数间用列表分隔符分隔。过程声明以关键词"End"结束。内部的语句必须是赋值语句或逻辑语句，EES 将按照语句出现的顺序和指定逻辑进行处理。

在方程窗口中调用过程的格式如下：

Call 过程名（输入参数 1，输入参数 2，…，输入参数 N：输出参数 1，输出参数 2，…，输出参数 M）

调用语句中的参数名称不需要与函数声明中的参数名称相同，但是参数的数量和顺序必须相同。参数可以是常量、字符串变量、数值变量或代数表达式。与函数类似，过程内的语句只能引用作为输入参数传递给过程或先前在过程本身内定义的变量。除了在 EES 主程序中使用 $ Common 指令定义的全局变量外，过程体中使用的所有变量都是过程的局部变量。

当从一个函数或一个过程中调用另一个过程时，它将被解释为一组赋值语句，每个输出对应一个赋值语句。在这种情况下，不可提供任何输出值来确定一个或多个输入。

与 EES 函数相同，过程可以单独保存并在其他 EES 程序中使用。最方便的方法是将过程保存为库文件。过程不能调用其本身且不能调用子模块（Module），但是可以调用子程序，子模块和子程序的具体内容见 2.3 节。过程调用的一个具体例子可见 2.2.1 节中曲线拟合的使用介绍。

2.2.6 逻辑语句

如 2.2.4 节和 2.2.5 节所述，逻辑语句可以在 EES 的函数和过程中使用。但是这些逻辑语句不能在 EES 的子模块、子程序或主程序中使用。

最常见的逻辑语句是 If-Then-Else 语句，该语句有单行形式和多行形式两种格式。单行形式的格式如下：

If（条件语句）Then（语句 1）Else（语句 2）

多行形式的格式如下：

If（条件语句）Then

　　单条或多条语句

Else

　　单条或多条语句

EndIf

If-Then-Else 语句中具体执行哪一条语句，是由条件语句决定的。条件语句并非一定需要用括号括起，但是为了方便阅读，建议将条件语句放置在括号内。

这两种形式中关键词"Then"及其后面的语句都是必需的，关键词"Else"及其后面的语句是并非一定包含的。单行形式的 If-Then-Else 语句不允许换行，多行形式的 If-Then-Else 语句中的关键词"Else"和"EndIf"必须单独占一行。

这两种形式最主要的区别在于执行语句的数量。单行形式只能根据条件语句的结果执行一条语句，单行形式的关键词"Then"和"Else"后面都只能跟一条语句，该语句可以是赋值语句或 GoTo 语句。但是多行形式允许执行多条赋值语句或逻辑语句。此外，多行形式的 If-Then-Else 语句允许嵌套，即其内部可以包含其他的 If-Then-Else 语句。

EES 通常将从第一条语句开始按照顺序执行赋值语句，但是使用 GoTo 语句可以自行定义赋值语句的执行顺序。GoTo 语句必须与 If-Then-Else 语句连用。

GoTo 语句的格式如下:

GoTo Line#

其中,"Line#" 是语句标签,必须是 1~30000 之间的整数,语句标签可以自成一行也可以位于赋值语句之前,并用冒号与该赋值语句分隔。下面举一个简单的过程例子,该过程的功能是比较 N 与 3 的大小,若 $N<3$ 则输出 N^2 的值,反之则输出 $N!$。该过程的具体内容如下:

```
Procedure Compare (N: M)
    If (N < 3) Then
        M = N * N
    Else
        M = 1
        i = N + 1
    2:  i = i-1
        M = M * i
        If (i > 1) Then GoTo 2
    EndIf
End
```

相较于使用 If-Then-Else 和 GoTo 语句实现循环,使用 Repeat-Until 语句通常更方便易读。Repeat-Until 语句的格式如下所示

```
Repeat
    单条或多条语句
Until (条件语句)
```

Repeat-Until 语句中的条件语句与 If-Then-Else 语句中的判定条件相同。上面使用 GoTo 语句编写的 Compare 过程可以使用 Repeat-Until 语句更简单地实现,具体过程如下:

```
Procedure Compare (N: M)
    If (N < 3) Then
        M = N * N
    Else
        M = 1
        i = N
        Repeat
            M = M * i
            i = i-1
        Until (i < = 1)
    EndIf
End
```

Return 语句与 If-Then-Else 或 Repeat-Until 语句一起用于构造语句的逻辑。当 EES 执行到 Return 语句时,它将退出所在的函数或过程并且重新回到调用该函数或过程的位置。

Case 语句功能类似于 If-Then-Else 语句。当面临解决从多个选项中进行选择的问题时,使用 Case 语句比使用嵌套的 If-Then-Else 语句更加方便。请注意 Case 语句不能以嵌套方式使用。

Case 语句的格式如下:

CASE 决策变量

标签 1::单条或多条语句

　　　　标签 2::单条或多条语句

　　　　……

　　　　标签 N::单条或多条语句

　　　　Else::单条或多条语句

ENDCASE

　　Case 决策变量可以是数字变量或字符串变量。不同的 Case 选项是利用 Case 标签标识的，其与执行语句中间以一个双冒号（::）分隔。如果决策变量是数字变量，则标签必须是整数常量；如果决策变量是字符串变量，则标签必须是用单引号引起来的字符串常量。Else 标签是非必需的。如果 Case 变量与任何 Case 标签都不匹配，则控制将转移到 Else 之后的第一个方程。ENDCASE 关键词用于结束 Case 语句。

2.2.7　物性数据

　　EES 拥有高质量的物性数据库，并且内置了大量数学、流体力学、传热学和热力学方面的函数，支持用户自定义数据库补充物性数据和自定义函数。这些函数与方程求解和绘图功能集成在一起，使 EES 成为开发多种工程系统数学模型的有力工具。

　　在 EES 中调用物性函数的具体格式和输入参数的数量取决于具体物质和物性类型。对于内置物性函数，可以通过选择"Options"菜单中的"Function Info"命令打开相应的对话框来查看相关信息。如图 2-61 所示，对话框中显示了计算制冷剂 R134a 焓值的内置函数的调用格式和状态参数。还有一些物性函数是由外部过程（External routines）提供的，例如氨-水混合物，它们的调用格式与内置物性函数的调用格式不同。

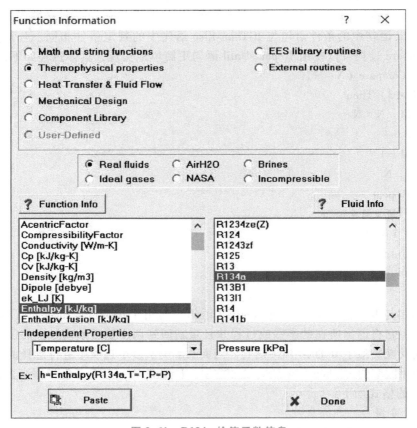

图 2-61　R134a 焓值函数信息

典型流体物性函数的调用格式如下：

X = 函数名称（流体名，参数 1 = 规定值 1，参数 2 = 规定值 2）

函数名称与返回的物性相对应。例如，Enthalpy 函数返回的是特定状态点的焓值，Volume 函数返回的是特定状态点的比体积。该函数将以单位系统指定的单位返回物性的值。流体名是一个字符串，用于指定要计算的流体的名称。在大多数情况下，需要两个及以上状态参数来确定状态点。等号后面是提供指定状态参数的数值常量或代数表达式。

如图 2-61 所示，在 "Function Information" 对话框选中 "Thermophysical properties（热物性）" 单选按钮，将出现一个面板显示内置物性数据的六个类别，分别是：Real fluids、Ideal gases、AirH2O、NASA、Brines、Incompressible。下文将按顺序对这些类别进行介绍。

在 EES 中，实际流体（Real fluids）是指用可压缩流体模型表示的流体，该模型能够描述流体的液体、两相或过热气体状态，其中的热力学性质和传递性质都符合相律。实际流体的物性函数通常需要两个独立的状态参数以确定状态点。一些物性只需要一个状态参数即可确定，例如 P_sat 函数返回饱和压力。临界物性对于特定流体是唯一的，因此除了流体名称之外不需要其他输入，由 T_crit、P_crit 和 v_crit 函数返回。EES 对于实际流体的物性方程能够识别的参数及其含义见表 2-6。这些参数由一个单独的字母表示，并且不区分大小写。

表 2-6　用于实际流体物性计算的状态参数

字母	含义	字母	含义
P	压力	U	比热力学能
T	温度	H	比焓
X	干度	S	比熵
V	比体积		

对于处于两相区的流体而言，不能用表 2-6 中任意的两个状态参数组合来确定状态点。例如，对于纯质流体而言，给定饱和温度和压力无法确定比体积，因为有很多状态都具有该温度和压力（从饱和蒸气到饱和液体）。因此，不能通过给出温度和压力的具体数值来确定某一状态点并获得流体在该状态下的其他物性。

对于处于两相区的流体而言，建议将干度指定为状态参数之一。干度是指处于气态的物质的质量分数。因此，$X = 0$ 对应于饱和液体，而 $X = 1$ 对应于饱和蒸气，$X < 0$ 或 $X > 1$ 是没有意义的。如果流体处于两相区，则 Quality 函数将返回该状态下的干度。若流体处于过冷液体状态，Quality 函数将返回 – 100。若流体处于过热气体状态，Quality 函数将返回 100。对于有些过程（例如，NH3H2O），流体处于过冷液体状态，或处于过热气体状态，Quality 函数返回数值不一定与上述一致，需要查阅相关过程的具体说明。

理想气体（Ideal gases）是一种实际上不存在的假想气体，其分子是弹性的、不具体积的质点，分子间没有相互作用力。在各种温度、压力的条件下，理想气体状态皆服从方程 $pV = nRT$。理想气体模型计算简单，计算工作量小。理想气体是气体压力趋近于 0、比体积趋近于无穷大时的极限状态，只有在高温低压的条件下，实际气体的性质才能够接近于理想气体。EES 中的许多流体可以建模为理想气体或实际流体。

EES 采用命名规范来区分理想气体和实际气体。对于用化学符号表示的物质（如 N2）EES 将用理想气体定律进行建模，对于用英文名称表示的物质（如 Nitrogen）则 EES 将其视为实际气体利用相应的状态方程进行物性计算（Air 和 AirH2O 除外）。可以单击 "Function Information" 对话框中的 "Fluid Info" 按钮来查看 EES 中使用的所有流体物性数据的来源。

理想气体特性数据分为两组，即内置理想气体和 NASA 理想气体。NASA 理想气体性质库中提供了 1262 种理想气体，该数据库由 McBride 等人编制。NASA 理想气体性质库在 EES 8.528 版才集成到该软件中。在此版本之前，必须通过调用 NASA 外部过程来访问 NASA 数据库中的理想气体数据。

当使用 AirH2O 作为流体名称时，EES 能够提供湿空气相关的物性参数。在常压下，湿空气参数符合理想气体定律，但其状态方程不同于理想气体状态方程，因为空气中水蒸气的含量会增加一个自由度。因此，当计算 AirH2O 物性时，需要三个独立状态参数才能够确定状态点，这增加的第三个参数必须与水蒸气的含量有关。

湿空气的物性方程能够识别的参数及其含义见表 2-7。其中一些适用于实际流体和理想气体，但是也有一些只适用于 AirH2O 物质。

表 2-7　用于湿空气物性计算的状态参数

字母	含义	字母	含义
P	压力	S	干空气比熵
T	温度	B	湿球温度（仅适用于 AirH2O）
V	干空气比体积	D	露点温度（仅适用于 AirH2O）
U	干空气比热力学能	R	相对湿度（仅适用于 AirH2O）
H	干空气比焓	W	含湿量（仅适用于 AirH2O）

水溶液（Brines）是水和另一种物质的混合物，其最重要的热物理性质是它的比热容和冰点。当调用函数计算水溶液物性时，调用格式中的"流体名称"是混合物的简称，可以是字符串常量或字符串变量，不需要在字符串前后加上单引号。EES 中内置的水溶液符号及其含义见表 2-8。

表 2-8　EES 内置水溶液

符号	含义	符号	含义
CACL2	氯化钙水溶液	LICL	氯化锂水溶液
EA	乙醇水溶液	MA	甲醇水溶液
EG	乙二醇水溶液	MGCL2	氯化镁水溶液
GLYC	甘油水溶液	NACL	氯化钠水溶液
K2CO3	碳酸钾水溶液	NH3W	氨水
KAC	乙酸钾水溶液	PG	丙二醇水溶液
KFO	甲酸钾水溶液		

水溶液内置物性函数在 EES 版本 8.785 中实现。在此版本之前，必须通过调用 BrineProp2 外部过程计算。但是，EES 仍为 BrineProp2 外部过程提供了兼容性。在"Function Information"对话框选中"EES library routines（EES 库程序）"单选按钮，并滚动到 BrineProp2.lib 文件夹，单击"Function Info"按钮可以获得有关 BrineProp2 外部过程的信息。

NH3H2O 用于提供氨水溶液在过冷、饱和及过热条件下的热力学性质。由于 NH3H2O 是混合物，它需要 3 个独立的参数来确定状态。对于此物质，可以使用名为 MassFraction 的物性函数，该函数能够返回氨的质量分数。某些字母用于 NH3H2O 时与它们在实际流体中的用法不同，NH3H2O 的物性方程能够识别的参数及其含义见表 2-9。

表 2-9　用于 NH3H2O 物性计算的状态参数

字母	含义	字母	含义
P	压力	S	比熵
T	温度	X	质量分数（实际流体质量）
V	比体积（=1/密度）	Q	干度（过冷状态 $Q = -0.001$；饱和状态 $0 \leqslant Q \leqslant 1$；过热状态 $Q = 0.001$）
U	比热力学能		
H	比焓		

EES 的不可压缩（Incompressible）物性库内置不可压缩固体和液体的物性函数。其中大多数的函数都需要物质名称和温度作为输入。值得注意的是，并非所有函数都适用于所有物质。例如，饱和蒸气压函数（P_sat）仅适用于液态物质，摩尔质量函数（MolarMass）仅适用于相对分子质量已知的物质，LowerHeatingValue、HigherHeatingValue 和 Enthalpy_Formation 函数仅适用于有机液体。

2.3　EES 软件高级功能简介

1. 优化

优化功能广泛用于解决实际工程问题，该功能可以用于确定最优的系统设计、相关参数或运行条件，可以是对系统效率、能耗、成本、换热量等单个目标的优化，也可以是综合考虑多个目标的优化。在 EES 中提供 Min/Max 命令实现一维或多维优化问题，通过调整一个或多个变量，以最大化或最小化目标函数。EES 商业版允许最多 20 个独立变量，而 EES 专业版（9.370 及以上版本）允许最多 80 个独立变量。详见本书电子参考资料"EES 软件高级功能简介——优化"。

2. 积分

在实际工程上，许多重要的数学表达都涉及微分方程。在某些常微分方程比较简单的情况下，可以得到对应的分析解，但是在大多数的情况下方程都较为复杂，需要获得对应的数值解。此外，偏微分方程也可以通过近似成一组常微分方程来求解。在 EES 中提供 Integral 函数，利用内置的数值积分算法实现一个或多个常微分方程的求解。该命令有基于方程（equation-based）和基于表格（table-based）两种形式。详见本书电子参考资料"EES 软件高级功能简介——积分"。

3. 不确定度计算

在解决工程问题时经常需要用变量来代表某一物理量，该变量本身也存在一定的不确定性，特别是如果其是通过测量手段获得的。不确定度是指由于测量误差的存在，对被测量值的不能肯定的程度。EES 不仅能够指定每个变量的值和单位，还能够指定其不确定度。在 EES 中不确定度用"±"符号表示，例如：$X = 10 \pm 0.1$。

在某些情况下，有些物理量不是直接通过测量手段获得的，而是作为一个或多个直接测量的物理量的函数被计算出来的。这就涉及不确定度传递（Uncertainty Propagation）的问题，需要计算所有测量变量的不确定度如何传递到计算量的值。最常用的计算不确定度传递的方法为统计平方公差法（RSS）。EES 有内置的利用 RSS 方法进行不确定度传递计算的功能。详见本书电子参考资料"EES 软件高级功能简介——不确定度"。

4. 高级绘图

在 2.1.11 节图表绘制中已经介绍了 EES 具有的基本图表绘制功能，此处将介绍一些有关绘图的其他功能。EES 可以绘制双坐标轴图表，并且可以自定义坐标轴的位置。EES 还可以绘制多种类型的三维图，包括等高线图、梯度图、三维曲面图和三维点图。除了不同形式的数字型数据类型外，EES 还为日期、时间和字符串提供了相应数据类型，并且它们可以像其他数字那样被绘制。在 EES 专业版中，能够绘制并列条形图。此类图适合表示那些具有相同原理或组成的两个或以上数量的概念，并且图的坐标轴的约束和间距除了使用数值型常数，还可以通过使用变量来设置。该功能使得图表能够响应程序的变化进行自动更新。此外，EES 中的图表可以被复制到其他应用中。详见本书电子参考资料 "EES 软件高级功能简介——高级绘图"。

5. 子程序

EES 子程序是 EES 内部程序，可以被主程序、函数、过程或其他子程序调用。子程序不是递归的，即它们无法调用自身。子程序类似于 2.2.5 节中介绍的过程，接受输入并计算输出。与主程序中的变量相同，子程序中出现的每个变量都可以设置其猜测值、上下限、显示格式及单位。详见本书电子参考资料 "EES 软件高级功能简介——子程序"。

6. 子模块

EES 子模块类似于子程序，其内部是方程（方程组）而不能直接使用逻辑语句，并且由 Call 语句调用。可以通过过程调用子程序但是不能调用子模块。子模块和子程序的差异主要体现在求解方式上，子模块中的方程会与方程窗口中的方程集成然后共同进行求解。此外，子模块变量的猜测值、上下限、显示格式及单位由调用它的程序控制。详见本书电子参考资料 "EES 软件高级功能简介——子模块"。

7. 库文件

库文件（Library files）是 EES 最强大的功能之一，其使得用户能够编写自定义和可重用的代码供个人使用或供他人使用。EES 允许包含一个或多个函数、过程或子程序（子模块）的文件被保存为扩展名为 "lib" 的库文件。当 EES 启动时，将自动加载在 Userlib 子目录及嵌套目录中找到的库文件中的所有函数、过程和子程序（子模块）。这些文件也可以通过 "File" 菜单中的 "Load Library" 命令和 "$Include" 指令手动加载。库文件中函数、过程和子程序（子模块）的访问调用方式与 EES 中的内置函数相同。库文件也可以用编译语言编写，如 C + + 或 Fortran，此类库文件被称为外部库文件。详见本书电子参考资料 "EES 软件高级功能简介——库文件"。

8. 指令

指令（Directives）是在方程窗口中特殊的 EES 命令，只在编译过程中执行。指令以符号 "$" 作为第一个字符，根据它们的用途编写。指令的功能强大，详见本书电子参考资料 "EES 软件高级功能简介——指令"。

2.4 EES 用于热物理过程计算

2.4.1 湿空气处理过程

湿空气即含有水蒸气的空气，一般处于过热状态，水蒸气分压很低。因此，在通常情况下，可以将湿空气中的水蒸气视为理想气体进行计算，此时湿空气则为理想气体混合物，遵循理想气体的规律及计算公式。在一定的总压力下，湿空气的状态可用干球温度、湿球温度、露点温度、相对湿度、含湿量、水蒸气分压等不同参数表示，其中只有两个是独立变量。

下面通过例 2-1 来介绍使用 EES 计算湿空气各状态参数的方法。

例 2-1　一个层高为 3m、面积为 20m^2 的房间，室内空气温度为 35℃，相对湿度为 70%，求该室内湿空气的主要参数。

解　在 EES 中，首先使用$UnitSystem 指令指定单位系统，此例中使用国际单位制。其次，使用$TabStop 指令设置格式，使同一行中代码与注释分开对齐。

```
$UnitSystem SI Radian Mass J kg C kPa
$TabStops 0. 2 4 in
```

已知空气温度为 35℃，相对湿度为 70%，压力取 101. 325kPa

```
"室内状态点 1"
T = 35 [C]                                  "湿空气温度"
rh = 0. 70                                  "湿空气相对湿度"
p_atm = 101. 325 [kPa]                      "大气压"
```

温度和相对湿度共同确定了房间内湿空气状态点 1，可以使用相应的性质函数来确定该点的其他状态参数。

```
v = volume( AirH2O,P = p_atm,T = T,R = rh)      "湿空气比体积"
h = enthalpy( AirH2O,P = p_atm,T = T,R = rh)    "湿空气比焓"
w = humrat( AirH2O,P = p_atm,T = T,R = rh)      "湿空气含湿量"
```

该湿空气内含湿量保持一定，当温度逐渐降低到达饱和状态，即相对湿度为 100%，此时温度为露点温度。

```
T_d = temperature( AirH2O,P = p_atm,w = w,R = 1)   "湿空气露点温度"
```

已知房间体积即湿空气体积为 60m³，可求得湿空气中干空气质量、水蒸气质量以及湿空气总焓值。

```
V_r = 60 [m^3]                              "湿空气体积"
m_a = V_r/v                                 "干空气质量"
m_v = m_a * w                               "水蒸气质量"
H_r = m_a * h                               "湿空气总焓值"
```

单击"Solve"按钮求解，单击"Solution"按钮查看计算结果。

湿空气的处理主要有加热/冷却、绝热加湿、冷却去湿、绝热混合等几种典型过程，这些过程能够在焓湿图上表示，如图 2-62 所示。

1-2 和 1-3 为湿空气单纯的加热和冷却过程，过程中压力与含湿量均保持不变，在焓湿图上沿等含湿量线方向进行。

1-4 和 1-4′为湿空气的绝热加湿过程。1-4 表示的是喷水加湿的过程，由于水分蒸发吸热，水的焓值相对较小可忽略不计，绝热喷水过程沿着等焓线向温度降低的方向进行。1-4′表示的是喷蒸气加湿的过程，喷入水蒸气后，湿空气的焓、含湿量、相对湿度均有所增大。

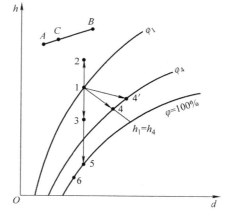

图 2-62　湿空气典型处理过程

1-5-6 为冷却去湿过程。1-5 为在达到露点温度前，湿空气等含湿量降温，5-6 为湿空气继续以饱和状态沿着等相对湿度线冷却。

A-C-B 为绝热混合过程。两股湿空气 A 和 B 绝热混合后状态点为 C。

在湿空气处理过程的计算中，一般做如下假设：

1）湿空气中水蒸气凝聚成的液相水或固相冰中，不含空气。

2）空气的存在不影响水蒸气与凝聚相的相平衡，相平衡温度为水蒸气分压力所对应的饱和温度。

下面通过例2-2来介绍使用EES对典型湿空气处理过程的计算和分析。

例2-2　仍以例2-1中的房间为例，开启房门让40%体积的室内空气与室外空气进行了交换，已知室外空气温度为37.5℃，相对湿度为60%，求充分混合后房间内湿空气的温度和相对湿度。若再开启空调将室内空气定压冷却去湿到温度为26℃、相对湿度为65%，忽略房间漏热，求所需提供总冷量及产生冷凝水量。

解　在EES中，首先使用$UnitSystem指令指定单位系统，此例中使用国际单位制。其次，使用$TabStop指令设置格式，使同一行中代码与注释分开对齐。

```
$UnitSystem SI Radian Mass J kg C kPa
$TabStops 0.2 4 in
```

已知室内初始空气温度为35℃，相对湿度为70%，压力取101.325kPa。根据已知参数可以确定状态点1的湿空气比体积、比焓以及含湿量。

```
"室内状态点1"
T[1] = 35 [C]                                    "湿空气温度"
rh[1] = 0.70                                     "湿空气相对湿度"
p_atm = 101.325 [kPa]                            "大气压"
v[1] = volume(AirH2O,P = p_atm,T = T[1],R = rh[1])    "湿空气比体积"
h[1] = enthalpy(AirH2O,P = p_atm,T = T[1],R = rh[1])  "湿空气比焓"
w[1] = humrat(AirH2O,P = p_atm,T = T[1],R = rh[1])    "湿空气含湿量"
```

已知房间体积即湿空气体积为60m³，可求得室内湿空气中干空气质量和水蒸气质量。

```
V_r = 60 [m^3]                                   "湿空气体积"
m_a[1] = V_r/v[1]                                "干空气质量"
m_v[1] = m_a[1] * w[1]                           "水蒸气质量"
```

同理，已知室外空气温度为37.5℃，相对湿度为60%。根据已知参数可以确定状态点2的湿空气比体积、比焓以及含湿量。

```
"室外状态点2"
T[2] = 37.5 [C]                                  "湿空气温度"
rh[2] = 0.60                                     "湿空气相对湿度"
v[2] = volume(AirH2O,P = p_atm,T = T[2],R = rh[2])    "湿空气比体积"
h[2] = enthalpy(AirH2O,P = p_atm,T = T[2],R = rh[2])  "湿空气比焓"
w[2] = humrat(AirH2O,P = p_atm,T = T[2],R = rh[2])    "湿空气含湿量"
```

已知有40%体积的室内空气与室外空气进行了交换，可计算这一部分交换的室外空气中干空气质量和水蒸气质量。

```
m_a[2] = 0.4 * V_r/v[2]                          "干空气质量"
m_v[2] = m_a[2] * w[2]                           "水蒸气质量"
```

可根据干空气和水蒸气的质量守恒以及能量守恒，求得混合后的室内状态点3的温度和相对湿度。

```
"混合状态点3"
m_a[3] = 0.6 * m_a[1] + m_a[2]                   "干空气质量守恒"
m_v[3] = 0.6 * m_v[1] + m_v[2]                   "水蒸气质量守恒"
m_a[3] * h[3] = 0.6 * m_a[1] * h[1] + m_a[2] * h[2]   "能量守恒"
m_v[3] = m_a[3] * w[3]                           "湿空气含湿量"
```

```
T[3] = temperature(AirH2O,P = p_atm,w = w[3],h = h[3])        "湿空气温度"
rh[3] = relhum(AirH2O,P = p_atm,w = w[3],h = h[3])            "湿空气相对湿度"
T_d[3] = temperature(AirH2O,P = p_atm,w = w[3],R = 1)         "湿空气露点温度"
```

将室内空气定压冷却到 26℃，具体步骤为湿空气先冷却到状态点 3 的露点温度，再继续以饱和状态沿着等相对湿度线冷却到室内最终状态点 4。由能量守恒和水蒸气质量守恒分别能算出所需空调制冷量及产生冷凝水量。

```
"室内状态点 4"
T[4] = 26 [C]                                                  "湿空气温度"
rh[4] = 0.65                                                   "湿空气相对湿度"
h[4] = enthalpy(AirH2O,P = p_atm,T = T[4],R = rh[4])          "湿空气比焓"
w[4] = humrat(AirH2O,P = p_atm,T = T[4],R = rh[4])           "湿空气含湿量"
Q = m_a[3] * ( h[3]-h[4])                                      "能量守恒"
Delta_M = m_a[3] * ( w[3]-w[4])                                "水蒸气质量守恒"
```

单击"Solve"按钮求解，求得所需提供的总冷量为 258.4kJ、冷凝水量为 742.2g，单击"Array"按钮查看各状态参数。使用"Plot"命令绘出各状态点在温湿图上的位置，如图 2-63 所示，1-3-2 即为室内空气和室外空气混合的过程，3-4 为冷却去湿过程。

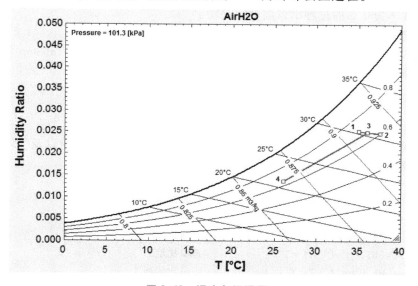

图 2-63　湿空气温湿图

2.4.2　气体压缩过程

压缩过程广泛存在于工程中，最常见的设备是活塞式压缩机和离心式压缩机，本质都是消耗机械能或电能来使得工质升压。一般的压缩过程有两种极限情况，如图 2-64 所示。

1-2 为绝热压缩过程。该过程进行极快，可以忽略工质与外界的换热。

1-4 为定温压缩过程。该过程进行十分缓慢，工质散热良好，温度始终保持与初始温度相同。

1-3 为多变压缩过程。实际压缩过程属于多变压缩过程，介于绝热压缩和定温压缩之间，过程中工质既有热量散失也有所升温。多变指数越接近 1，该过程越接近定温过程。

下面通过例 2-3 和例 2-4 来介绍使用 EES 对典型压缩过程的计算和分析。

例 2-3　某压缩过程中氮气进口流量为 1.88m³/s，进口压力和温度分别为 95kPa 和 20℃，

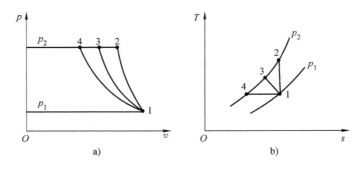

图 2-64　压缩过程

a）p-v 图　b）T-s 图

出口压力为 310kPa，忽略进出口动能差和位能差。求：

1）可逆绝热压缩过程耗功。

2）绝热效率为 0.8 的过程出口温度和耗功。

3）可逆定温压缩耗功。

解　在 EES 中，首先使用 \$UnitSystem 指令指定单位系统。使用 \$TabStop 指令设置格式，使同一行中代码与注释分开对齐。

```
$UnitSystem SI K kPa kJ mass
$TabStops 0. 2 4 in
R$ = 'Nitrogen'          "流体名称"
```

根据压缩前状态点 1 的已知参数，可以确定该状态点的比熵、比焓以及气体的质量流量。

```
"压缩前状态点1"
p[1] = 95 [kPa]                          "进口压力"
T[1] = 293. 15 [K]                       "进口温度"
q_v[1] = 1. 88 [m^3/s]                   "进口体积流量"
s[1] = entropy(R$,P = p[1],T = T[1])     "进口比熵"
h[1] = enthalpy(R$,P = p[1],T = T[1])    "进口比焓"
v[1] = volume(R$,P = p[1],T = T[1])      "进口比体积"
q_m = q_v[1]/v[1]                        "质量流量"
```

绝热压缩过程的流体进出口比熵相同，结合出口压力 310kPa，可以确定绝热压缩出口状态点 2 的比焓、温度以及过程耗功。

```
"绝热压缩后状态点2"
p[2] = 310 [kPa]                         "出口压力"
s[2] = s[1]                              "出口比熵"
h[2] = enthalpy(R$,P = p[2],s = s[2])    "出口比焓"
T[2] = temperature(R$,P = p[2],s = s[2]) "出口温度"
P_s = q_m * (h[2]-h[1])                  "功率"
```

绝热效率为可逆绝热压缩耗功与不可逆绝热压缩耗功之比，据此可以确定过程耗功以及不可逆绝热压缩出口状态点 3 的比焓和温度。

```
"不可逆压缩后状态点3"
p[3] = 310 [kPa]                         "出口压力"
EFF = 0. 7                               "绝热效率"
```

```
P_s_real = P_s/EFF                                  "功率"
EFF = (h[2]-h[1])/(h[3]-h[1])                        "实际比熵"
T[3] = temperature(R$,P = p[3],h = h[3])            "出口温度"
```

同理，可逆定温压缩过程的流体进出口温度相同，结合出口压力 310kPa，可以确定可逆定温压缩出口状态点 4 的比熵和过程耗功。

```
"定温压缩后状态点 4"
p[4] = 310 [kPa]                                    "出口压力"
T[4] = T[1]                                         "出口温度"
s[4] = entropy(R$,P = p[4],T = T[4])               "出口比熵"
P_t = q_m * T[1] * (s[1]-s[4])                      "功率"
```

单击 "Solve" 按钮求解，单击 "Solution" 按钮查看计算结果：可逆绝热压缩过程耗功、可逆定温压缩耗功分别为 251.4kW、212.2kW，绝热效率为 0.8 的过程出口温度和耗功分别为 460.8K、359.1kW。单击 "Array" 按钮查看数组表，表中提供了各状态点的参数信息。

例 2-4　将例 2-3 中压缩过程的流体改为视作理想气体的空气，求 $n = 1.28$ 的多变过程的终温和耗功。

解　在 EES 中，首先使用 \$UnitSystem 指令指定单位系统。使用 \$TabStop 指令设置格式，使同一行中代码与注释分开对齐。

```
$UnitSystem SI K kPa kJ mass
$TabStops 0.2 4 in
R$ = 'Air'                                          "理想气体"
```

根据压缩前状态点 1 的已知参数，可以确定该状态点的气体质量流量。

```
"压缩前状态点 1"
p[1] = 95 [kPa]                                     "进口压力"
T[1] = 293.15 [K]                                   "进口温度"
q_v[1] = 1.88 [m^3/s]                               "进口体积流量"
v[1] = volume(R$,P = p[1],T = T[1])                "进口比体积"
q_m = q_v[1]/v[1]                                   "质量流量"
```

根据多变指数 1.28 和出口压力 310kPa，可以确定多变压缩出口状态点 2 的温度和过程耗功。值得注意的是，利用公式计算出口温度时所有的温度单位必须为 K。

```
"多变压缩后状态点 2"
p[2] = 310 [kPa]                                    "出口压力"
n = 1.28                                            "多变指数"
T[2] = T[1] * (p[2]/p[1])^((n-1)/n)               "出口温度"
cp = Cp(R$,T = (T[1] + T[2])/2)                    "比定压热容"
cv = CV(R$,T = (T[1] + T[2])/2)                    "比定容热容"
R_g = cp-cv                                         "气体常数"
P_n = q_m * R_g * n/(n-1) * (T[2]-T[1])            "功率"
```

单击 "Solve" 按钮求解，可得计算结果：终温为 379.7K，耗功为 241.1kW。

为降低排气温度提高容积效率，常采用多级压缩、级间冷却的方法。在该压缩过程中，气体在不同气缸中逐级压缩，并且在每次压缩后都在中间冷却器定压冷却至压缩前温度，如图 2-65 所示。

L-1 为低压气缸吸气过程；1-2 为低压气缸压缩过程；2-M 为低压气缸排气过程；M-2 为气体进入中间冷却器；2-3 为中间冷却过程（$T_3 = T_1$）；3-M 为气体排出中间冷却器；M-3 为高压气缸吸气过程；3-4 为高压气缸压缩过程；4-H 为高压气缸排气过程。

多级压缩所消耗的功与中间压力的选择有关,若采用 m 级压缩且每级中间冷却器都将气体冷却到初始温度,则使总功最小的各中间压力满足

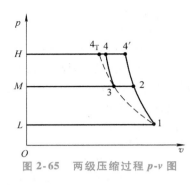

$$\frac{p_1}{p_2} = \frac{p_2}{p_3} = \cdots = \frac{p_{m+1}}{p_m} \qquad (2-7)$$

式中,p 为各级中间压力;m 为压缩级数。

各级增压比相同,即

$$\pi_1 = \pi_2 = \cdots = \pi_m = \sqrt[m]{\frac{p_{m+1}}{p_1}} \qquad (2-8)$$

图 2-65 两级压缩过程 p-v 图

式中,π_1,π_2,$\cdots$,π_m 为各级增压比;p 为各级中间压力;m 为压缩级数。

各级耗功也相同,即

$$w_{c,1} = w_{c,2} = \cdots = w_{c,m} = \frac{n}{n-1} R_g T_1 (\pi^{\frac{n-1}{n}} - 1) \qquad (2-9)$$

式中,$w_{c,1}$,$w_{c,2}$,$\cdots$,$w_{c,m}$ 为各级耗功;m 为压缩级数;n 为多变指数;R_g 为气体常数;T_1 为进口温度;π 为各级增压比。

则压缩过程总耗功

$$w_c = m \frac{n}{n-1} R_g T_1 (\pi^{\frac{n-1}{n}} - 1) \qquad (2-10)$$

式中,w_c 为总耗功;m 为压缩级数;n 为多变指数;R_g 为气体常数;T_1 为进口温度;π 为各级增压比。

此时,每级压缩的排气温度相同,每级向外排出的热量相等。

下面通过例 2-5 来介绍使用 EES 对典型多级压缩过程的计算和分析。

例 2-5 将例 2-4 中的压缩过程改为两级压缩,其余条件不变,各级进气温度和多变指数相同,求压缩机最小功率和对应排气温度以及中间压力。

解 在 EES 中,首先使用 \$UnitSystem 指令指定单位系统。使用 \$TabStop 指令设置格式,使同一行中代码与注释分开对齐。

```
$UnitSystem SI K kPa kJ mass
$TabStops 0. 2 4 in
R$ ='Air'                          "理想气体"
```

根据压缩前状态点 1 的已知参数,可以确定该状态点的气体质量流量。

```
"压缩前状态点 1"
p[1] =95 [kPa]                     "进口压力"
T[1] =293. 15 [K]                  "进口温度"
q_v[1] =1. 88 [m^3/s]              "进口体积流量"
v[1] = volume(R$,P = p[1],T = T[1])   "进口比体积"
q_m = q_v[1]/v[1]                  "质量流量"
```

根据耗功最小时的各级压比相等,可以由初终态压力确定压比和中间压力。

```
"二级压缩后状态点 3"
p[3] =310 [kPa]                    "出口压力"
"耗功最小原则"
```

```
pai = (p[3]/p[1])^0.5                        "压比"
"一级压缩后状态点 2"
p[2] = p[1] * pai                            "中间压力"
```

已知两级压缩过程的进口温度都等于 T_1 并且多变指数都是 1.28，根据已经计算出的压比可以确定排气温度和压缩机最小功率。

```
"各级排气温度和耗功相同"
n = 1.28                                      "多变指数"
T[2] = T[1] * pai^((n-1)/n)                   "排气温度"
T[3] = T[2]
cp = Cp(R$, T = (T[1] + T[2])/2)             "比定压热容"
cv = CV(R$, T = (T[1] + T[2])/2)             "比定容热容"
R_g = cp-cv                                   "气体常数"
P = 2 * q_m * R_g * n/(n-1) * T[1] * (pai^((n-1)/n)-1)    "功率"
```

单击"Solve"按钮求解，可得计算结果：最小功率为 225.5kW，对应排气温度为 333.6K、中间压力为 171.6kPa。通过与例 2-4 的对比可知，多级压缩过程相比单级压缩过程功耗更少且排气温度更低。

2.4.3　降压过程

降压过程与压缩过程相反，在该过程中工质压力降低。常见的降压过程有等熵绝热膨胀过程、一定等熵效率下的膨胀过程以及节流过程等。绝热膨胀过程中工质与外界无热量交换，过程功只来自于工质本身的能量转换，膨胀功等于工质热力学能的减少量。

流体在管道内流动，经过通道截面突然缩小的阀门、孔板等设备，由于局部阻力产生压力降低的现象为节流过程。如在节流过程中流体与外界没有热量交换，也称绝热节流。节流过程是典型的不可逆过程。节流前后流体流速往往变化不大，因此一般认为经节流后流体的焓值与节流前相等。对于理想气体，焓值不变则温度不变。对于实际气体，节流过程的温度变化比较复杂，节流后温度可以降低、不变或者升高，需视节流时气体所处状态及压降大小而定。下面通过例 2-6 和例 2-7 来介绍使用 EES 对典型降压过程的计算和分析。

例 2-6　1mol 氮气由 1MPa、600K 的初态经可逆绝热过程膨胀到 0.45MPa，求氮气的终温、热力学能变化和膨胀功。若该过程中等熵效率为 0.8，求此时氮气的终温、热力学能变化和膨胀功。

解　在 EES 中，首先使用 $UnitSystem 指令指定单位系统。使用 $TabStop 指令设置格式，使同一行中代码与注释分开对齐。

```
$UnitSystem SI K MPa kJ mass
$TabStops 0. 2 4 in
R$ = 'Nitrogen'                              "流体名称"
```

根据膨胀前状态点 1 的已知参数，可以确定该状态点的比熵、比焓和热力学能。

```
"膨胀前状态点 1"
p[1] = 1 [MPa]                               "膨胀前压力"
T[1] = 600 [K]                               "膨胀前温度"
s[1] = entropy(R$, P = p[1], T = T[1])       "膨胀前比熵"
h[1] = enthalpy(R$, P = p[1], T = T[1])      "膨胀前比焓"
u[1] = intenergy(R$, P = p[1], T = T[1])     "膨胀前热力学能"
```

根据可逆绝热膨胀过程的流体进出口比熵相同，结合出口压力 0.45MPa，可以确定可逆绝热膨胀后状态点 2 的比焓、温度、热力学能变化以及过程膨胀功。

```
"膨胀后状态点 2"
p[2] = 0.45 [MPa]                            "可逆膨胀后压力"
s[2] = s[1]                                  "可逆膨胀后比熵"
T[2] = temperature(R$,P = p[2],s = s[2])     "可逆膨胀后温度"
h[2] = enthalpy(R$,P = p[2],T = T[2])        "可逆膨胀后比焓"
u[2] = intenergy(R$,P = p[2],T = T[2])       "可逆膨胀后热力学能"
M = 28.01 * 10^(-3)                          "摩尔质量"
Delta_u1 = M * (u[2]-u[1])                   "可逆过程热力学能变化"
W_1 = -Delta_u1                             "可逆过程膨胀功"
```

根据等熵效率为 0.8，结合出口压力 0.45MPa，可以确定不可逆绝热膨胀后状态点 3 的比焓、温度、热力学能变化以及过程膨胀功。

```
"膨胀后状态点 3"
p[3] = 0.45 [MPa]                            "不可逆膨胀后压力"
EFF = 0.8                                    "等熵效率"
EFF = (h[1]-h[3])/(h[1]-h[2])               "不可逆膨胀后比焓"
T[3] = temperature(R$,P = p[3],h = h[3])     "不可逆膨胀后温度"
u[3] = intenergy(R$,P = p[3],T = T[3])       "膨胀后热力学能"
Delta_u2 = M * (u[3]-u[1])                   "热力学能变化"
W_2 = -Delta_u2                             "膨胀功"
```

单击"Solve"按钮求解，可得计算结果：可逆绝热过程膨胀终温为 479.9K、热力学能变化为 -2.569kJ、膨胀功为 2.569kJ，等熵效率为 0.8 的过程膨胀终温为 504.1K、热力学能变化为 -2.054kJ、膨胀功为 2.054kJ。

例 2-7　水由 1.45MPa、150℃的初态经过绝热节流过程压力降至 0.23MPa，节流阀前后管径一致，且节流前水的流速为 5m/s，求节流后工质的状态和速度。

解　由于本例题中绝热节流后工质从液态水变为水蒸气，比体积显著增大，因此绝热节流前后流速存在显著差异，必须考虑动能变化，不能按常规的绝热节流前后工质焓值不变的规则来进行计算。

取节流阀为控制体积，根据绝热节流前后流体的能量和质量守恒，已知 $A_1 = A_2$，可以求出节流后工质的状态和速度。

能量守恒方程为

$$h_1 + \frac{c_{f1}^2}{2} = h_2 + \frac{c_{f2}^2}{2} \tag{2-11}$$

式中，h_1 为节流前比焓；c_{f1} 为节流前流速；h_2 为节流后比焓；c_{f2} 为节流后流速。

质量守恒方程为

$$q_m = \frac{A_1 c_{f1}}{v_1} = \frac{A_2 c_{f2}}{v_2} \tag{2-12}$$

式中，A_1 为节流前流动截面面积；c_{f1} 为节流前流速；v_1 为节流前比体积；A_2 为节流后流动截面面积；c_{f2} 为节流后流速；v_2 为节流后比体积。

在 EES 中，首先使用 $UnitSystem 指令指定单位系统。使用 $TabStop 指令设置格式，使同一行中代码与注释分开对齐。

```
$UnitSystem SI C MPa J mass
$TabStops 0. 2 4 in
R$ = 'Water'                                    "流体名称"
```

根据绝热节流前状态点 1 的已知参数，可以确定该状态点的比焓和比体积。

```
"节流前状态点 1"
p[1] = 1. 45 [MPa]                              "节流前压力"
T[1] = 150 [C]                                  "节流前温度"
c_f[1] = 5 [m/s]                                "节流前流速"
h[1] = enthalpy(R$,P = p[1],T = T[1])          "节流前比焓"
v[1] = volume(R$,P = p[1],T = T[1])            "节流前比体积"
```

根据能量和质量守恒两个方程，求出节流后工质的状态和流速。

```
"节流后状态点 2"
p[2] = 0. 23 [MPa]                             "节流后压力"
h_x0 = enthalpy(R$,P = p[2],x = 0)            "饱和水比焓"
h_x1 = enthalpy(R$,P = p[2],x = 1)            "饱和蒸汽比焓"
h[2] = x_2 * h_x1 + (1-x_2) * h_x0            "节流后比焓"
v_x0 = volume(R$,P = p[2],x = 0)              "饱和水比体积"
v_x1 = volume(R$,P = p[2],x = 1)              "饱和蒸汽比体积"
v[2] = x_2 * v_x1 + (1-x_2) * v_x0            "节流后比体积"
h[1] + c_f[1]^2 = h[2] + c_f[2]^2            "能量守恒"
c_f[1]/v[1] = c_f[2]/v[2]                      "质量守恒"
T[2] = temperature(R$,P = p[2],x = x_2)       "节流后温度"
```

单击"Solve"按钮求解，可得计算结果：节流后工质的温度为 124.7℃，压力为 0.23MPa，速度为 147.1m/s。

2.4.4　理想气体等熵流动过程

在工程中，经常会遇到气体在管路设备内（如喷管、扩压管等）的流动过程。常见的流动都是稳定的或接近稳定的，而且流体流过喷管等相应设备的时间很短，与外界换热很小，可以视作可逆绝热过程。

下面通过例 2-8 来介绍使用 EES 对可逆等熵流动过程的计算和分析。

例 2-8　空气以 2.5MPa、350K 的初态以 40m/s 的速度流入出口截面面积为 $10cm^2$ 的渐缩喷管，已知喷管出口处背压为 1.45MPa，将空气视为理想气体，比定压热容取定值 1.004kJ/(kg·K)，求等熵过程空气射出的速度、流量以及出口截面上空气的比体积和温度。若流动有摩擦阻力，假设速度系数为 0.9，环境温度为 290K，其余条件不变，求由摩擦引起的做功能力的损失。

解　在 EES 中，首先使用 $UnitSystem 指令指定单位系统。使用 $TabStop 指令设置格式，使同一行中代码与注释分开对齐。

```
$UnitSystem SI K MPa J mass
$TabStops 0. 2 4 in
R$ = 'Air'                                      "流体名称"
C_p = 1004 [J/(kg-K)]                          "比定压热容"
"进口截面状态点 1"
```

p[1] = 2.5 [MPa]	"进口压力"
T[1] = 350 [K]	"进口温度"
c_f[1] = 40 [m/s]	"进口流速"

气体在绝热流动过程中，因受到某种物体的阻碍，而流速降低为 0 的过程称为绝热滞止过程，对于理想气体，若比热容近似为定值，滞止温度和滞止压力由初态参数确定。

滞止温度

$$T_0 = T_1 + \frac{c_{\mathrm{f1}}^2}{2c_p} \tag{2-13}$$

式中，T_0 为滞止温度；T_1 为进口温度；c_{f1} 为进口流速；c_p 为比定压热容。

滞止压力

$$p_0 = p_1 \left(\frac{T_0}{T_1}\right)^{k/(k-1)} \tag{2-14}$$

式中，p_0 为滞止压力；p_1 为进口压力；T_0 为滞止温度；T_1 为进口温度；k 为绝热指数。

因此，根据进口截面状态点 1 的已知参数，可以确定滞止参数。

"滞止状态点 0"	
k = 1.4	"绝热指数"
R_g = 287 [J/(kg-K)]	"气体常数"
T[0] = T[1] + (c_f[1]^2)/(2 * C_p)	"滞止温度"
p[0] = p[1] * (T[0]/T[1])^(k/(k-1))	"滞止压力"
v[0] = R_g * T[0]/(p[0] * convert(MPa,Pa))	"滞止比体积"
h[0] = enthalpy(R$,T = T[0])	"滞止比焓"

临界压力比是分析管内流动的一个非常重要的数值，截面上工质的压力与滞止压力之比等于临界压力比是气流速度从亚声速到超声速的转折点。临界压力比仅与工质性质有关。对于理想气体，若取定值比热容，双原子气体的临界压力比为 0.528。

"计算临界压力"	
v_cr = 0.528	"临界压力比"
p_cr = p[0] * v_cr	"临界压力"

单击 "Solve" 按钮求解，单击 "Solution" 按钮查看临界压力计算结果，如图 2-66 所示。

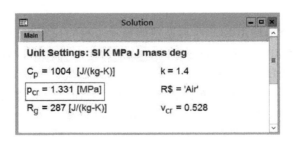

图 2-66 临界压力计算结果

由于临界压力为 1.331MPa 小于背压，空气在喷管内只能膨胀到背压，即 $p_2 = p_{\mathrm{d}} = 1.45\mathrm{MPa}$，进而可以计算可逆流动的出口截面状态点 2 的比体积和温度。

"出口截面状态点 2"	
p[2] = 1.45 [MPa]	"出口压力"
A_2 = 0.001 [m2]	"出口面积"

```
v[2] = v[0] * (p[0] / p[2])^(1/k)          "出口比体积"
T[2] = v[2] * p[2] * convert(MPa,Pa)/R_g   "出口温度"
h[2] = enthalpy(R$,T = T[2])               "出口比焓"
```

根据稳定流动能量方程能够计算空气射出的速度，结合出口截面面积计算出理想喷管流量。

根据能量守恒得

$$h_0 = h_2 + \frac{c_{f2}^2}{2} \qquad\qquad (2\text{-}15)$$

式中，h_0 为滞止比焓；h_2 为出口比焓；c_{f2} 为出口流速。

```
h[0] = h[2] + c_f[2]^2           "出口流速"
q_ms = A_2 * c_f[2]/v[2]         "理想喷管流量"
```

气体的实际流动过程中由于存在摩擦，会发生能量耗散，部分动能又重新转化成热能被气流吸收，故实际过程是不可逆的。有摩擦的流动较之相同压降范围内的可逆流动出口速度要小。

根据速度系数可以计算不可逆流动出口截面流速，进而确定不可逆流动的出口截面状态点 3 的温度、比体积和实际喷管流量。

```
"出口截面状态点 3"
p[3] = 1.45 [MPa]                          "出口压力"
c_f[3] = 0.9 * c_f[2]                      "出口流速"
T[3] = T[0]-(c_f[3]^2)/(2 * C_p)           "出口温度"
v[3] = R_g * T[3]/(p[3] * convert(MPa,Pa)) "出口比体积"
q_mr = A_2 * c_f[3]/v[3]                   "喷管实际流量"
```

由于流动过程不可逆绝热，过程熵增即熵产，进而可计算做功能力损失。

```
"做功能力损失"
S_g = C_p * ln(T[3]/T[2])          "熵产"
T_0 = 290 [K]                      "环境温度"
I_dot = q_mr * T_0 * S_g           "做功能力损失"
```

单击"Solve"按钮求解，可得计算结果：等熵过程空气射出的速度为 227.1m/s，流量为 3.83kg/s，出口截面上空气的比体积为 0.05929m³/kg，温度为 299.6K；有摩擦情形下做功能力的损失为 88173J。

2.4.5　容器充/放气过程

在工程中，经常会遇到向容器充气或放气的过程。对于快速充/放气的过程，过程进行很快，容器与气体之间的换热可以忽略不计，因此可以被视作绝热过程，容器内的气体状态进行等熵变化。对于缓慢充/放气的过程，属于非稳态流动问题，可以根据热力学第一定律利用控制质量分析法求解。

下面通过例 2-9 和例 2-10 来介绍使用 EES 对容器充/放气过程的计算和分析。

例 2-9　向一个容积为 1m³ 的刚性绝热真空容器内充入空气，输气管内气体参数为 4MPa、30℃，打开阀门对容器充气至容器内压力为 4MPa。假设充气时输气管内的气体参数保持不变，将空气视为理想气体，求充入容器的空气质量。

解　在 EES 中，首先使用 $UnitSystem 指令指定单位系统。使用 $TabStop 指令设置格式，使同一行中代码与注释分开对齐。

```
$UnitSystem SI C MPa kJ mass
$TabStops 0. 2 4 in
R$ = 'Air'                        "流体名称"
R_g = 287 [J/(kg-K)]             "气体常数"
V = 1 [m^3]                       "容器体积"
```

取容器为热力系统，适用开口系能量方程

$$\delta Q = dE_{cv} + \left(h_2 + \frac{c_{f2}^2}{2} + gz_2\right)\delta m_2 - \left(h_1 + \frac{c_{f1}^2}{2} + gz_1\right)\delta m_1 + \delta W_i \tag{2-16}$$

式中，δQ 为进入系统热量；dE_{cv} 为系统总能增量；g 为重力加速度；h_2 为流出工质比焓；c_{f2} 为流出工质流速；z_2 为流出工质在重力场中的高度；δm_2 为流出工质质量；h_1 为流入工质比焓；c_{f1} 为流入工质流速；z_1 为流入工质在重力场中的高度；δm_1 为流入工质质量；δW_i 为内部功。

根据题意可知，$\delta Q = 0$，$\delta W_i = 0$，$\delta m_2 = 0$，忽略充气过程中系统本身的宏观动能，因此系统的总能即为系统的热力学能，有

$$dE_{cv} = d(mu)_{cv} = h_1\delta m_1 \tag{2-17}$$

式中，dE_{cv} 为系统总能增量；m 为系统内工质质量；u 为系统内工质热力学能；h_1 为流入工质比焓；δm_1 为流入工质质量。

根据题意可知，充气过程中 h_1 为常数，由于充气前容器为真空，充气后气体质量即为进入容器的气体质量，用 m 表示，则 $U_2 = u_2 m = h_1 m$。根据输气管状态点 1 的已知参数，可以确定该状态点的比焓，进而确定充气后容器状态点 2 的比热力学能。

```
"输气管状态点 1"
p[1] = 4 [MPa]                    "充气压力"
T[1] = 30 [C]                     "充气温度"
h[1] = enthalpy(R$, T = T[1])    "充气比焓"
"充气后容器状态点 2"
p[2] = 4 [MPa]                    "充气后压力"
u[2] = h[1]                       "充气后热力学能"
T[2] = temperature(R$, u = u[2]) "充气后温度"
```

已知容器体积以及充气后容器气体状态点 2 的温度和压力，由状态方程可计算充入容器空气质量。

```
"气体质量"
m = (p[2] * convert(MPa, Pa)) * V/(R_g * converttemp(K, C, T[2]))
```

单击 "Solve" 按钮求解，可得计算结果：充入容器的空气质量为 113.5kg。

例 2-10 一个容积为 0.65m³ 的刚性容器内空气参数为 150kPa、305K，已知环境参数为 101.3kPa、305K，求：

1）若快速放气到容器内压力为 120kPa，气体终温和放气量。

2）若缓慢放气到容器内压力为 120kPa，气体放气量和吸热量。

解 在 EES 中，首先使用 $UnitSystem 指令指定单位系统。使用 $TabStop 指令设置格式，使同一行中代码与注释分开对齐。

```
$UnitSystem SI K kPa kJ mass
$TabStops 0. 2 4 in
R$ = 'Air'                        "流体名称"
R_g = 287 [J/(kg-K)]             "气体常数"
V = 0. 65 [m^3]                  "容器体积"
```

根据放气前状态点 1 的已知参数，可以确定该状态点的比熵和放气前的气体质量。

```
"放气前状态点 1"
p[1] = 150 [kPa]                                    "放气前压力"
T[1] = 305 [K]                                      "放气前温度"
s[1] = entropy(R$, P = p[1], T = T[1])              "放气前比熵"
m[1] = p[1] * convert(kPa, Pa) * V/(R_g * T[1])     "放气前气体质量"
```

取容器内体积为控制体积，将快速放气过程视作绝热过程，根据 $s_1 = s_2$ 可确定快速放气后状态点 2 的比熵，进而确定快速放气后的气体质量和放气量。

```
"快速放气后状态点 2"
p[2] = 120 [kPa]                                    "放气后压力"
s[2] = s[1]                                         "放气后比熵"
T[2] = temperature(R$, P = p[2], s = s[2])          "放气后温度"
m[2] = p[2] * convert(kPa, Pa) * V/(R_g * T[2])     "放气后气体质量"
DELTAm_1 = m[1]-m[2]                                "快速放气量"
```

根据题意将缓慢放气过程视作定温过程，根据 $T_1 = T_3$ 可确定缓慢放气后状态点 3，进而确定缓慢放气后的气体质量和放气量。

```
"缓慢放气后状态点 3"
p[3] = 120 [kPa]                                    "放气后压力"
T[3] = 305 [K]                                      "放气后温度"
m[3] = p[3] * convert(kPa, Pa) * V/(R_g * T[3])     "放气后气体质量"
DELTAm_2 = m[1]-m[3]                                "缓慢放气量"
```

取容器内体积为控制体积，根据题意可知，$\delta W_i = 0$，$\delta m_{in} = 0$，能量方程为

$$\delta Q = \mathrm{d}(mu)_{cv} + h_{out}\delta m_{out} \tag{2-18}$$

式中，δQ 为进入系统热量；m 为系统内工质质量；u 为系统内工质热力学能；h_{out} 为流出工质比熵；δm_{out} 为流出工质质量。

```
"缓慢放气吸热量"
h = enthalpy(R$, T = T[1])                          "气体比熵"
u = intenergy(R$, T = T[1])                         "气体热力学能"
Q = DELTAm_2 * (h-u)                                "过程吸热量"
```

单击 "Solve" 按钮求解，可得计算结果：快速放气时气体终温为 286.2K，放气量为 0.1641kg；缓慢放气时气体终温为 305K，放气量为 0.2228kg。

已经通过上面两个例题分析了纯气体在容器中的充/放气过程，对于水蒸气等可能处于气液两相状态的工质，不能作为理想气体进行处理。下面通过例 2-11 来介绍使用 EES 对水蒸气的容器充/放气过程的计算和分析。

例 2-11　一个隔热良好的容器内过热水蒸气状态参数为 200℃、0.5MPa，打开阀门让水蒸气快速流出，直到容器内压力降至 0.1MPa。容器内容积为 2.5m³，忽略水蒸气与容器的换热，求放气后容器内温度和流出的水蒸气质量。

解　在 EES 中，首先使用 $UnitSystem 指令指定单位系统。使用 $TabStop 指令设置格式，使同一行中代码与注释分开对齐。

```
$UnitSystem SI C MPa kJ mass
$TabStops 0.2 4 in
R$ = 'Water'                                        "流体名称"
V = 2.5 [m^3]                                       "容器体积"
```

根据放气前状态点 1 的已知参数，可以确定该状态点的比熵、比体积和水蒸气质量。

```
"放气前状态点 1"
p[1] = 0.5 [MPa]                              "放气前压力"
T[1] = 200 [C]                               "放气前温度"
s[1] = entropy(R$,P = p[1],T = T[1])         "放气前比熵"
v[1] = volume(R$,P = p[1],T = T[1])          "放气前比体积"
m[1] = V/v[1]                                "放气前水蒸气质量"
```

取容器内体积为控制体积，将快速放气过程视作绝热过程，根据 $s_1 = s_2$ 可确定快速放气后状态点 2 的比熵，计算该状态点的温度、比体积和水蒸气质量，进而确定放气过程流出的水蒸气质量。

```
"放气后状态点 2"
p[2] = 0.1 [MPa]                              "放气后压力"
s[2] = s[1]                                   "放气后比熵"
T[2] = temperature(R$,P = p[2],s = s[2])     "放气后温度"
v[2] = volume(R$,P = p[2],s = s[2])          "放气后比体积"
m[2] = V/v[2]                                "放气后水蒸气质量"
"放气过程流出的水蒸气质量"
DELTAm = m[1]-m[2]
```

单击"Solve"按钮求解，可得计算结果：放气后容器内温度为 99.61℃，流出的水蒸气质量为 4.33kg。

2.5 REFPROP 软件

2.5.1 REFPROP 应用程序

REFPROP 主要用于计算工业上重要的流体及其混合物的热力学性质和传递性质，用户可以通过图形用户界面将计算结果显示在表格和图表中，还可以通过电子表格或自行编写的应用程序访问 REFPROP.dll 获取相关物性。虽然 REFPROP 基于目前最精确的纯流体和混合物模型，但是目前仅局限于气液平衡（VLE），未涉及液-液平衡（LLE）、气-液-液平衡（VLE）或其他复杂的相平衡形式。

当第一次打开 REFPROP 时，软件界面主要由菜单栏、界面窗口和状态栏组成，如图 2-67 所示。

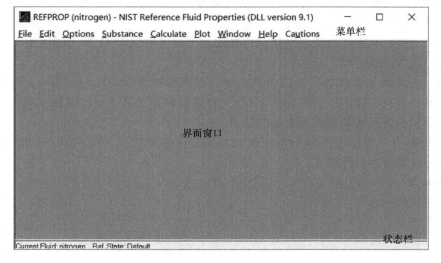

图 2-67　REFPROP 软件界面

菜单栏由九个菜单组成:

"File" 菜单包含打开和保存工作文件以及关闭和打印图表和对话框的命令。

"Edit" 菜单包含将文本、表格和绘图移动到剪贴板或从剪贴板移动以及在表格内插入/删除行的命令。

"Options" 菜单包含单位设置、参考状态设置、选择计算的物性以及在表中显示的顺序、偏好设置、保存当前选项设置或打开先前选项设置的命令。

"Substance" 菜单包含设置计算流体的相关命令。

"Calculate" 菜单包含计算流体饱和性质表、计算流体不饱和性质表、根据两个物性确定状态点计算其他物性、根据饱和点计算物性等不同方式的计算命令,以及从文件读取数据、生成表格设置等命令。

"Plot" 菜单包含用于在表中准备新的数据图,或修改现有图的外观的命令。

"Window" 菜单可以组织多个窗口并完成重命名窗口的操作。

"Help" 菜单包含访问帮助和各类窗口的解释。

"Cautions" 菜单包含使用 REFPROP 的注意事项。

如果在使用 REFPROP 的过程中需要获得详细的帮助,按下 <F1> 键将弹出一个与顶部窗口相关的帮助界面。

下文将介绍利用 REFPROP 进行物性计算的基本操作。

选择 "Options" 菜单下的 "Units" 命令,设置物性单位,将显示如图 2-68 所示的对话框。

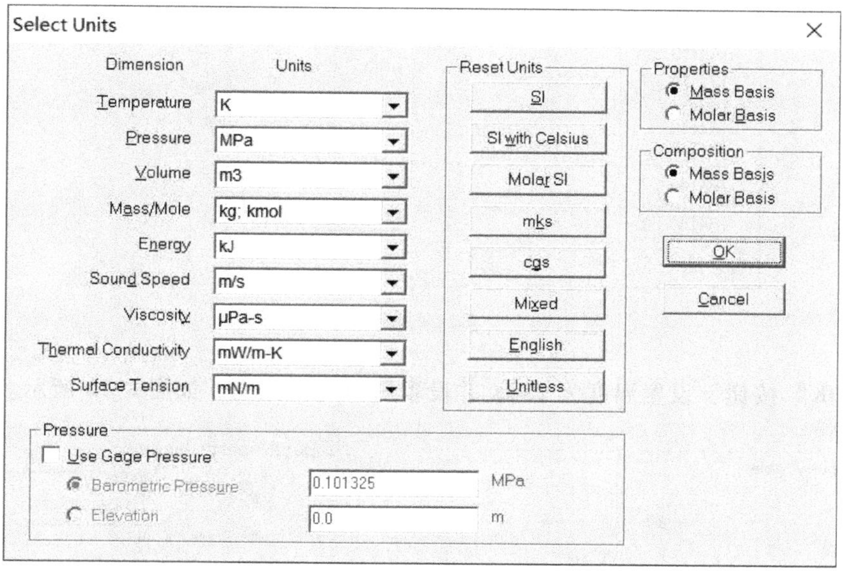

图 2-68　"Select Units" 对话框

选择 "Options" 菜单下的 "Properties" 命令,设置需要计算的物性,将显示如图 2-69 所示的对话框。

选择 "Substance" 菜单下的 "Predefined Mixture" 命令,设置需要计算的流体混合物,将显示如图 2-70 所示的对话框。

选择 "Calculate" 菜单下的 "Isoproperty Tables" 命令,计算当 R410A 的温度不变时在不同压力下的物性参数,将显示如图 2-71 所示的对话框。

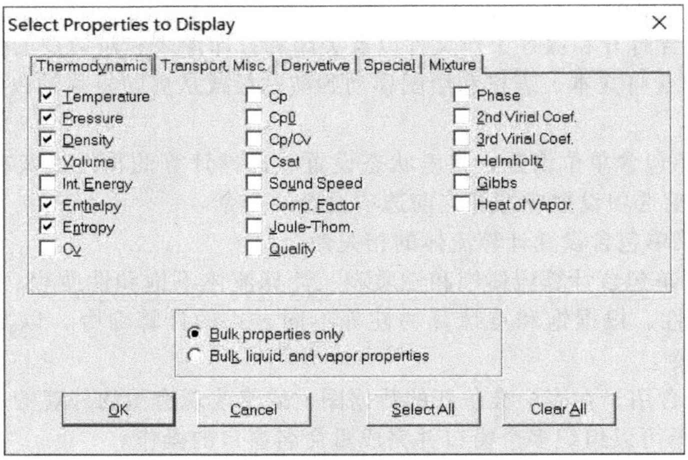

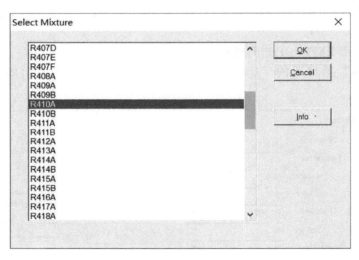

图 2-69 "Select Properties to Display" 对话框

图 2-70 "Select Mixture" 对话框

单击 "OK" 按钮，设置温度为 280K 并设置压力变化范围，如图 2-72 所示。

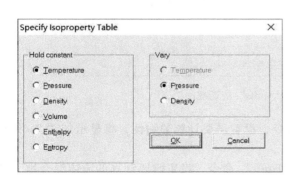

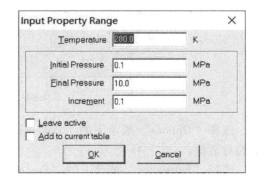

图 2-71 "Specify Isoproperty Table" 对话框

图 2-72 "Input Property Range" 对话框

再次单击 "OK" 按钮，得到计算结果。

此外，用户还可以自定义混合物，通过选择"Substance"菜单下的"Define New Mixture"命令，打开如图 2-73 所示的对话框进行定义。

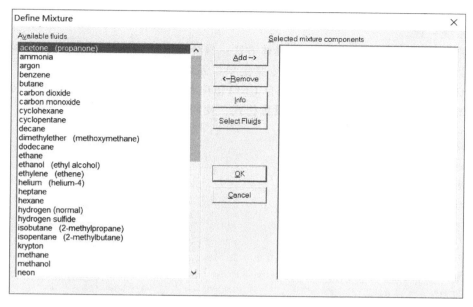

图 2-73　"Define Mixture" 对话框

2.5.2　REFPROP 的 EES 调用

REFPROP 软件包含对动态链接库（REFPROP.dll）的支持，允许其他应用程序利用 REF-PROP 的功能。针对 REFPROP 版本 8 和更高版本开发的 EES_REFPROP 接口，允许 REFPROP 的物性数据库与 EES 的方程求解和其他功能一起使用，方式类似于使用 EES 的内置物性。可在 F-Chart 软件网站上找到有关此接口的相关信息。值得注意的是，EES 为许多纯流体提供了内置的高精度物性数据，因此，仅当 EES 中没有纯流体或目标混合物的物性数据时，才建议使用 EES_REFPROP 接口。EES_REFPROP 函数的调用格式如下：

CALL EES_REFPROP('Fluid1 + Fluid2', MODE, In1, In2, …: Out1, Out2, …)

EES_REFPROP 将返回指定状态的热力学信息，其中包括相对分子质量、饱和度信息、传递性质、逸度或临界性质，具体取决于参数 MODE 的值。

EES_REFPROP 调用语句中的第一个参数标识流体工质，该工质可以是纯流体，也可以是多达 20 种成分的混合物。流体名称通常是熟悉的制冷剂名称，例如 R22，或者是已经在 REF-PROP 程序中定义的任何混合物名称，例如 R410A。流体系统名称可以是用单引号引起来的字符串常量，也可以是已设置为流体名称的 EES 字符串变量。纯组分的混合物是通过在组分名称之间使用加号来进行标识的，例如'R134a + R32'。流体名称中间不能出现空格且不区分大小写。

第二个变量 MODE 是一个整数，指明了要完成的计算和必须的输入输出。但是在通常情况下，与其用整数为 MODE 赋值，不如使用 EES 变量形式的文本代码更为方便。例如，MODE =12 表示要计算与指定的温度和压力输入相对应的热力学性质。但是，可以使用变量 TP（设定值为 12）而不是数字 12 本身为 MODE 赋值。文件 EES_REFPROP.TXT 包括每一个 MODES 参数和与它们相关联的输入输出模式。为使用这些代码，要确保这个 txt 文件在 \ EES32 \ USERLIB 的子目录中并在 EES 方程窗口的抬头包含如下代码：

$INCLUDE \ EES32 \ USERLIB \ EES_REFPROP \ EES_REFPROP. TXT

EES_REFPROP 的默认输入与输出均采用国际单位制。如果将$ConvertEESREFPROPUnits 指令置于方程窗口，EES 会自动地从 EES_REFPROP 接口把输入和输出进行转换，使它们与 EES 单位系统一致。

下文将介绍 EES 调用 REFPROP 的具体方法，以计算 R32 和 R134a 的混合物为例。

在 EES 中，首先使用$UnitSystem 指令指定单位系统，此例中使用国际单位制。其次，使用$ConvertEESREFPROPUnits 命令，使来自 REFPROP 接口的输入和输出被自动地转换为 EES 的单位系统。最后，使用$TabStop 指令设置格式，使同一行中代码与注释分开对齐。

```
$UnitSystem SI K kPa kJ mass
$ConvertEESREFPROPUnits On
$TabStops 0. 2 4 in
```

定义流体混合物和已知参数。

```
Mixture$ = 'R32 + R134a'                         "混合物组成"
mf = 0. 3                                        "摩尔分数"
T = 300 [K]                                      "温度"
rho_m = 1280 [kg/m^3]                            "密度"
```

计算流体混合物的表面张力。

```
"表面张力"
ST = 70                                          "MODE 赋值"
Call EES_REFPROP(Mixture$, ST, TF, mf : sigma)   "调用接口"
```

计算流体混合物的临界物性参数。

```
"临界物性"
CRIT = 100                                       "MODE 赋值"
Call EES_REFPROP(Mixture$, CRIT, mf : Tc, Pc, rho_c)  "调用接口"
```

单击"Solve"按钮求解，结果如图 2-74 所示。

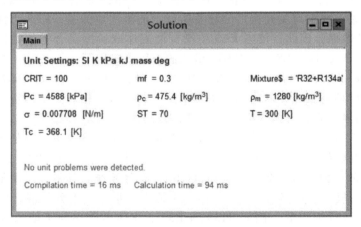

图 2-74　EES 调用 REFPROP 求解结果

2.5.3　REFPROP 的 MATLAB 调用

MATLAB 调用 REFPROP 所需的一些源文件和库文件，例如"refpropm. m"等，可在一些相关网站上找到。建立一个 MATLAB 工作文件夹，例如 work 文件夹，将 refpropm. m 和 rp_proto. m 和 rp_proto64. m 等文件均放入该文件夹下。打开 refpropm 函数文件，可以在头部看到关于该函数调用的详细说明：

调用 result = refpropm（prop_req，spec1，value1，spec2，value2，substance1）计算纯工质的物性；

调用 result = refpropm（prop_req，spec1，value1，spec2，value2，mixture1）计算预定义混合物（如 R407C）的物性；

调用 result = refpropm（prop_req，spec1，value1，spec2，value2，substance1，substance2，…，x）计算自定义混合物的物性。

refpropm 函数参数说明见表 2-10，其中关于单位的规定需要特别注意。

下面以计算二氧化碳的物性为例，介绍 MATLAB 调用 REFPROP 的具体方法。在 work 文件夹下新建一个运行脚本，例如 test.m，输入以下代码：

p_1 = refpropm（'P'，'T'，273.15，'Q'，1.0，'CO2'）

选择 MATLAB 运行命令，即可得到二氧化碳在 0℃的饱和压力为 3485.1kPa。

新建一个运行脚本 test1.m，输入以下代码：

p_1 = refpropm（'P'，'T'，278.15，'Q'，1.0，'ISOBUTAN'，'PROPANE'，[0.3 0.7]）

[h s] = refpropm（'HS'，'T'，278.15，'P'，400，'ISOBUTAN'，'PROPANE'，[0.3 0.7]）

[x y] = refpropm（'X'，'T'，278.15，'P'，385，'ISOBUTAN'，'PROPANE'，[0.3 0.7]）

选择 MATLAB 运行命令，即可得到质量分数为 30%异丁烷 + 70%丙烷的混合物在 5℃的露点压力为 374.8kPa，在压力 400kPa、温度 5℃时的比焓为 481.56kJ/kg、比熵为 2.119kJ/kg，在压力 385kPa、温度 5℃时液相质量分数为 49.857%异丁烷 + 50.143%丙烷，气相质量分数为 27.666%异丁烷 + 72.334%丙烷。

表 2-10　refpropm 函数参数说明

参数	含义	单位
A	声速	m/s
B	体膨胀系数（β）	1/K
C	比定压热容	J/(kg·K)
D	密度	kg/m³
F	逸度系数（返回数组）	kPa
G	总热值	J/kg
H	比焓	J/kg
I	表面张力	N/m
J	绝热节流系数	K/kPa
K	比热比	
L	导热系数	W/(m·K)
M	摩尔质量	g/mol
N	净热值	J/kg
O	比定容热容	J/(kg·K)
P	压力	kPa
Q	干度	kg/kg
S	比熵	J/(kg·K)
T	温度	K
U	比热力学能	J/kg
V	动力黏度	Pa·s

（续）

参数	含义	单位
X	液相和气相组成（质量分数）	
Y	汽化热	J/kg
Z	压缩因子	
$	运动黏度	cm²/s
%	热扩散率	cm²/s
^	普朗特数	
)	绝热体积弹性模量	kPa
l	等温体积弹性模量	kPa
=	等温压缩率	1/kPa
+	相平衡时液体密度	kg/m³
−	相平衡时气体密度	kg/m³
E	$\mathrm{d}p/\mathrm{d}T$（沿着饱和线）	kPa/K
#	$\mathrm{d}p/\mathrm{d}T$（等密度）	kPa/K
R	$\mathrm{d}\rho/\mathrm{d}p$（等温）	kg/(m³·kPa)
W	$\mathrm{d}\rho/\mathrm{d}p$（等压）	kg/(m³·K)
!	$\mathrm{d}h/\mathrm{d}\rho$（等温）	(J/kg)/(kg/m³)
&	$\mathrm{d}h/\mathrm{d}\rho$（等压）	(J/kg)/(kg/m³)
(	$\mathrm{d}h/\mathrm{d}T$（等压）	J/(kg·K)
@	$\mathrm{d}h/\mathrm{d}T$（等密度）	J/(kg·K)
*	$\mathrm{d}h/\mathrm{d}p$（等温）	J/(kg·kPa)

练习题

参考答案

2-1　在海拔1500m的一座山上，大气压力为0.084MPa，空气温度为23.5℃，已知当空气温度降到12℃时会产生结露的现象，使用EES计算该地区湿空气的相对湿度和含湿量。

2-2　若习题2-1中地区的气温升高到25℃且其他条件保持不变，使用EES计算此时湿空气的相对湿度和含湿量。

2-3　将物品放到温度为90℃的烘箱内烘干1kg水分，烘箱内压力为101.325kPa，进入烘箱的湿空气温度为15℃，相对湿度为30%，出烘箱时温度为45℃，使用EES计算该过程所需干空气的质量和加热量。

2-4　有1mol氮气由0.4MPa、290K的初态经可逆绝热过程压缩到0.9MPa，使用EES计算氮气的终温和耗功。

2-5　将0.1MPa、288K的氮气，经过单级多变压缩过程压力升高到10MPa，多变指数为1.3，若气体质量流量为125kg/h，使用EES计算压气机功率和排气温度。

2-6　将习题2-5中的压缩过程改为三级压缩，各级进气温度和多变指数相同，使用EES计算压缩机最小功率以及此时的各级排气温度。

2-7　有1mol氮气由950kPa、300℃的初态经绝热过程膨胀到450kPa，若该过程的等熵效率为0.85，使用EES计算氮气的终温、热力学能变化和膨胀功。

2-8　R134a由0.75MPa、36℃的初态经过绝热节流过程压力降至0.45MPa，若节流阀前后速度相等，使用EES计算节流后工质的温度和节流前后管径比。

2-9　已测得喷管某一截面的空气状态为 510kPa、780K，对应流速为 600m/s，将空气视为理想气体，使用 EES 计算滞止温度和滞止压力。

2-10　空气以 100kPa、26.5℃ 的初态流经扩压管后，压力升高到 0.18MPa，将空气视为理想气体，使用 EES 计算空气进入扩压管的最小初速度。

2-11　用内部压力为 13.8MPa、内部温度为 290K 的钢制氧气瓶给氧气袋充气。充气前，氧气袋扁平内部容积可忽略。充气后，氧气袋体积膨胀为 0.008m³，内部压力为 0.16MPa。由于充气过程很快，过程中的换热可忽略不计。由于充入袋内氧气量远小于瓶内氧气总量，可认为钢瓶内气体参数不变。将氧气视为理想气体，其比热力学能可表示为 $u = 657 \{ T \}_K$ J/kg，使用 EES 计算充入氧气袋的氧气质量。

2-12　刚性容器内装有 75kg 空气，温度和压力分别为 300K 和 800kPa。容器缓缓漏气，压力降为 750kPa 且质量减少 10kg。不计容器热容，使用 EES 计算漏气过程中通过容器的换热量。

2-13　一个隔热良好的容器内水蒸气状态参数为 215℃、0.45MPa，打开阀门让水蒸气快速流出，直到容器内压力降至 0.1MPa。忽略水蒸气与容器的换热，使用 EES 计算放气后容器内温度。

第3章

制冷空调系统数字化设计及分析

本章主要讲解制冷系统、空调系统和低温系统的设计及分析。其中，制冷系统包括单级蒸气压缩式制冷系统、溴化锂吸收式制冷系统、氨水吸收式制冷系统、半导体制冷系统；空调系统包括定风量一次回风空调系统、定风量二次回风空调系统、温湿度独立控制空调系统；低温系统包括高压氩气节流制冷系统、混合工质节流制冷系统、空分系统。

本章电子资料

3.1 制冷系统设计及分析

3.1.1 单级蒸气压缩式制冷系统

单级蒸气压缩式制冷系统包含压缩机、冷凝器、节流机构（如节流阀）和蒸发器四个基本部件。忽略实际运行时的各种复杂因素，考虑简单理想的蒸气压缩式制冷循环，其示意图如图3-1所示。

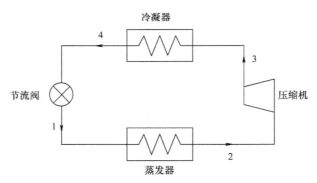

图3-1 简单理想的蒸气压缩式制冷循环示意图

蒸气压缩式制冷循环可分为四个过程，1-2为蒸发器中的蒸发制冷；2-3为压缩机中的等熵压缩；3-4为冷凝器中的冷却和冷凝；4-1为节流阀中的等焓节流。

下面通过例3-1来介绍使用EES对简单理想的单级蒸气压缩式制冷循环的计算和分析过程。本例的EES程序详见本书电子资料程序"例3-1 简单理想循环.EES"。

例3-1　一个简单理想蒸气压缩式制冷循环使用R134a作为制冷剂，低温热源温度$T_C = 250K$，高温热源温度$T_H = 310K$，使用EES对此蒸气压缩式制冷循环进行计算和分析。

解　在EES中，首先使用$UnitSystem指令指定单位系统，此例中使用国际单位制。其次，使用$TabStop指令设置格式，使同一行中代码与注释分开对齐。

```
$UnitSystem SI Radian Mass J kg K Pa
$TabStops 0. 2 4 in
R$ = 'R134a'                              "制冷剂"
T_H = 310                                 "高温热源温度"
T_C = 250                                 "低温热源温度"
```

简单理想制冷循环中，认为冷凝器是一个完美的热交换器，冷凝温度即高温热源温度 T_H，冷凝器出口制冷剂为饱和液体，即状态点 4 制冷剂温度 $T_4 = T_H$，干度 $x_4 = 0$。

```
"状态点 4, 冷凝器出口, 节流阀入口"
T[4] = T_H                                "温度"
x[4] = 0                                  "干度"
```

温度和干度共同确定了状态点 4，通过对应的函数可以确定点 4 的比熵、压力和比焓。

```
s[4] = entropy(R$, T = T[4], x = x[4])    "比熵"
p[4] = pressure(R$, T = T[4], x = x[4])   "压力"
h[4] = enthalpy(R$, T = T[4], x = x[4])   "比焓"
```

类似地，认为蒸发器也是一个完美的热交换器，蒸发温度即低温热源温度 T_C，蒸发器出口制冷剂为饱和蒸气，即状态点 2 制冷剂温度 $T_2 = T_C$，干度 $x_2 = 1$。

```
"状态点 2, 蒸发器出口, 压缩机入口"
T[2] = T_C                                "温度"
x[2] = 1                                  "干度"
```

温度和干度共同确定了状态点 2，通过对应的函数可以确定点 2 的比熵、压力和比焓。

```
s[2] = entropy(R$, T = T[2], x = x[2])    "比熵"
p[2] = pressure(R$, T = T[2], x = x[2])   "压力"
h[2] = enthalpy(R$, T = T[2], x = x[2])   "比焓"
```

离开冷凝器的制冷剂饱和液体在节流阀中等焓节流到状态点 1，即 $h_1 = h_4$。假设流过蒸发器时没有压力损失，即 $p_1 = p_2$。比焓和压力共同确定了状态点 1，从而可以确定点 1 的比熵和温度。

```
"状态点 1, 节流阀出口, 蒸发器入口"
h[1] = h[4]                               "比焓"
p[1] = p[2]                               "压力"
s[1] = entropy(R$, h = h[1], P = p[1])    "比熵"
T[1] = temperature(R$, h = h[1], P = p[1]) "温度"
```

离开蒸发器的制冷剂饱和蒸气在压缩机中压缩到状态点 3，假设是可逆绝热的等熵压缩过程，即 $s_3 = s_2$。假设流过冷凝器时没有压力损失，即 $p_3 = p_4$。比熵和压力共同确定了状态点 3，从而可以确定点 3 的比焓和温度。

```
"状态点 3, 压缩机出口, 冷凝器入口"
s[3] = s[2]                               "比熵"
p[3] = p[4]                               "压力"
h[3] = enthalpy(R$, s = s[3], P = p[3])   "比焓"
T[3] = temperature(R$, s = s[3], P = p[3]) "温度"
```

单击 "Solve" 按钮求解，单击 "Array" 按钮查看数组表，表中提供了每个状态点下的所有参数，如图 3-2 所示。单位可以通过右击相应的参数列添加和编辑。

单级蒸气压缩式制冷循环的主要性能指标如下：

单位冷凝热为

$$\phi_{cond} = h_3 - h_4 \tag{3-1}$$

单位制冷量为

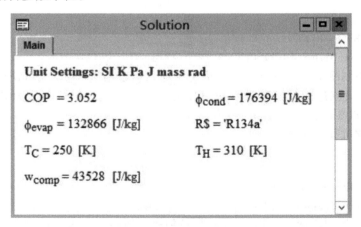

图 3-2　单级蒸气压缩式制冷循环状态点参数信息

$$\phi_{\text{evap}} = h_2 - h_1 \qquad\qquad (3\text{-}2)$$

理论比功为

$$w_{\text{comp}} = h_3 - h_2 \qquad\qquad (3\text{-}3)$$

性能系数（Coefficient of Performance，COP）为

$$\text{COP} = \frac{\phi_{\text{evap}}}{w_{\text{comp}}} = \frac{h_2 - h_1}{h_3 - h_2} \qquad\qquad (3\text{-}4)$$

式中，ϕ_{cond} 为单位冷凝热（J/kg）；ϕ_{evap} 为单位制冷量（J/kg）；w_{comp} 为压缩机理论比功（J/kg）；h_i（$i=1$，2，3，4）为各状态点的制冷剂比焓（J/kg）。

```
"循环性能指标"
phi_cond = h[3]-h[4]          "单位冷凝热"
phi_evap = h[2]-h[1]          "单位制冷量"
w_comp = h[3]-h[2]            "理论比功"
COP = phi_evap/w_comp          "性能系数"
```

单击"Solution"按钮查看计算结果，如图 3-3 所示，可得 COP = 3.052。通过双击相应的参数可以添加和编辑参数单位。

图 3-3　单级蒸气压缩式制冷循环计算结果

使用数组表中每个状态点的参数信息，可以创建包含循环状态点信息的热力参数图，例如压-焓（p-h）图。从"Plot"菜单中选择"Property Plot"命令，EES 可以自动生成 R134a 的压-焓图，对话框如图 3-4 所示。使用叠加图在热力参数图上显示制冷循环中四个状态点的参数信息,"Setup Overlay"对话框中的选项如图 3-5 所示。选中"Add point labels"复选按钮,此选项会将每个绘制点的下标放置在图上其符号旁边,以便于轻松识别状态点。此外,选中"Automatic update"复选按钮后,当制冷循环改变导致状态点参数变化时,热力参数图会随之更新。使用"Add line"命令连接 4 点到 1 点以使循环闭合。完成后的压-焓图如图 3-6 所示。

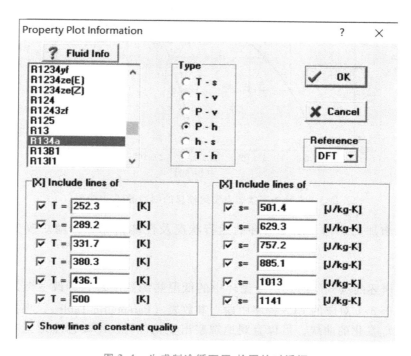

图 3-4 生成制冷循环压-焓图的对话框

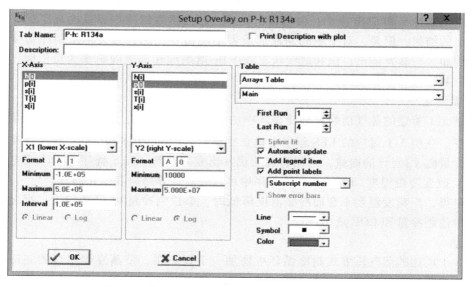

图 3-5 在压-焓图上叠加状态点参数信息的对话框

以上介绍的是简单理想的单级蒸气压缩式制冷循环的计算与分析,如果改变蒸发温度和

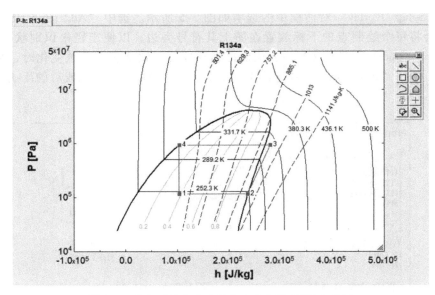

图 3-6　叠加了状态点参数信息的制冷循环压-焓图

冷凝温度，或是增加回热器，制冷循环的运行状况及性能指标都会随之改变。计算及分析如下：

1. 蒸发温度

改变例 3-1 所述的蒸气压缩式制冷循环中的低温热源温度 T_C，即改变蒸发温度，其余条件保持不变。在例 3-1 对应的 EES 程序中建立参数表（Parametric Table），根据表格画出 COP 和单位制冷量随 T_C 变化的曲线，可以直观地观察出变化趋势。EES 程序详见本书电子资料程序"例 3-1 改变蒸发温度.EES"，在该程序中单击"Parametric Table"按钮可以查看计算结果，单击"Plot Windows"按钮可以查看变化曲线。

计算可得，当冷凝温度不变而蒸发温度升高时，单位制冷量和 COP 增大；反之，降低蒸发温度，单位制冷量和 COP 减小。值得指出的是，对大多数制冷剂以及循环工况将得到与上述结果类似的结果，但是，对于不同制冷剂或者不同循环工况，有关单位制冷量变化的结论不成立，例如，当蒸发器出口饱和蒸气状态处于压-焓图饱和蒸气线斜率为负值时，则降低蒸发温度单位制冷量可能会增大。

2. 冷凝温度

改变例 3-1 所述的蒸气压缩式制冷循环中的高温热源温度 T_H，即改变冷凝温度，其余条件保持不变。在例 3-1 对应的 EES 程序中建立参数表（Parametric Table），根据表格画出 COP 和单位制冷量随 T_H 变化的曲线，可以直观地观察出变化趋势。EES 程序详见本书电子资料程序"例 3-1 改变冷凝温度.EES"，在该程序中可以查看计算结果和变化曲线。

计算可得，当蒸发温度不变而冷凝温度降低时，单位制冷量和 COP 增大；反之，升高冷凝温度，单位制冷量和 COP 减小。

3. 回热

在例 3-1 所述的蒸气压缩式制冷循环中增加一个回热器，使蒸发器出口的制冷剂蒸气和冷凝器出口的制冷剂液体进入回热器发生热交换，液体过冷而蒸气过热，即蒸气压缩式制冷回热循环。下面通过例 3-2 来介绍使用 EES 对蒸气压缩式制冷回热循环的计算。

例 3-2　蒸气压缩式制冷回热循环，压缩机吸气温度为 273K，其余条件和例 3-1 相同，仅增加了回热器。不考虑回热器和外界环境的热交换，即认为制冷剂过冷的放热量等于制冷剂蒸气过热的吸热量。使用 EES 对此蒸气压缩式制冷回热循环进行计算和分析。

解　程序详见本书电子资料程序"例 3-2 回热制冷循环.EES"。计算可得性能系数 COP = 3.127，单位制冷量为 151491J/kg，压缩机理论比功为 48444J/kg。对比例 3-1 的计算结果可知，增加回热器后，制冷循环的 COP 得到了提高，单位制冷量增大，但是与此同时压缩机耗功也增大了，且压缩机排气温度升高。值得指出的是，这些结论与所使用的制冷剂有关，不同制冷剂将得出不同的变化结果。

叠加了状态点参数信息的蒸气压缩式制冷回热循环压-焓图如图 3-7 所示，图中过程2-3 和5-6 为制冷剂液体和制冷剂蒸气在回热器中热交换的过程。

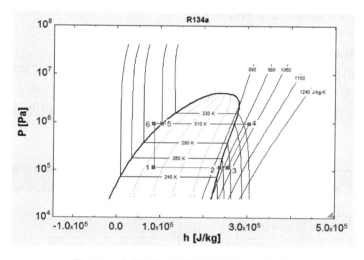

图 3-7　蒸气压缩式制冷回热循环压-焓图

3.1.2　溴化锂吸收式制冷系统

在单效溴化锂吸收式制冷循环中，水为制冷剂，溴化锂水溶液为吸收剂。循环的示意图如图 3-8 所示，主要部件包括冷凝器、制冷剂膨胀阀、蒸发器、吸收器、溶液泵、溶液热交换器、发生器、溶液膨胀阀。

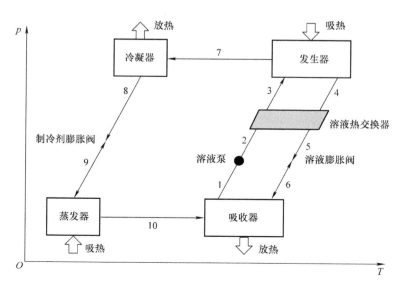

图 3-8　单效溴化锂吸收式制冷循环示意图

用溴化锂水溶液中溴化锂的质量分数来描述溶液浓度,作为浓溶液和稀溶液的区分标准。单效溴化锂吸收式制冷循环的主要过程如下:

1-2:低压稀溶液离开吸收器,经溶液泵升压;

2-3:高压稀溶液经溶液热交换器升温后,进入发生器;

3-7:发生器中稀溶液被加热,放出制冷剂(水)蒸气进入冷凝器;

4-5:发生水蒸气后的浓溶液离开发生器,经溶液热交换器降温;

5-6:高压浓溶液经溶液膨胀阀降压,回到吸收器;

7-8:冷凝器中水蒸气冷却、冷凝液化;

8-9:高压液体水经制冷剂膨胀阀降压;

9-10:蒸发器中低压液体水蒸发吸热;

10-1:吸收器中浓溶液吸收水蒸气,变为稀溶液。

图 3-8 中标示出的 10 个状态点的简要描述见表 3-1,其中三个点是饱和液体(1、4 和 8),一个是饱和水蒸气(10),两个是过冷液体(2 和 5),一个是过热水蒸气(7),两个是气液两相(6 和 9),状态点 3 有可能过冷、饱和或过热,与浓度差以及溶液热交换器的效能有关。

表 3-1 单效溴化锂吸收式制冷循环热力学状态点

点	状态	点	状态
1	饱和液体溶液	6	气液两相溶液
2	过冷液体溶液	7	过热水蒸气
3	不确定	8	饱和液体水
4	饱和液体溶液	9	气液两相水
5	过冷液体溶液	10	饱和水蒸气

下面通过例 3-3 来介绍使用 EES 对单效溴化锂吸收式制冷循环的计算和分析过程。本例的 EES 程序详见本书电子资料程序"例 3-3 吸收制冷循环 . EES"。

例 3-3 单效溴化锂吸收式制冷循环的示意图如图 3-8 所示,已知冷凝器、发生器和溶液热交换器处于高压 $p_{high} = 7.41$ kPa,蒸发器和吸收器处于低压 $p_{low} = 0.68$ kPa,状态点 4 的温度为 89.35℃,状态点 1 的温度为 32.72℃,通过溶液泵的溶液质量流量为 0.05kg/s,溶液热交换器的效能为 0.64,不考虑压力损失。使用 EES 对此单效溴化锂吸收式制冷循环进行计算和分析。

解 在 EES 中,首先使用 \$UnitSystem 指令指定单位系统。使用 \$TabStop 指令设置格式,使同一行中代码与注释分开对齐。

```
$UnitSystem SI C kPa kJ mass
$TabStops 0. 2 5 in
```

计算溴化锂水溶液的物性时可以调用名为 LiBrSSC. LIB 的物性库,也可以调用名为 Li-BrH2O. LIB 的物性库。打开"Function Information"对话框,在对话框右上方选中"EES library routines"单选按钮,要单击对应名称选择库文件,单击"View code"按钮可以获取有关这些物性库的详细信息。也可以用\$include 语句来说明物性库存放的目录。本例选用 Li-BrSSC. LIB 的物性库。

输入已知的高压和低压值,并列出每个状态点的压力如下:

```
"压力"
p_high = 7.41 [kPa]                        "高压"
p_low = 0.68 [kPa]                         "低压"
p[1] = p_low
p[2] = p_high
p[3] = p_high
p[4] = p_high
p[5] = p_high
p[6] = p_low
p[7] = p_high
p[8] = p_high
p[9] = p_low
p[10] = p_low
```

输入已知的状态点 1 和 4 的温度值，假设进入溶液泵和离开发生器的均为饱和溶液。程序中用 x 来表示溶液中 LiBr 的质量分数。

```
T[4] = 89.35 [C]                          "状态点的温度"
T[1] = 32.72 [C]
x[4] = xsat_librssc(T[4], p[4])           "溶液中 LiBr 的质量分数"
x[1] = xsat_librssc(T[1], p[1])
```

过程 1-2 为低压稀溶液经溶液泵加压，根据溶液及溶质 LiBr 质量守恒以及能量守恒列出方程式如下：

```
"溶液泵"
q_m[1] = 0.05                             "通过泵的溶液质量流量"
q_m[2] = q_m[1]                           "质量守恒"
x[2] = x[1]                              "LiBr 质量守恒"
v1 = v_LiBrSSC(T[1], x[1])               "状态点 1 的比体积"
P = q_m[1] * v1 * (p_high-p_low)         "泵功(不可压缩流体,等熵)"
h[1] = h_LiBrSSC(T[1], x[1])             "状态点 1 的比焓"
h[2] = h[1] + P/q_m[1]                   "能量守恒"
h[2] = h_LiBrSSC(T[2], x[2])             "状态点 2 的比焓"
```

发生器中加热放出制冷剂（水）蒸气，稀溶液变为浓溶液，高温浓溶液经过溶液热交换器降温。过程 2-3 和 4-5 为溶液热交换器中低温稀溶液和高温浓溶液热交换，不考虑和外界环境的热交换，根据溶液及溶质 LiBr 质量守恒以及能量守恒列出方程式如下：

```
"溶液热交换器"
q_m[3] = q_m[2]                          "质量守恒"
q_m[5] = q_m[4]
x[3] = x[2]                             "LiBr 质量守恒"
x[5] = x[4]
h[3] = h_LiBrSSC(T[3], x[3])            "状态点 3 的比焓"
h[4] = h_LiBrSSC(T[4], x[4])            "状态点 4 的比焓"
h[5] = h_LiBrSSC(T[5], x[5])            "状态点 5 的比焓"
PHI_hx = q_m[2] * (h[3]-h[2])           "冷流体换热量"
PHI_hx = q_m[4] * (h[4]-h[5])           "热流体换热量"
```

已知溶液热交换器的效能，有方程如下：

Eff_Hx = 0.64   "溶液热交换器的效能"

C_dot_hot = PHI_hx/(T[4]-T[5])   "热侧热容"

C_dot_cold = PHI_hx/(T[3]-T[2])   "冷侧热容"

C_dot_min = min(C_dot_cold, C_dot_hot)   "最小热容"

PHI_hx = Eff_Hx * C_dot_min * (T[4]-T[2])   "换热量"

过程 5-6 为高压浓溶液经溶液膨胀阀降压，假设为等焓膨胀，根据质量守恒和能量守恒列出方程式如下：

"溶液膨胀阀"

q_m[6] = q_m[5]   "质量守恒"

x[6] = x[5]   "LiBr 质量守恒"

h[6] = h[5]   "等焓膨胀"

调用 Flash_LiBrSSC，给定入口处的比焓、压力和 LiBr 的质量分数，返回阀门出口处的干度和温度。程序中用 Q 表示溶液的干度。由于气相不含 LiBr，因此 Q 就是气相中制冷剂的量与闪蒸前溶液总量之比。

Call Flash_LiBrSSC(h[5],p[5],x[5]:Q[6],T[6])   "闪蒸计算"

过程 3-7 为发生器中高压稀溶液被加热，发生出制冷剂（水）蒸气进入冷凝器。假定状态点 7 的水蒸气中盐分含量为零，即纯水蒸气，根据溶液及溶质 LiBr 质量守恒以及能量守恒列出方程式如下：

"发生器"

q_m[3] = q_m[4] + q_m[7]   "质量守恒"

q_m[3] * x[3] = q_m[4] * x[4]   "LiBr 质量守恒"

T[7] = Tsat_LiBrSSC(p_high,x[3])   "状态点 7 的饱和温度"

h[7] = enthalpy(Water,T = T[7],P = p[7])   "状态点 7 的比焓"

h[3] * q_m[3] + PHI_gen = h[4] * q_m[4] + h[7] * q_m[7]   "能量守恒"

过程 7-8 为冷凝器中制冷剂蒸气冷却和冷凝，认为冷凝器出口状态点 8 为饱和制冷剂液体，根据质量守恒和能量守恒列出方程式如下：

"冷凝器"

q_m[8] = q_m[7]   "质量守恒"

x[7] = 0   "纯水，LiBr 含量为 0"

x[8] = x[7]   "LiBr 质量守恒"

h[8] = enthalpy(Water,T = T[8],x = 0)   "状态点 8 的比焓"

p[8] = pressure(Water,T = T[8],x = 0)   "状态点 8 的压力"

PHI_cond = q_m[7] * (h[7]-h[8])   "能量守恒"

过程 8-9 为制冷剂饱和液体经制冷剂膨胀阀降压，假设为等焓膨胀，根据质量守恒和能量守恒列出方程式如下：

"制冷剂膨胀阀"

q_m[9] = q_m[8]   "质量守恒"

x[9] = x[8]   "LiBr 质量守恒"

h[9] = h[8]   "等焓膨胀"

T[9] = Temperature(Water,P = p[9],h = h[9])   "状态点 9 的温度"

过程 9-10 为制冷剂液体经蒸发器吸热制冷，认为蒸发器出口状态点 10 为饱和制冷剂蒸气，根据质量守恒和能量守恒列出方程式如下：

```
"蒸发器"
q_m[10] = q_m[9]                                    "质量守恒"
x[10] = x[9]                                        "LiBr 质量守恒"
h[10] = enthalpy(Water,T = T[10],x = 1)            "状态点 10 的比焓"
p[10] = pressure(Water,T = T[10],x = 1)            "蒸发器出口压力"
PHI_evap = q_m[9] * (h[10]-h[9])                   "能量守恒"
```

过程 10-1 为制冷剂蒸气进入吸收器后，吸收器中浓溶液变为稀溶液，根据质量守恒和能量守恒列出方程式如下：

```
"吸收器"
err_mass_abs = q_m[10] + q_m[6]-q_m[1]                      "溶液质量残差"
err_LiBr_abs = q_m[6] * x[6]-q_m[1] * x[1]                  "LiBr 质量残差"
q_m[10] * h[10] + h[6] * q_m[6] = PHI_abs + q_m[1] * h[1]   "能量守恒"
```

循环的性能系数计算如下：

```
"循环参数"
COP = PHI_evap/PHI_gen                             "COP"
F = x[4]/(x[4]-x[3])                               "溶液循环比"
err_energy =  PHI_gen + PHI_evap-PHI_abs-PHI_cond + P   "能量残差"
```

单击 "Solve" 按钮求解，单击 "Array" 按钮可以查看各个状态点的参数信息，单击 "Solution" 按钮查看计算结果，可得性能系数 COP = 0.725，发生器吸热量 Φ_{gen} = 14.83kW，制冷量 Φ_{evap} = 10.76kW，溶液循环比 F = 10.86，表示通过溶液泵的溶液质量流量是离开发生器的制冷剂蒸气质量流量的 10.86 倍。溶液循环比是吸收式制冷机设计的重要参数。

计算中蒸气的物性使用的是纯水蒸气的物性。在吸收式制冷循环中，对溶液加热时，挥发性成分（制冷剂）被蒸发出来。在溴化锂水溶液中，盐（溴化锂）基本上是非挥发性的，一些盐分子（或离子）可能会从液体表面逸出并存在于蒸气中，但是在吸收式制冷循环的条件下，逸出趋势非常小，以至于液体溶液上方的蒸气基本上是纯水蒸气。因此，假设蒸气中没有盐分是合理的。

离开发生器的浓溶液通过溶液热交换器并与离开吸收器的稀溶液交换能量。这种内部热交换装置的作用是通过利用系统内本来会被浪费的热量来减少外部热输入需求，同时也减少了吸收器中的废热率。溶液热交换器是一个关键部件，其性能对吸收式制冷机的设计有重大影响。

如果改变热源温度，或是改变循环压力，吸收式制冷循环的运行状况及性能指标都会随之改变。计算及分析如下：

1. 热源温度

吸收式制冷循环中所需的热源温度由工作流体的物性和制冷系统中其他部件的操作决定。根据经验，对于典型的单效溴化锂吸收式制冷循环，发生器处提供的热源应该不低于约 90℃。热源的温度品位是影响吸收式制冷循环运行状况的重要因素。在例 3-3 中，虽然存在传热温差，但离开发生器的浓溶液的温度 T_4 基本表征了给发生器提供热量的热源温度的高低。

在例 3-3 的 EES 程序中建立 Parametric Table，改变温度 T_4 并计算，根据表格画出 COP 和溶液循环比随 T_4 变化的曲线，可以直观地观察出变化趋势。EES 程序详见本书电子资料程序 "例 3-3 改变热源温度 . EES"，在该程序中单击 "Parametric Table" 按钮可以查看计算结果，单击 "Plot Windows" 按钮可以查看变化曲线。

计算可得，随着发生器处热源温度的升高，溶液循环比减小，即离开发生器的制冷剂蒸气质量流量增大，发生器吸热量、制冷量和性能系数增大。

2. 吸收温度

同样地，吸收器温度也会影响 COP 和溶液循环比，以离开吸收器的稀溶液温度 T_1 来表征吸收温度。在例 3-3 的 EES 程序中建立 Parametric Table，改变温度 T_1 并计算，根据表格画出 COP 和溶液循环比随 T_1 变化的曲线，可以直观地观察出变化趋势。EES 程序详见本书电子资料程序"例 3-3 改变吸收温度 . EES"，在该程序中可以查看计算结果和变化曲线。

计算可得，随着吸收温度的升高，溶液循环比增大，即离开发生器的制冷剂蒸气质量流量减小，发生器吸热量、制冷量和性能系数减小。

3. 循环压力

在例 3-3 中，给定了循环的两个压力，即高压 p_{high} 和低压 p_{low}，相当于给定了冷凝温度 T_8 和蒸发温度 T_9。在例 3-3 的 EES 程序中建立两个 Parametric Table，分别改变高压 p_{high} 和低压 p_{low}。EES 程序详见本书电子资料程序"例 3-3 改变循环高压 . EES"和"例 3-3 改变循环低压 . EES"，在程序中可以查看计算结果。

计算可得，改变冷凝温度和蒸发温度对于制冷量和性能系数的影响与 3.1.1 节单级蒸气压缩式制冷循环类似，不再赘述。

需要注意的几点是：

1) 冷凝器和吸收器都需要排热，例 3-3 中离开吸收器的溶液温度 T_1 为 32.72℃，对于典型的 30℃冷却塔设计温度，吸收器传热温差过小时需要进行传热分析来确定此设计是否可行。

2) 对于冷凝器同理，例 3-3 中冷凝器饱和温度为 40.07℃，降低冷凝温度虽然会提高 COP 和制冷量，但是同时也会使冷凝器中的传热温差变小。

3) 例 3-3 中蒸发器温度为 1.48℃，非常接近水的冰点。如果操作条件发生变化，蒸发器可能处于冻结的危险中。

3.1.3 氨水吸收式制冷系统

在单级氨水吸收式制冷循环中，氨为制冷剂，水为吸收剂。单级氨水吸收式制冷循环类似于单效溴化锂吸收式制冷循环，主要区别是添加了一个精馏器来处理离开发生器的蒸气中的水。循环的示意图如图 3-9 所示，主要部件包括冷凝器、制冷剂膨胀阀、蒸发器、吸收器、溶液泵、溶液热交换器、发生器、精馏器、溶液膨胀阀。

单级氨水吸收式制冷循环与单效溴化锂吸收式制冷循环非常相似，然而由于流体物性不同，存在一些细节明显不同。

一个关键的区别是氨/水的蒸气压比水/溴化锂的蒸气压高。在氨/水中，氨是制冷剂，水是吸收剂。氨的正常沸点为 -33.35℃，室温下的蒸气压为 0.85MPa。因此，在空调和制冷应用中通常遇到的温度下，发生器部件中的压力相对较高（通常在 0.5 ~ 2.5MPa 的范围内）。与水/溴化锂相比，氨/水的高蒸气压使得管道直径相对较小、热交换器相对紧凑。

第二个重要区别是吸收剂（水）的蒸气压与氨的蒸气压相比不可忽略。发生器中产生的蒸气含有一定量的水（通常约为 5% 的水）。蒸气中水的质量分数取决于发生器中液体混合物的质量分数、温度和发生器设计。发生器蒸气中所含的任何水都会对系统的性能产生不利影响。水将与蒸气一起进入冷凝器，然后进入蒸发器，在蒸发器中不断积聚，并导致整个系统的运行工况漂移，最终使系统无法在设计工况下运行。因此需要使用精馏器来减少进入冷凝器蒸气中的水分含量。

单级氨水吸收式制冷循环的主要过程和单效溴化锂吸收式制冷循环类似。用氨水溶液中氨的质量分数来描述溶液浓度，作为浓溶液和稀溶液的区分标准，单级氨水吸收式制冷循环的主要过程如下：

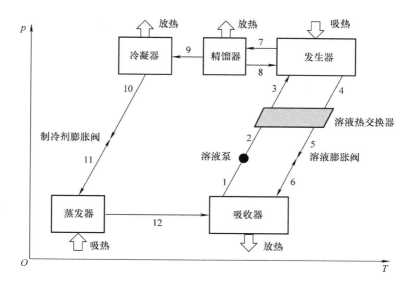

图 3-9　单级氨水吸收式制冷循环示意图

1-2：低压浓溶液离开吸收器，经溶液泵升压；

2-3：高压浓溶液经溶液热交换器升温后，进入发生器；

3-7：发生器中高压浓溶液被加热，发生出制冷剂（氨）蒸气进入精馏器；

7-8-9：氨蒸气经精馏器除去水分后进入冷凝器，液体水回流至发生器；

4-5：发生氨蒸气后的稀溶液离开发生器，经溶液热交换器降温；

5-6：高压稀溶液经溶液膨胀阀降压，回到吸收器；

9-10：冷凝器中氨蒸气冷却、冷凝液化；

10-11：高压氨液体经制冷剂膨胀阀降压；

11-12：蒸发器中低压氨液体蒸发吸热；

12-1：吸收器中稀溶液吸收氨蒸气变为浓溶液。

下面通过例 3-4 来介绍使用 EES 对单级氨水吸收式制冷循环的计算和分析过程。本例的 EES 程序详见本书电子资料程序 "例 3-4 氨水吸收制冷 . EES"。

例 3-4　单级氨水吸收式制冷循环的示意图如图 3-9 所示，蒸发器出口饱和温度为 -10℃，蒸发器出口为气液两相，干度为 0.975（蒸发器出口处的少量液体会使温度下滑）。通过溶液泵的溶液质量流速为 1kg/s。离开吸收器和冷凝器的饱和液体的温度为 40℃。浓溶液和稀溶液的氨质量分数之差（即 $x_1 - x_4$）为 0.10。假设一个理想的精馏器产生氨质量分数为 0.9996 的蒸气。假设泵效率为 100%（等熵压缩），溶液热交换器的效能为 80%，假设唯一有压力损失的部件是两个阀门。使用 EES 对此单级氨水吸收式制冷循环进行计算和分析。

解　在 EES 中，首先使用 $UnitSystem 指令指定单位系统。使用 $TabStop 指令设置格式，使同一行中代码与注释分开对齐。

```
$UnitSystem SI C kPa kJ mass
$TabStops 0.2 5 in
```

通过过程 shx 建立溶液热交换器的换热模型，输入为溶液热交换器的效能、冷热侧流体的质量流量、入口温度和比定压热容，输出为换热量和冷热侧流体的出口温度。

```
"溶液热交换器的效能模型"
Procedure shx( epsilon,q_m_c,q_m_h,T_in_c,T_in_h,cph,cpc:T_out_h,T_out_c, PHI)
```

```
C_dot_c = q_m_c * cpc                                  "冷侧热容"
C_dot_h = q_m_h * cph                                  "热侧热容"
C_dot_min = min( C_dot_c , C_dot_h )                   "最小热容"
PHI = epsilon * C_dot_min * ( T_in_h-T_in_c )          "换热量"
T_out_c = T_in_c + PHI/C_dot_c                         "冷侧出口温度"
T_out_h = T_in_h-PHI/C_dot_h                           "热侧出口温度"
END
```

输入已知的各项参数如下：

```
"输入已知参数"
"效率"
eta_pump = 1.0                                         "泵的等熵效率"
epsilon_shx = 0.8                                      "溶液热交换器效能"
"状态点的温度"
T[12] = -10 [C]                                        "蒸发器出口温度"
T[10] = 40 [C]                                         "冷凝器出口温度"
T[1] = 40 [C]                                          "吸收器出口温度"
"质量分数"
x[9] = 0.9996                                          "精馏器出口处的质量分数"
DELTAx = 0.1                                           "进出发生器的质量分数之差"
"质量流量"
q_m[1] = 1 [kg/s]                                      "通过泵的溶液质量流量"
```

在本例中，指定了离开精馏器（状态点 9）的蒸气质量分数。富氨流（状态点 1、2 和 3）的质量分数由给定的吸收器温度和蒸发器压力决定。实际上，整个吸收循环中的氨质量分数由操作条件和部件设计决定。

假定状态点 1、4、8 和 10 的干度均为 0（饱和液体），状态 7 和 9 的干度均为 1（饱和蒸气），状态点 12 的干度为 0.975（气液两相）。

```
"干度"
Q[1] = 0                                               "离开吸收器的液体干度"
Q[4] = 0                                               "离开发生器的液体干度"
Q[7] = 1                                               "发生器出口的蒸气干度"
Q[8] = 0                                               "精馏器回液干度"
Q[9] = 1                                               "精馏器气体出口干度"
Q[10] = 0                                              "冷凝器出口干度"
Q[12] = 0.975                                          "蒸发器出口干度"
```

为了简化计算，假设唯一有压力损失的部件是两个膨胀阀，即整个制冷循环在两个压力值之间运行，实际运行时存在压力损失等因素的影响。低压由蒸发器出口处的饱和条件（状态点 12）确定，高压由冷凝器出口处的饱和条件（状态点 10）确定。列出每个状态点的压力如下：

```
"压力"
p_high = pressure( NH3H2O , T = T[10] , x = x[10] , Q = Q[10] )    "冷凝器出口压力"
p_low = pressure( NH3H2O , T = T[12] , x = x[12] , Q = Q[12] )     "蒸发器出口压力"
p[1] = p_low
```

```
p[2] = p_high
p[3] = p_high
p[4] = p_high
p[5] = p_high
p[6] = p_low
p[7] = p_high
p[8] = p_high
p[9] = p_high
p[10] = p_high
p[11] = p_low
p[12] = p_low
```

此外，输入质量分数之差和溶液循环比的定义，如下所示：

```
"定义"
x[1]-x[4] = DELTAx                              "质量分数之差的定义"
F = (x[9]-x[4])/(x[3]-x[4])                     "溶液循环比的定义"
```

用氨水溶液中氨的质量分数来描述溶液浓度，作为浓溶液和稀溶液的区分标准。过程1-2为低压浓溶液经溶液泵加压，根据溶液和氨质量守恒以及能量守恒列出方程式如下：

```
"溶液泵"
q_m[1] = q_m[2]                                 "质量守恒"
x[1] = x[2]                                     "氨质量守恒"
swp = v[1] * (p[2]-p[1])/eta_pump               "泵的比功"
h[2] = h[1] + swp                               "能量守恒"
P_pump = q_m[1] * (h[2]-h[1])                   "泵功"
```

过程2-3和4-5为溶液热交换器中低温浓溶液和高温稀溶液热交换。不考虑和外界环境的热交换，根据质量守恒和能量守恒列出方程式，调用之前编好的过程 shx 来计算换热量，以及热交换器出口状态点 3 和 5 的温度，如下所示：

```
"溶液热交换器"
q_m[2] = q_m[3]                                 "质量守恒"
q_m[4] = q_m[5]
x[2] = x[3]                                     "氨质量守恒"
x[4] = x[5]
cp_23 = (h[2]-h[3])/(T[2]-T[3])                 "流体 2-3 的比定压热容"
cp_45 = (h[4]-h[5])/(T[4]-T[5])                 "流体 4-5 的比定压热容"
call shx(epsilon_shx,q_m[2],q_m[4],T[2],T[4],cp_45,cp_23:T[5],T[3], PHI_shx)
```

过程 3-7 为发生器中高压浓溶液被加热，发生出制冷剂（氨）蒸气进入精馏器；过程 7-8-9为精馏器除去蒸气（状态点 7）中的水分，得到的制冷剂蒸气（状态点 9）进入冷凝器，水回流至发生器（状态点 8）。根据质量守恒和能量守恒列出方程式如下：

```
"发生器"
q_m[8] + q_m[3] = (q_m[7] + q_m[4])                          "质量守恒"
q_m[8] * x[8] + q_m[3] * x[3] = (q_m[7] * x[7] + q_m[4] * x[4]) "氨质量守恒"
q_m[3] * h[3] + q_m[8] * h[8] + PHI_gen = q_m[7] * h[7] + q_m[4] * h[4]
                                                            "能量守恒"
```

假设精馏器是理想的，即发生器出口（状态点 7 和 8）的蒸气和液体必须处于热力学平衡状态，即 $T_8 = T_7$ 并且均处于饱和状态。另一个要求是进入发生器的液体溶液（状态点 8 和 3）的质量分数处于平衡状态，即 $x_8 = x_3$。

```
"精馏器"
T[8] = T[7]
x[8] = x[3]
q_m[7] = q_m[9] + q_m[8]                                "质量守恒"
q_m[7] * x[7] = q_m[9] * x[9] + q_m[8] * x[8]           "氨质量守恒"
q_m[7] * h[7] = q_m[9] * h[9] + q_m[8] * h[8] + PHI_rect  "能量守恒"
```

过程 5-6 为高压稀溶液经溶液膨胀阀降压，假设为等焓膨胀，根据质量守恒和能量守恒列出方程式如下：

```
"溶液膨胀阀"
q_m[5] = q_m[6]                                          "质量守恒"
x[5] = x[6]                                              "氨质量守恒"
h[5] = h[6]                                              "能量守恒"
```

过程 9-10 为冷凝器中制冷剂蒸气冷却和冷凝，根据质量守恒和能量守恒计算可得冷凝放热量，列出方程式如下：

```
"冷凝器"
q_m[9] = q_m[10]                                         "质量守恒"
x[9] = x[10]                                             "氨质量守恒"
PHI_cond = q_m[9] * (h[9]-h[10])                        "能量守恒"
```

过程 10-11 为制冷剂饱和液体经制冷剂膨胀阀降压，假设为等焓膨胀，根据质量守恒和能量守恒列出方程式如下：

```
"制冷剂膨胀阀"
q_m[10] = q_m[11]                                        "质量守恒"
x[10] = x[11]                                            "氨质量守恒"
h[10] = h[11]                                            "能量守恒"
```

过程 11-12 为制冷剂液体经蒸发器吸热制冷的过程，根据质量守恒和能量守恒计算可得制冷量，列出方程式如下：

```
"蒸发器"
q_m[11] = q_m[12]                                        "质量守恒"
x[11] = x[12]                                            "氨质量守恒"
PHI_evap = q_m[12] * (h[12]-h[11])                      "能量守恒"
```

过程 12-1 为制冷剂蒸气进入吸收器，稀溶液吸收氨蒸气变为浓溶液的过程。吸收器的质量守恒用残差（err_absmass, err_absammonia)写成如下方程：

```
"吸收器"
q_m[12] + q_m[6] = q_m[1] + err_absmass                 "质量守恒"
q_m[12] * x[12] + q_m[6] * x[6] = q_m[1] * x[1] + err_absammonia  "氨质量守恒"
q_m[12] * h[12] + q_m[6] * h[6] = q_m[1] * h[1] + PHI_abs  "能量守恒"
```

当指定三个参数时，根据氨水的热力参数关系可以计算得到所有未知热力参数。各状态点的热力参数计算如下：

```
"各状态点未知的热力参数计算"
"点 1"
```

$h[1] = enthalpy(NH3H2O, T = T[1], P = p[1], Q = Q[1])$ "假定点 1 为饱和液体"

$v[1] = volume(NH3H2O, T = T[1], P = p[1], Q = Q[1])$ "比体积"

$x[1] = MassFraction(NH3H2O, T = T[1], P = p[1], Q = Q[1])$ "质量分数"

"点 2"

$T[2] = temperature(NH3H2O, P = p[2], h = h[2], x = x[2])$ "温度"

"点 3"

$T[3] = temperature(NH3H2O, P = p[3], h = h[3], x = x[3])$ "温度"

"点 4"

$h[4] = enthalpy(NH3H2O, P = p[4], x = x[4], Q = Q[4])$ "假定点 4 为饱和液体"

$T[4] = temperature(NH3H2O, P = p[4], x = x[4], Q = Q[4])$ "温度"

"点 5"

$T[5] = temperature(NH3H2O, P = p[5], h = h[5], x = x[5])$ "温度"

"点 6"

$Q[6] = Quality(NH3H2O, P = p[6], h = h[6], x = x[6])$ "干度"

$T[6] = temperature(NH3H2O, P = p[6], h = h[6], x = x[6])$ "温度"

"点 7"

$x[7] = massfraction(NH3H2O, T = T[7], P = p[7], Q = Q[7])$ "质量分数"

$h[7] = enthalpy(NH3H2O, T = T[7], P = p[7], Q = Q[7])$ "比焓"

"点 8"

$T[8] = temperature(NH3H2O, x = x[8], P = p[8], Q = Q[8])$ "温度"

$h[8] = enthalpy(NH3H2O, x = x[8], P = p[8], Q = Q[8])$ "比焓"

"点 9"

$h[9] = enthalpy(NH3H2O, P = p[7], x = x[9], Q = Q[9])$ "假定点 9 为饱和蒸气"

$T[9] = temperature(NH3H2O, P = p[7], x = x[9], Q = Q[9])$ "温度"

"点 10"

$h[10] = enthalpy(NH3H2O, T = T[10], x = x[10], Q = Q[10])$ "假定点 10 为饱和液体"

"点 11"

$T[11] = temperature(NH3H2O, P = p[11], h = h[11], x = x[11])$ "温度"

$Q[11] = Quality(NH3H2O, P = p[11], h = h[11], x = x[11])$ "干度"

"点 12"

$h[12] = enthalpy(NH3H2O, x = x[12], T = T[12], Q = Q[12])$ "比焓"

循环的性能系数计算如下：

"性能系数"

$COP\_1 = PHI\_evap/(P\_pump + PHI\_gen)$ "考虑泵功的性能系数"

$COP\_2 = PHI\_evap/PHI\_gen$ "忽略泵功的性能系数"

$err\_energy = PHI\_gen + PHI\_evap + P\_pump-(PHI\_rect + PHI\_cond + PHI\_abs)$ "能量残差"

$p\_ratio = p\_high/p\_low$ "压力比"

$DELTAT\_glide = T[12]-T[11]$ "温度滑移的定义"

单击"Solve"按钮求解，单击"Array"按钮可以查看各个状态点的热力参数信息，单击"Solution"按钮查看计算结果，可得考虑泵功的性能系数 $COP_1 = 0.4467$，忽略泵功的性能系数 $COP_2 = 0.4487$，泵功 $P_{pump} = 1.488kW$，发生器吸热量 $\Phi_{gen} = 327.5kW$，制冷量 $\Phi_{evap} = 146.9kW$。溶液循环比 $F = 7.034$，表示通过溶液泵的溶液质量流量是离开发生器的蒸气质量流量的 7.034 倍。

需要注意的几点有：

1）实际的吸收式制冷机的性能可能不如例 3-4 中计算的那么好。泵效率不是 100%，溶液热交换器的效能可能达不到 0.8，还存在压降和精馏损失。此外，吸收器中的溶液必须过冷到一定程度，以便为吸收过程提供温度驱动力。类似地，发生器中的溶液可能过热。这两种效应都会降低热交换过程的效率。

2）与溴化锂吸收式制冷循环的计算相同，可通过检查各等式残差情况来判断结果是否正确。例 3-4 中能量残差为 0.000005663kW，非常接近零，证明计算结果正确。

3）当溶液在膨胀阀中从状态点 5 膨胀到状态点 6 时，温度可能会略有下降。然而当液体以足够的过冷度进入阀门时，不会发生闪蒸。事实上，由于阀门中耗散的机械能转化为热能，会引起温度的小幅升高。与水/溴化锂相比，由于氨/水压力变化较大，这种影响更为明显。

在例 3-4 中，给定了蒸发器出口饱和温度为 -10℃，离开吸收器和冷凝器的饱和液体的温度为 40℃。如果改变温度值，吸收式制冷循环的运行状况及性能指标都会随之改变。计算及分析如下：

1. 蒸发器出口温度

循环低压由蒸发器出口处的饱和条件（状态点 12）确定。在例 3-4 的 EES 程序中建立 Parametric Table，改变蒸发器出口温度 T_{12}，根据表格计算结果画出考虑泵功的性能系数 COP_1 随蒸发器出口温度 T_{12} 变化的曲线，可以直观地观察出变化趋势。EES 程序详见本书电子资料程序"例 3-4 改变蒸发温度 .EES"，在该程序中单击"Parametric Table"按钮可以查看计算结果，单击"Plot Windows"按钮可以查看变化曲线。

计算可得，随着蒸发器出口温度 T_{12} 的升高，p_{low} 升高，制冷量 Φ_{evap} 增大，发生器吸热量 Φ_{gen} 减小，性能系数增大。

2. 冷凝温度

循环高压由冷凝器出口处的饱和条件决定（状态点 10）确定。在例 3-4 的 EES 程序中建立 Parametric Table，改变冷凝温度 T_{10}，根据表格计算结果画出考虑泵功的性能系数 COP_1 随冷凝温度 T_{10} 变化的曲线，可以直观地观察出变化趋势。EES 程序详见本书电子资料程序"例 3-4 改变冷凝温度 .EES"，在该程序中可以查看计算结果和变化曲线。

计算可得，随着冷凝温度 T_{10} 的升高，p_{high} 升高，制冷量 Φ_{evap} 减小，发生器吸热量 Φ_{gen} 增大，性能系数减小。

3. 吸收器出口温度

在例 3-4 的 EES 程序中建立 Parametric Table，改变吸收器出口温度 T_1，根据表格计算结果画出考虑泵功的性能系数 COP_1 随吸收器出口温度 T_1 变化的曲线，可以直观地观察出变化趋势。EES 程序详见本书电子资料程序"例 3-4 改变吸收温度 .EES"，在该程序中可以查看计算结果和变化曲线。

计算可得，随着吸收器出口温度 T_1 的升高，制冷量 Φ_{evap} 减小，发生器吸热量 Φ_{gen} 增大，性能系数减小。

3.1.4 半导体制冷系统

半导体制冷又称为热电制冷，制冷原理是塞贝克效应（Seebeck effect，也译为泽贝克效应）和珀尔帖效应（Peltier effect，现多译为佩尔捷效应）。塞贝克效应是指在两种不同金属构成的回路中，两个接点之间由于温度不同产生电动势。用下标 a 和 e 分别表示吸热接点和放热接点，电动势和两个接点的温差成正比，即

$$V = \alpha_{ab}(T_a - T_e) \tag{3-5}$$

式中，V 为电动势（V）；T_a 为吸热接点温度（K）；T_e 为放热接点的温度（K）；α_{ab} 为对应于这对材料的塞贝克系数（V/K）。

珀尔帖效应是指当直流电流 I 通过两种不同金属构成的回路时，其中一个接点会吸收热量，另一个接点会放出热量。接点上的传热量和电流成正比，即

$$\Phi_a = \alpha_{ab}T_a I \tag{3-6}$$

$$\Phi_e = \alpha_{ab}T_e I \tag{3-7}$$

式中，Φ_a 为吸热接点吸热量（W）；Φ_e 为放热接点放热量（W）；I 为直流电流（A）。

半导体电偶的珀尔帖效应比其他材料要显著很多，所以热电制冷器基本都用半导体电偶构成，故又称半导体制冷器。半导体制冷示意图如图 3-10 所示。

用金属电桥连接一对半导体电臂 P 和 N 构成电偶，再连接直流电构成回路，一端吸热一端放热。改变电流方向时，热流方向也随之改变，冷热端切换方便。通过组合许多这样的电偶，可以构建热电模块（Thermoelectric Module，TEM）。

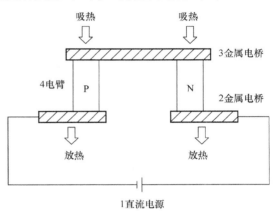

图 3-10   半导体制冷示意图

在典型的 TEM 中，能量传递包括三部分：因电流通过而产生的焦耳热、两端的珀尔帖效应以及因温差而通过材料的热传导。由于珀尔帖效应被限制在边界上，可以使用方程分析热传导以及焦耳热。为了简化分析，假设整个模块是一维热系统，每个单元中稳态温度分布的控制方程为

$$\frac{dT^2}{dx^2} + \frac{I^2 R}{ALk} = 0 \tag{3-8}$$

式中，T 为温度（K）；I 为直流电流（A）；R 为电阻（Ω）；A 为电臂横截面面积（m^2）；L 为电臂长度（m）；k 为材料的导热系数 [W/(m·K)]。

边界条件如下

$$T = T_a, \ x = 0 \tag{3-9}$$

$$T = T_e, \ x = L \tag{3-10}$$

求解可以得到温度为

$$T = T_a + (T_e - T_a)\frac{x}{L} + \frac{I^2 R}{2ALk}(Lx - x^2) \tag{3-11}$$

两端热传导产生的热流量为

$$\Phi_{ac} = -kA\left(\frac{\partial T}{\partial x}\right)_{x=0} = -\frac{T_e - T_a}{L/kA} - \frac{I^2 R}{2} \tag{3-12}$$

$$\Phi_{ce} = -kA\left(\frac{\partial T}{\partial x}\right)_{x=L} = -\frac{T_e - T_a}{L/kA} + \frac{I^2 R}{2} \tag{3-13}$$

式中，Φ_{ac} 为吸热接点热流量（W）；Φ_{ce} 为放热接点热流量（W）。

模块的每个元件通常由 P 型和 N 型半导体组成，用下标 p 和 n 表示它们的属性，可以为构成模块的每一对半导体写出以下方程：

$$\Phi_{ac,p} = -\frac{T_e - T_a}{(L/kA)_p} - \frac{I^2 R_p}{2} \tag{3-14}$$

$$\Phi_{\mathrm{ce,p}} = -\frac{T_e - T_a}{(L/kA)_p} + \frac{I^2 R_p}{2} \tag{3-15}$$

$$\Phi_{\mathrm{ac,n}} = -\frac{T_e - T_a}{(L/kA)_n} - \frac{I^2 R_n}{2} \tag{3-16}$$

$$\Phi_{\mathrm{ce,n}} = -\frac{T_e - T_a}{(L/kA)_n} + \frac{I^2 R_n}{2} \tag{3-17}$$

结合起来可以得到

$$\Phi_{\mathrm{ac}} = \Phi_{\mathrm{ac,p}} + \Phi_{\mathrm{ac,n}} = -\frac{T_e - T_a}{R_{\mathrm{th}}} - \frac{I^2 R_e}{2} \tag{3-18}$$

$$\Phi_{\mathrm{ce}} = \Phi_{\mathrm{ce,p}} + \Phi_{\mathrm{ce,n}} = -\frac{T_e - T_a}{R_{\mathrm{th}}} + \frac{I^2 R_e}{2} \tag{3-19}$$

式中，R_e 为一对半导体电偶的总电阻（Ω），$R_e = R_n + R_p$；R_{th} 为一对半导体电偶的总热阻（K/W），$R_{\mathrm{th}} = \dfrac{1}{(kA/L)_p + (kA/L)_n}$。

再与两端的珀尔帖效应相结合，可得

$$\Phi_a = \alpha_{\mathrm{ab}} T_a I - \frac{T_e - T_a}{R_{\mathrm{th}}} - \frac{I^2 R_e}{2} \tag{3-20}$$

$$\Phi_e = \alpha_{\mathrm{ab}} T_e I - \frac{T_e - T_a}{R_{\mathrm{th}}} + \frac{I^2 R_e}{2} \tag{3-21}$$

为了克服由于电阻和塞贝克效应引起的电压降，要施加的电动势为

$$V = I R_e + \alpha_{\mathrm{ab}}(T_e - T_a) \tag{3-22}$$

对于由 N 个这样的电串联而热并联的电偶组成的完整 TEM，控制方程将类似于式（3-20）～式（3-22），其中 R_e 替换为模块的总电阻，即 $R_e^* = N R_e$；R_{th} 替换为模块的总热阻，即 $R_{\mathrm{th}}^* = R_{\mathrm{th}}/N$。这些方程构成了模拟 TEM 性能的基本方程。

通常，TEM 两端的温度是未知的，但与两端接触的两种流体的温度是已知的。通常在两端有翅片表面以提高换热率，流体温度 T_{af} 和 T_{ef} 与相应的表面温度 T_a 和 T_e 之间的关系可以根据翅片表面效率写为

$$\Phi_a = \eta_a A_a h_a (T_{\mathrm{af}} - T_a) \tag{3-23}$$

$$\Phi_e = \eta_e A_e h_e (T_e - T_{\mathrm{ef}}) \tag{3-24}$$

式中，η_a 和 η_e 分别为吸热端和放热端的翅片效率；A_a 和 A_e 分别为吸热端和放热端的翅片面积（m^2）；h_a 和 h_e 分别为吸热端和放热端的翅片表面传热系数 $[W/(m^2 \cdot K)]$。

可得

$$T_a = T_{\mathrm{af}} - \frac{\Phi_a}{\eta_a A_a h_a} \tag{3-25}$$

$$T_e = T_{\mathrm{ef}} + \frac{\Phi_e}{\eta_e A_e h_e} \tag{3-26}$$

式中，T_{af} 为制冷空间的温度（K）；T_{ef} 为环境温度（K）。

对于热电制冷器，外部固定的操作参数是施加的电动势 V、温度 T_{af} 和 T_{ef}。要指定的设计参数是翅片面积 A_a 和 A_e、翅片效率 η_a 和 η_e、翅片表面传热系数 h_a 和 h_e、塞贝克系数 α_{ab}、TEM 的总热阻和总电阻，即 R_{th}^* 和 R_e^*。

将式（3-25）和式（3-26）代入式（3-20）和式（3-21），可以转换为仅涉及三个变量的方程，即 Φ_a、Φ_e 和 I，所有剩余变量均从操作参数或 TEM 设计参数推得。再与式（3-22）

耦合，三个变量对应于三个方程，就可以获得 TEM 工作的性能。

下面通过例 3-5 来介绍使用 EES 对半导体制冷系统的计算和分析过程，本例的 EES 程序详见本书电子资料程序"例 3-5 半导体制冷系统 . EES"。

例 3-5　设计一台便携式半导体制冷电冰箱，已知环境温度为 300K，热端风冷散热，传热温差 ΔT_e 为 8K；电冰箱内温度为 270K，冷端传热温差 ΔT_a 为 6K。热电冷却模块的塞贝克系数 $\alpha_{ab} = 0.053 V/K$，总热阻 $R_{th}^* = 1.5 K/W$，总电阻 $R_e^* = 1.6\Omega$。若制冷量为 20W，使用 EES 对此半导体制冷系统所需电流及性能系数进行计算和分析。

解　在 EES 中，首先使用 $UnitSystem 指令指定单位系统。使用 $TabStop 指令设置格式，使同一行中代码与注释分开对齐。

```
$UnitSystem SI K kPa kJ mass
$TabStops 0. 2 4 in
```

已知环境温度 T_{ef} 和制冷空间的温度 T_{af}。在本例中为了简化计算，直接给出了热端和冷端的传热温差 ΔT_e 和 ΔT_a，根据式（3-25）和式（3-26）可以计算冷热端温度，如下所示：

```
"热端温度参数"
T_ef = 300[ K ]                                          "环境温度"
DELTAT_e = 8[ K ]                                        "热端传热温差"
T_e = T_ef + DELTAT_e                                    "热端放热温度"
"冷端温度参数"
T_af = 270[ K ]                                          "冰箱内温度"
DELTAT_a = 6[ K ]                                        "冷端传热温差"
T_a = T_af -DELTAT_a                                     "冷端吸热温度"
```

已知热电冷却模块的塞贝克系数 α_{ab}、热阻 R_{th}^* 和电阻 R_e^*，根据式（3-20）和式（3-21）可以计算出电流 I 和热端放热量，如下所示：

```
"热电冷却模块参数"
alpha_ab = 0. 053[ V/K ]                                 "塞贝克系数"
R_th = 1. 5[ K/W ]                                       "热阻"
R_e = 1. 6[ ohm ]                                        "电阻"
"换热量"
PHI_a = 20[ W ]                                          "冷端吸热量"
PHI_a = alpha_ab * T_a * I -(T_e-T_a)/R_th-I^2 * R_e/2
PHI_e = alpha_ab * T_e * I-(T_e-T_a)/R_th + I^2 * R_e/2  "热端放热量"
```

计算出电流 I 后，根据式（3-22）可以得到电压和电功率，从而计算出半导体电冰箱的性能系数，如下所示：

```
"电流功率和性能系数"
V = I * R_e + alpha_ab * (T_e-T_a)                       "电压"
P = V * I                                                "电功率"
COP = PHI_a/W                                            "性能系数"
```

单击"Solve"按钮求解，单击"Solution"按钮查看计算结果，可得需要的工作电流 $I = 4.897A$，电源电压 $V = 10.17V$，电功率 $P = 49.79W$，性能系数 COP = 0.4017。

可以看出，相比于蒸气压缩式制冷系统，半导体制冷系统的性能系数偏小。但是小型半导体电冰箱具有重量轻、体积小、携带方便的优点，仍得到了广泛的应用。

3.2 空调系统设计及分析

3.2.1 定风量一次回风空调系统

全空气空调系统指空调房间的室内负荷全部由经过处理的空气来负担的空调系统。根据空调系统的送风量固定与否，全空气空调系统可以分为定风量系统和变风量系统。按照回风次数的多少又可以划分为一次回风系统和二次回风系统。回风可以减少空调需要提供的冷热量，提高经济性。定风量一次回风空调系统的示意图如图3-11所示。

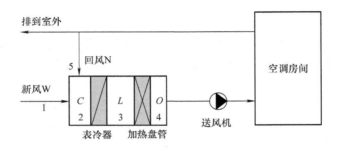

图 3-11　定风量一次回风空调系统示意图

夏季的运行工况为：室内空气一部分排到室外，另一部分作为回风 N 和室外新风 W 混合为状态点 C，冷却除湿至状态点 L，经加热盘管再热至送风状态点 O，送风机将处理好的空气送入空调房间。

冬季的运行工况为：室内空气一部分排到室外，另一部分作为回风 N 和室外新风 W 混合为状态点 C，绝热加湿至状态点 L，经加热盘管再热至送风状态点 O，送风机将处理好的空气送入空调房间。如果此时的冬季新风百分比小于系统要求的最小新风百分比，室外新风需要先预热再和回风混合，或者新风和回风先混合后预热。

下面通过例3-6来介绍使用 EES 对定风量一次回风空调系统的计算和分析过程。本例的 EES 程序详见本书电子资料程序"例3-6 定风量一次回风空调系统.EES"。

例3-6　夏季超市使用的定风量一次回风空调系统运行参数如下：送入超市的空气状态点 4 的温度为 19℃，相对湿度为 50%，送风量为 6840m³/h；从超市返回的空气状态点 5 的温度为 26℃，相对湿度为 55%，其中 15% 被排到室外；室外空气状态点 1 的温度为 35℃，相对湿度为 65%。回风和新风混合至状态点 2 并通过冷却盘管，在饱和条件下（状态点 3）从冷却盘管中排出，进入加热盘管再热后送入室内。使用 EES 计算冷却盘管和加热盘管中的换热量。

解　使用 EES 计算湿空气的热力参数之前，需要注意的几点是：

1）湿空气中水蒸气的质量是根据湿空气 AirH2O 中的含湿量 w 来量化的，w 的定义是水蒸气的质量与干空气的质量的比例；也可以量化为相对湿度 ϕ，ϕ 的定义是湿空气中水的蒸气压与相同温度下水的饱和蒸气压的比值。

2）当在 EES 中计算湿空气 AirH2O 的任何热力参数时，需要三个独立的热力参数来固定状态，压力是必需的热力参数之一。湿度可以通过提供含湿量、相对湿度、露点温度或湿球温度来给定。

3）EES 中 AirH2O 的所有特定热力参数都是按单位质量的干空气定义的，只有密度定义为湿空气质量除以体积。

在 EES 中，首先使用$UnitSystem 指令指定单位系统。使用$TabStop 指令设置格式，使同一行中代码与注释分开对齐。

```
$UnitSystem SI C kPa kJ mass
$TabStops 0. 2 4 in
```

已知送风状态点 4 的参数如下：温度为 19℃，相对湿度为 50%，送风量为 6840m³/h，压力为 101.325kPa。根据已知参数可以确定状态点 4 的干空气质量流量、空气比焓以及含湿量。

```
"送风状态点 4"
q_v[4] = 6840/3600 [ m^3/s]              "送风量"
T[4] = 19[ C]                            "温度"
rh[4] = 0. 50                            "相对湿度"
p_atm = 101. 325 [ kPa]                  "大气压"
v[4] = volume(AirH2O,P = p_atm,T = T[4],R = rh[4])
                                         "比体积，m³/kg 干空气，定义为湿空气中的干空气 +
                                         水蒸气的体积除以干空气的质量"
q_m[4] = q_v[4]/v[4]                     "干空气质量流量"
h[4] = enthalpy(AirH2O,P = p_atm,T = T[4],R = rh[4])
                                         "比焓，kJ/kg 干空气，定义为每单位质量干空气和水
                                         蒸气混合物的焓"
w[4] = humrat(AirH2O,P = p_atm,T = T[4],R = rh[4])
                                         "含湿量"
```

已知室内空气状态点 5 的参数如下：温度为 26℃，相对湿度为 55%。根据已知参数可以确定状态点 5 的比焓和含湿量。

```
"室内空气状态点 5"
q_m[5] = q_m[4]                          "干空气质量守恒"
T[5] = 26[ C]                            "温度"
rh[5] = 0. 55                            "相对湿度"
h[5] = enthalpy(AirH2O,P = p_atm,T = T[5],R = rh[5])   "比焓"
w[5] = humrat(AirH2O,P = p_atm,T = T[5],R = rh[5])     "含湿量"
```

已知新风状态点 1 的参数如下：温度为 35℃，相对湿度为 65%。根据已知参数可以确定状态点 1 的空气比焓和含湿量。从超市室内返回的空气 15% 被排到室外，根据干空气质量守恒可知，需要补充的新风量为送风量的 15%。

```
"新风状态点 1"
q_m[1] = 0. 15 * q_m[5]                  "干空气质量流量"
T[1] = 35[ C]                            "温度"
rh[1] = 0. 65                            "相对湿度"
h[1] = enthalpy(AirH2O,P = p_atm,T = T[1],R = rh[1])   "比焓"
w[1] = humrat(AirH2O,P = p_atm,T = T[1],R = rh[1])     "含湿量"
```

从超市返回的空气 15% 被排到室外，85% 作为回风和新风混合至状态点 2。根据干空气和水蒸气的质量守恒以及能量守恒，有方程式如下：

```
"回风和新风混合至状态点 2"
q_m[6] = 0. 85 * q_m[5]                  "85% 的回风"
q_m[2] = q_m[1] + q_m[6]                 "混合后干空气质量流量"
```

```
w[2] * q_m[2] = q_m[1] * w[1] + q_m[6] * w[5]          "水蒸气质量守恒"
q_m[1] * h[1] + q_m[6] * h[5] = q_m[2] * h[2]          "能量守恒"
T[2] = temperature(AirH2O, P = p_atm, w = w[2], h = h[2])   "温度"
```

混合后的空气经过冷却盘管冷却除湿至饱和状态点 3。根据干空气质量守恒和能量守恒，可以计算出冷却盘管的换热量，有方程式如下：

```
"经冷却盘管至状态点 3"
w[3] = w[4]                                            "水蒸气质量守恒"
rh[3] = 1                                              "饱和湿空气"
q_m[3] = q_m[2]                                        "干空气质量守恒"
PHI_C = q_m[3] * (h[2]-h[3])                           "换热量"
h[3] = enthalpy(AirH2O, P = p_atm, w = w[3], R = rh[3])   "比焓"
T[3] = temperature(AirH2O, P = p_atm, w = w[3], R = rh[3])   "温度"
```

从冷却盘管出来的空气经加热盘管再热至状态点 4，根据质量守恒和能量守恒，可以计算出加热盘管的换热量，有方程式如下：

```
"经加热盘管再热至状态点 4"
PHI_H = (h[4]-h[3]) * q_m[4]                           "换热量"
```

单击 "Solve" 按钮求解，单击 "Array" 按钮可以查看各个状态点的参数信息，单击 "Solution" 按钮查看计算结果，可得冷却盘管的换热量 $\Phi_C = 81.63\text{kW}$，加热盘管的换热量 $\Phi_H = 24.58\text{kW}$，新风状态点 1 的含湿量为 $w_1 = 0.0233\text{kg/kg}$，经过处理后送入室内的空气状态点 4 的含湿量为 $w_4 = 0.00682\text{kg/kg}$，含湿量明显下降。

叠加了空调系统状态点参数信息的温-湿图如图 3-12 所示。图中未显示状态点 6，因为在温-湿图上状态点 5 和 6 是同一个点，区别仅在于空气质量流量不同。图中 1-2-5（6）即为新风和回风混合的过程，2-3 为经过冷却盘管降温除湿的过程，3-4 为经过加热盘管再热的过程。

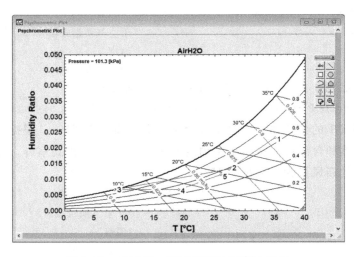

图 3-12　定风量一次回风空调系统温-湿图

定风量一次回风空调系统中回风的比例对空调的经济性有很大的影响，在例 3-6 对应的 EES 程序中建立 Parametric Table，改变回风比例 x，画出冷却盘管的换热量 Φ_C 随回风比例 x 的变化曲线，可以直观地观察其变化趋势。EES 程序详见本书电子资料程序 "例 3-6 一次回风系统改变回风比 .EES"，在该程序中单击 "Parametric Table" 按钮可以查看计算结果，单击 "Plot Windows" 按钮可以查看变化曲线。

计算可得，随着回风比例 x 的增加，冷却盘管的换热量 Φ_C 随之减小。改变回风比例 x 时，加热盘管的换热量 Φ_H 不变是因为经冷却盘管处理后的空气状态点 3 是饱和湿空气，其含湿量和送风状态点 4 相同，因此温度不变。点 3 和点 4 都是固定的点，则加热盘管的换热量不发生变化。

通过增加回风比例，可以减少空调系统夏季需要的冷量和冬季需要的热量。回风比例越高，空调的经济性越好，但是不能无限制地增加回风量，因为要保证室内人员卫生需求和房间正压要求。

3.2.2　定风量二次回风空调系统

定风量一次回风空调系统存在冷热量抵消的问题。这是因为控制空调的机器露点比较容易实现，而为了保证空调精度又不得不限制送风温差，所以才采取了先将空气冷却减湿到机器露点，然后再加热到送风状态的办法。使用定风量二次回风空调系统可以减少一次回风空调系统中能量浪费的问题。

定风量一次回风和二次回风空调系统的区别在于：一次回风系统中回风与室外新风在表冷器前混合一次；二次回风系统中室外新风与一次回风在表冷器前混合，经过热湿处理后再次与二次回风混合。二次回风可以部分代替再热器。定风量二次回风空调系统示意图如图 3-13 所示。

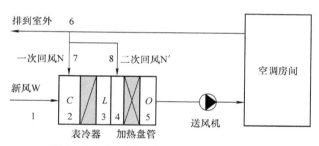

图 3-13　定风量二次回风空调系统示意图

夏季的运行工况为：室内空气一部分排到室外，另一部分作为回风。室外新风 W 和一次回风 N 混合为状态点 C，冷却除湿至状态点 L，再和二次回风 N′ 混合至送风状态点 O，夏季可以不经加热盘管再热，也可以通过再热控制送风温度，送风机将处理好的空气送入空调房间。

冬季的运行工况为：室内空气一部分排到室外，另一部分作为回风。室外新风 W 和一次回风 N 混合为状态点 C，绝热加湿至状态点 L，再和二次回风 N′ 混合后，经加热盘管再热至送风状态点 O，送风机将处理好的空气送入空调房间。如果此时的冬季新风百分比小于系统要求的最小新风百分比，室外新风需要先预热再和一次回风混合，或者新风和一次回风先混合后预热。

下面通过例 3-7 来介绍使用 EES 对定风量二次回风空调系统的计算和分析过程。本例的 EES 程序详见本书电子资料程序"例 3-7 定风量二次回风空调系统 . EES"。

例 3-7　夏季室外空气状态点 1 温度为 35℃，相对湿度为 60%；送入空调室内的空气状态点 5 的温度为 19℃，相对湿度为 70%，送风量为 2160m³/h；从空调室内返回的空气状态点 6 的温度为 26℃，相对湿度为 50%，其中 20% 被排到室外，45% 作为一次回风，35% 作为二次回风。新风状态点 1 和一次回风（状态点 7）混合至状态点 2，经过冷却盘管冷却除湿，在饱和条件下（状态点 3）从冷却盘管中排出，饱和湿空气和二次回风（状态点 8）混合至状态点 4，经过加热盘管再热至送风状态点 5 送入室内。使用 EES 计算冷却盘管和加热盘管中的换热量。

解 在 EES 中，首先使用$UnitSystem 指令指定单位系统。使用$TabStop 指令设置格式，使同一行中代码与注释分开对齐。

```
$UnitSystem SI C kPa kJ mass
$TabStops 0. 2 4 in
```

已知送风状态点 5 的参数如下：温度为 19℃，相对湿度为 70%，送风量为 2160m³/h，压力为 101.325kPa。根据已知参数可以确定状态点 5 的干空气质量流量、空气比焓以及含湿量。

```
"送风状态点 5"
q_v[5] = 2160/3600 [m^3/s]                              "送风量"
T[5] = 19 [C]                                           "温度"
rh[5] = 0.70                                            "相对湿度"
p_atm = 101.325 [kPa]                                   "大气压"
v[5] = volume(AirH2O,P = p_atm,T = T[5],R = rh[5])      "比体积"
q_m[5] = q_v[5]/v[5]                                    "干空气质量流量"
h[5] = enthalpy(AirH2O,P = p_atm,T = T[5],R = rh[5])    "比焓"
w[5] = humrat(AirH2O,P = p_atm,T = T[5],R = rh[5])      "含湿量"
```

已知室内空气状态点 6 的参数如下：温度为 26℃，相对湿度为 50%。根据已知参数可以确定状态点 6 的空气比焓和含湿量。

```
"室内空气状态点 6"
q_m[6] = q_m[5]                                         "干空气质量守恒"
T[6] = 26 [C]                                           "温度"
rh[6] = 0.50                                            "相对湿度"
h[6] = enthalpy(AirH2O,P = p_atm,T = T[6],R = rh[6])    "比焓"
w[6] = humrat(AirH2O,P = p_atm,T = T[6],R = rh[6])      "含湿量"
```

已知新风状态点 1 的参数如下：温度为 35℃，相对湿度为 60%。根据已知参数可以确定状态点 1 的空气比焓和含湿量。从空调室内返回的空气 20% 被排到室外，根据干空气质量守恒可知，需要补充的新风量为送风量的 20%。

```
"新风状态点 1"
q_m[1] = 0.20 * q_m[6]                                  "干空气质量流量"
T[1] = 35 [C]                                           "温度"
rh[1] = 0.60                                            "相对湿度"
h[1] = enthalpy(AirH2O,P = p_atm,T = T[1],R = rh[1])    "比焓"
w[1] = humrat(AirH2O,P = p_atm,T = T[1],R = rh[1])      "含湿量"
```

从空调室内返回的空气 20% 被排到室外，45% 作为一次回风（状态点 7）和新风状态点 1 混合至状态点 2。根据干空气和水蒸气的质量守恒以及能量守恒，有方程式如下：

```
"一次回风和新风混合至状态点 2"
q_m[7] = 0.45 * q_m[6]                                  "45% 的一次回风"
q_m[2] = q_m[1] + q_m[7]                                "干空气质量守恒"
w[2] * q_m[2] = q_m[1] * w[1] + q_m[7] * w[6]           "水蒸气质量守恒"
q_m[1] * h[1] + q_m[7] * h[6] = q_m[2] * h[2]           "能量守恒"
T[2] = temperature(AirH2O,P = p_atm,w = w[2],h = h[2])  "温度"
```

混合后的空气经过冷却盘管冷却除湿至饱和状态点 3。根据干空气质量守恒和能量守恒，可以计算出冷却盘管的换热量，有方程式如下：

```
"经冷却盘管至状态点 3"
rh[3] = 1                                          "饱和湿空气"
q_m[3] = q_m[2]                                    "干空气质量守恒"
PHI_C = q_m[3] * (h[2]-h[3])                       "换热量"
h[3] = enthalpy(AirH2O,P = p_atm,w = w[3],R = rh[3])   "比焓"
T[3] = temperature(AirH2O,P = p_atm,w = w[3],R = rh[3]) "温度"
```

从空调室内返回的空气 35% 作为二次回风（状态点 8）和从冷却盘管出来的空气状态点 3 混合至状态点 4。根据干空气和水蒸气的质量守恒以及能量守恒，有方程式如下：

```
"和二次回风混合至状态点 4"
q_m[8] = 0.35 * q_m[6]                             "35% 的二次回风"
q_m[4] = q_m[3] + q_m[8]                           "干空气质量守恒"
w[6] * q_m[8] + w[3] * q_m[3] = q_m[4] * w[4]      "水蒸气质量守恒"
q_m[8] * h[6] + q_m[3] * h[3] = q_m[4] * h[4]      "能量守恒"
T[4] = temperature(AirH2O,P = p_atm,w = w[4],h = h[4])  "温度"
```

混合后的空气状态点 4 经加热盘管再热至状态点 5，根据质量守恒和能量守恒，可以计算出加热盘管的换热量，有方程式如下：

```
"经加热盘管再热至送风状态点 5"
w[5] = w[4]                                        "水蒸气质量守恒"
PHI_H = (h[5]-h[4]) * q_m[5]                        "换热量"
```

单击 "Solve" 按钮求解，单击 "Solution" 按钮查看计算结果，可得冷却盘管的换热量 $\Phi_C = 25.11\mathrm{kW}$，加热盘管的换热量 $\Phi_H = 6.367\mathrm{kW}$。单击 "Array" 按钮查看各个状态点的参数信息，可得新风和一次回风混合后的空气温度 T_2 为 28.8℃，经冷却除湿后的空气温度 T_3 为 1.678℃，饱和湿空气和二次回风混合后的空气温度 T_4 为 10.27℃。新风状态点 1 的含湿量为 $w_1 = 0.02144\mathrm{kg/kg}$，经过处理后送入室内的空气状态点 5 的含湿量为 $w_5 = 0.00682\mathrm{kg/kg}$，含湿量明显下降。

叠加了空调系统状态点参数信息的温-湿图如图 3-14 所示。

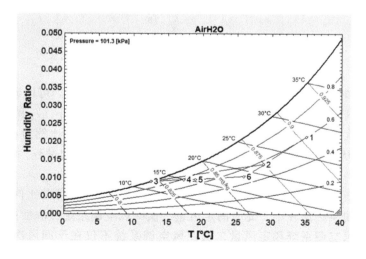

图 3-14　定风量二次回风空调系统温-湿图

图 3-14 中未显示状态点 7 和 8，因为在温-湿图上状态点 6、7 和 8 是同一个点，区别仅在于空气质量流量。1-2-6（7）为新风和一次回风混合的过程，2-3 为经过冷却盘管降温除湿的

过程，3-4-6（8）为饱和湿空气和二次回风混合的过程，4-5 为经过加热盘管再热的过程。

在 3.2.1 节中，已经阐述了定风量一次回风空调系统中回风比例，即新风量对系统经济性的影响。在定风量二次回风空调系统中，如果保持新风量不变，改变一次回风和二次回风的比例，对系统的运行状况和经济性同样有明显的影响。

在例 3-7 中对应的 EES 程序中建立 Parametric Table，改变一次回风比例 x，并根据计算结果绘制变化曲线，观察冷却盘管和加热盘管的换热量 Φ_C 和 Φ_H 以及空气温度 T_3 和 T_4 随一次回风比例 x 的变化趋势。EES 程序详见本书电子资料程序"例 3-7 二次回风系统改变回风比.EES"，在该程序中单击"Parametric Table"按钮可以查看计算结果，单击"Plot Windows"按钮可以查看变化曲线。

计算可得：当一次回风比例 x 从 0.3 ~ 0.8 变化时，即二次回风比例从 0.5 ~ 0 变化时，经冷却除湿后的空气温度 T_3 随 x 的升高而升高，从 11.92℃ 升高至 13.41℃，饱和湿空气和二次回风混合后的空气温度 T_4 随 x 的升高而降低，从 18.97℃ 降低至 13.41℃，冷却盘管和加热盘管的换热量 Φ_C 和 Φ_H 随 x 的升高而增大。

冷却盘管和加热盘管的换热量 Φ_C 和 Φ_H 随一次回风比例 x 的变化曲线如图 3-15 所示。可以看到，随着一次回风比例 x 的增加，冷却盘管和加热盘管的换热量 Φ_C 和 Φ_H 随之不断增大，趋势保持一致。

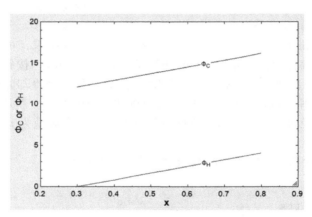

图 3-15　换热量 Φ_C 和 Φ_H 随一次回风比例 x 的变化曲线

空气温度 T_3 和 T_4 随一次回风比例 x 的变化曲线如图 3-16 所示。可以看到，随着一次回风比例 x 的增加，空气温度 T_3 不断升高，空气温度 T_4 不断下降。此外，T_3 和 T_4 随着 x 的增加逐渐接近，直至当一次回风比例为 0.8 时，两者相等，此时二次回风比例为 0。因为空气温度从 T_3 到 T_4 的过程即是从冷却盘管出来的饱和湿空气和二次回风混合的过程，二次回风比例越小，温度变化越小。

总的来看，当新风量不变，一次回风比例 x 较小时，即二次回风比例较大时，对应的冷却盘管和加热盘管的换热量较小，此时的定风量二次回风空调系统经济性更好。

定风量一次回风空调系统和定风量二次回风空调系统不仅在于回风次数的区别，其适用场合也有所不同。一次回风通常利用最大送风温差送风，当送风温差受限制时，利用再热满足送风温度的要求，适用于对送风温差要求不高的舒适性空调，以及室内散湿量较大（热湿比小）的场合。二次回风在相同的送风条件下，可以节省一次回风系统的再热热量，适用于送风温度受限而不允许利用热源再热，室内散湿量较小（热湿比大），或是对室内有恒温要求的场合。

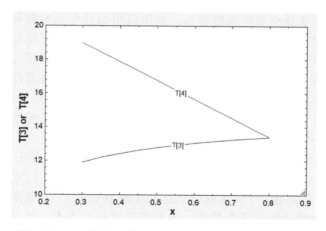

图 3-16　空气温度 T_3 和 T_4 随一次回风比例 x 的变化曲线

3.2.3　温湿度独立控制空调系统

在传统的空调系统中，室内的显热负荷和潜热负荷同时由表冷器处理。一般情况下显热负荷大于潜热负荷，可以通过温度相对较高的冷源去除，但是通常由一个温度较低的冷源连同潜热负荷一起处理，造成显著的能量损失。此外，传统的热湿处理方法会导致室内温度或湿度水平超出人体的舒适范围，需要通过再热解决此类问题，导致额外的能量损失。

不同于传统的空调系统，温湿度独立控制（Temperature and Humidity Independent Control，THIC）空调系统采用两个相互独立的系统分别对室内的温度和湿度进行调控，这样既可以使被控环境的温湿度同时满足要求，又可以完全避免再热，产生较大的节能效果。

THIC 空调系统分为温度控制系统和湿度控制系统。湿度控制系统通过送入含湿量低于室内设计状态的新风来承担室内潜热负荷，温度控制系统通过高温冷源承担室内显热负荷。当新风送风温度低于室内设计温度时，湿度控制系统还会承担部分室内显热负荷，此时温度控制系统承担剩余的室内显热负荷。某建筑采用的 THIC 空调系统示意图如图 3-17 所示。

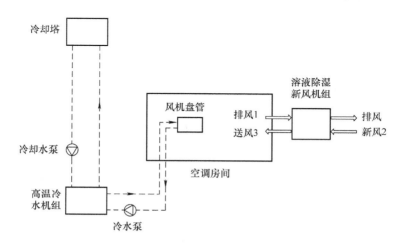

图 3-17　某建筑采用的 THIC 空调系统示意图

在 THIC 空调系统中，湿度控制系统的主要设备为新风机组，例如溶液除湿新风机组、转轮除湿新风机组、间接蒸发冷却新风机组等。新风机组的任务是对新风进行处理，得到干燥的空气，排除室内余湿，保持室内空气品质。温度控制系统的主要设备包括高温冷源（一般为高温冷水机组）及其输配系统、末端显热处理设备。温度控制系统需要的冷水温度一般为 15 ~ 20℃，在合适的场合利用自然冷源如地下水、地表水等作为高温冷源就能够满足冷水需求。末端显热设备包括以对流换热为主的干式风机盘管和以辐射换热为主的辐射板。

下面通过例 3-8 来介绍使用 EES 对 THIC 空调系统的计算和分析过程。本例的 EES 程序详见本书电子资料程序"例 3-8 温湿度独立控制空调系统 . EES"。

例 3-8 某办公建筑采用如图 3-17 所示的 THIC 空调系统，办公室内设计参数为温度 26℃，相对湿度为 55%；室外空气温度为 35℃，相对湿度为 60%；室内产湿量为 5400g/h，室内显热负荷为 12kW，满足卫生要求的最小新风量为 1080m³/h。使用 EES 计算在该新风量下要承担室内全部湿负荷时的送风含湿量，确定新风送风状态点，并计算湿度控制系统和温度控制系统各自需要承担的热负荷以及冷却盘管和加热盘管中的换热量。

解 在 EES 中，首先使用 $UnitSystem 指令指定单位系统。使用 $TabStop 指令设置格式，使同一行中代码与注释分开对齐。

```
$UnitSystem SI C kPa kJ mass
$TabStops 0. 2 4 in
```

已知室内设计参数如下：温度 26℃，相对湿度为 55%，压力为 101. 325kPa。根据已知参数可以确定室内空气状态点 1 的比焓以及含湿量。

```
"室内设计参数，状态点 1"
T[1] = 26 [C]                                    "温度"
rh[1] = 0. 55                                    "相对湿度"
p_atm = 101. 325 [kPa]                           "大气压"
h[1] = enthalpy(AirH2O, P = p_atm, T = T[1], R = rh[1])    "比焓"
w[1] = humrat(AirH2O, P = p_atm, T = T[1], R = rh[1])     "含湿量"
```

已知室外空气的参数如下：温度为 35℃，相对湿度为 60%，压力为 101. 325kPa。根据已知参数可以确定室外空气状态点 2 的比焓以及含湿量。

```
"室外空气参数，状态点 2"
T[2] = 35 [C]                                    "温度"
rh[2] = 0. 60                                    "相对湿度"
h[2] = enthalpy(AirH2O, P = p_atm, T = T[2], R = rh[2])    "比焓"
w[2] = humrat(AirH2O, P = p_atm, T = T[2], R = rh[2])     "含湿量"
v[2] = volume(AirH2O, P = p_atm, T = T[2], R = rh[2])     "比体积"
```

对 THIC 空调系统中的湿度控制系统进行计算。已知室内产湿量为 5400g/h，满足卫生要求的最小新风量为 1080m³/h，在该新风量下可以计算排出室内潜热负荷所需的新风含湿量。假设经过新风机组处理后的空气为状态点 3，根据水蒸气质量守恒有以下方程：

```
"湿度控制系统"
W = 0. 0015 [kg/s]                               "室内产湿量"
q_v = 0. 30 [m^3/s]                              "新风量"
q_m = q_v/v[2]                                   "干空气质量流量"
"新风送风状态点 3"
W = q_m * (w[1]-w[3])                            "水蒸气质量守恒"
```

但是想要确定新风送风状态点 3，还需要知道送风温度。不同形式的新风机组对新风的处理过程原理不同，新风送风温度没有特殊要求，但是考虑到送风温度对人体舒适性的影响，应选取合理的送风温度。在本例中,选取新风送风温度为 20℃。根据送风温度和含湿量可以计算得送风状态点 3 的相对湿度和含湿量,如下所示:

```
T[3] = 20 [C]                                        "温度"
rh[3] = relhum(AirH2O,P = p_atm,T = T[3],w = w[3])   "相对湿度"
h[3] = enthalpy(AirH2O,P = p_atm,T = T[3],w = w[3])  "比焓"
```

显然,由于新风送风温度低于室内设计温度,湿度控制系统会承担部分室内显热负荷,剩余的室内显热负荷由温度控制系统承担。计算湿度控制系统承担的潜热负荷和显热负荷的总和 Φ_H,如下所示:

```
"湿度控制系统承担的总热负荷"
PHI_H = q_m * (h[2]-h[3])
```

计算 Φ_H 中包含的显热负荷 Φ_{HS} 如下所示。需要注意,由于计算的是显热负荷,应使用干空气的比定压热容,而非湿空气的比定压热容。

```
"湿度控制系统承担的显热负荷"
C_p = cp(Air_ha,P = p_atm,T = (T[1] + T[3])/2)       "干空气比定压热容"
PHI_HS = q_m * C_p * (T[1]-T[3])
"室内总显热负荷"
PHI_S = 12 [kW]
"温度控制系统承担的显热负荷"
PHI_T = PHI_S-PHI_HS
```

单击 "Solve" 按钮求解,单击 "Array" 按钮查看数组表,可得新风送风状态点 3 的参数如下:温度为 20℃,含湿量为 0.00705kg/kg,相对湿度为 48.56%。单击 "Solution" 按钮查看计算结果,可得湿度控制系统承担的总热负荷 $\Phi_H = 17.34$kW,湿度控制系统承担的显热负荷 $\Phi_{HS} = 2.006$kW,温度控制系统承担的显热负荷 $\Phi_T = 9.994$kW。

叠加了湿度控制系统状态点参数信息的温-湿图如图 3-18 所示。图中 2-3 为室外新风经新风机组处理的过程,处理后的新风送风的含湿量低于室内空气状态点 1 的含湿量。

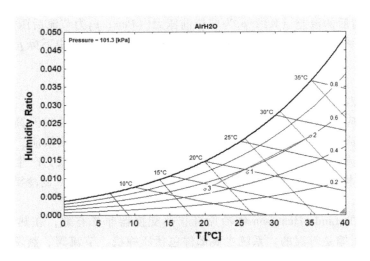

图 3-18 THIC 空调系统温-湿图

在例 3-8 中,选取的新风送风温度低于室内空气温度,因此湿度控制系统承担了部分室内显热负荷。如果新风送风温度高于室内空气温度,则湿度控制系统不再承担室内显热负荷,温度控制系统除了承担全部室内显热负荷外,还应承担因新风送风带来的显热负荷。

为了便于观察新风送风温度对温度控制系统和湿度控制系统各自承担的热负荷的影响，在 EES 程序中建立 Parametric Table，改变新风送风温度 T_3，设定 T_3 从 20℃变化至室外空气温度 35℃，并根据计算结果画出 Φ_H、Φ_{HS} 和 Φ_T 随温度 T_3 的变化曲线。EES 程序详见本书电子资料程序"例 3-8 THIC 空调 改变送风温度 .EES"，在该程序中单击"Parametric Table"按钮可以查看计算结果，单击"Plot Windows"按钮可以查看变化曲线。

计算可得：随着新风送风温度的升高，湿度控制系统承担的总热负荷 Φ_H 逐渐减小；Φ_{HS} 由正到负，$\Phi_{HS} > 0$ 表示湿度控制系统承担了部分室内显热负荷，$\Phi_{HS} < 0$ 表示湿度控制系统增加了室内显热负荷；温度控制系统承担的室内显热负荷 Φ_T 逐渐增大。

在 THIC 系统的计算和分析中，在已知室内湿负荷和显热负荷后，关键在于要确定湿度控制空调系统中的新风量和送风的含湿量。新风量的选取一般要依照以下三点：①满足人员卫生要求的最低新风量；②满足去除室内全部湿负荷的要求，保证独立新风的除湿能力；③考虑新风机组的除湿极限，送风含湿量不能低于新风机组的最低送风含湿量。

3.3　低温系统设计及分析

3.3.1　高压氩气节流制冷系统

高压氩气节流制冷系统的工作原理是焦耳-汤姆孙效应，即实际流体绝热节流前后温度随压力的变化，又称为微分节流效应 α_h，其定义如式（3-27）所示，其中下标 h 表示焓值不变。

$$\alpha_h = \left(\frac{\partial T}{\partial p}\right)_h \tag{3-27}$$

式中，T 为温度（K）；p 为压力（Pa）。

根据微分节流效应，可得积分节流效应如式（3-28）所示。

$$\Delta T = \int_{p_1}^{p_2} \alpha_h \mathrm{d}p \tag{3-28}$$

式中，ΔT 为节流前后的温差（K）；p_1 为节流前压力（Pa）；p_2 为节流后压力（Pa）。

根据热力学关系，微分节流效应也可以表示为式（3-29），其中下标 p 表示压力不变。

$$\alpha_h = \frac{1}{c_p}\left[T\left(\frac{\partial v}{\partial T}\right)_p - v\right] \tag{3-29}$$

式中，c_p 为比定压热容 $[\mathrm{J}/(\mathrm{kg} \cdot \mathrm{K})]$；$v$ 为比体积（m^3/kg）。

当微分节流效应 $\alpha_h > 0$，微小压降节流后温度降低，反之则温度升高，$\alpha_h = 0$ 时温度不变。对于实际的节流过程，节流前后的温度变化对应的是积分节流效应。积分节流效应取决于工质的种类和节流前后的状态，氩气在环境温度下节流温度降低，产生制冷效应。高压氩气节流制冷系统的本质为一次节流制冷循环，又称为 Linde-Hampson 制冷循环，其理想循环示意图如图 3-19 所示。

假设一个理想的 Linde-Hampson 制冷循环，热交换器非常有效，在热端没有温差（$T_1 = T_5$），没有漏热，压缩是等温的。系统主要部件包括压缩机、节流阀、蒸发器和热交换器。高压氩气节流制冷系统常用作低温器械"氩氦刀"的低温探针，用高压气源来代替压缩机，高压氩气在常温下节流快速制冷，循环为开式制冷循环。

理想 Linde-Hampson 制冷循环包括五个不同的过程：三个恒压过程（其中一个在两相区，所以也是恒温过程），一个恒温过程，以及一个等焓膨胀过程。循环的温-熵（T-s）图如图 3-20所示。

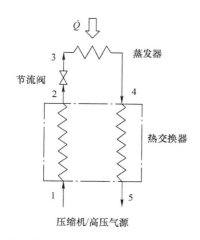
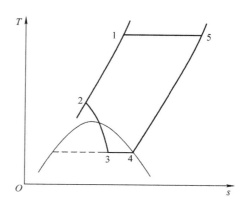

图 3-19　理想 Linde-Hampson 制冷循环示意图　　图 3-20　Linde-Hampson 制冷循环温-熵图

1-2：等压降温过程，$p_1 = p_2$，制冷剂流过热交换器，排出热量并且温度降低。状态点 1 表示热交换器高压通道的入口状态，状态点 2 是热交换器出口和节流阀入口处的状态。

2-3：等焓节流过程，$h_2 = h_3$，制冷剂通过节流装置，压力降低，从高压 p_2 降至 p_3，低于临界压力，同时相应的温度从 T_2 降至 T_3。等焓节流是积分节流效应，它对这个热力学循环的运行至关重要。单相流（状态点 2）节流膨胀后变为两相流（状态点 3）。

3-4：等温蒸发过程，$T_3 = T_4$，$p_3 = p_4$，制冷剂在蒸发器蒸发吸热，在状态点 4 液体部分完全蒸发。

4-5：等压升温过程，$p_4 = p_5$，制冷剂流过热交换器，释放热量并且温度升高。

5-1：等温压缩过程，$T_1 = T_5$，压力从 p_5 上升到 p_1，压缩过程中产生的热量通过外部冷却回路去除，以保持温度在环境温度。假设热交换器是理想的，满足 $T_1 = T_5$ 的条件。对于用高压气源代替压缩机的开式循环，状态点 1 为高压进气，状态点 5 为低压排气。

从能量守恒可以看出，热交换器中 1-2 和 4-5 过程的焓差相同，即

$$h_5 - h_4 = h_1 - h_2 \tag{3-30}$$

这是理想 Linde-Hampson 制冷循环的一个关键特征。对于整个循环，由能量守恒可得

$$(h_1 - h_2) + (h_2 - h_3) + (h_3 - h_4) + (h_4 - h_5) + (h_5 - h_1) = 0 \tag{3-31}$$

已知 $h_2 = h_3$，可得

$$h_4 - h_3 = h_5 - h_1 \tag{3-32}$$

即蒸发吸热等于热交换器热端焓差，这个方程是代表制冷机的基本方程。可以看到，循环实现冷却的必要条件是 $h_5 > h_1$，热交换器入口高压流的比焓必须小于出口低压流的比焓，或者说压缩机出口的比焓必须小于压缩机入口比焓。

下面通过例3-9来介绍使用 EES 对理想 Linde-Hampson 制冷循环的计算和分析过程。本例的 EES 程序详见本书电子资料程序 "例3-9 理想 Linde-Hampson 循环 . EES"。

例 3-9　假设一个理想的 Linde-Hampson 制冷循环，如图 3-19 所示，使用氩气作为制冷剂，流量为 1g/s。热交换器高压通道的入口状态点 1 的温度为 300K，压力为 20MPa。节流阀出口处状态点 3 的压力为 0.25 MPa。使用 EES 对此 Linde-Hampson 制冷循环进行计算和分析。

解　在 EES 中，首先使用$UnitSystem 指令指定单位系统，此例中使用国际单位制。其次使用$TabStop 指令设置格式，使同一行中代码与注释分开对齐。

```
$UnitSystem SI Mass J K MPa
$TabStops 0. 2 4 in
```

已知使用氩气作为制冷剂，质量流量为 1g/s。

```
R$ = 'Argon'                                      "制冷剂"
q_m = 1e-3 [kg/s]                                 "质量流量"
```

已知热交换器高压通道的入口状态点 1 的温度为 300K，压力为 20MPa，可以确定点 1 的比熵和比焓。

```
"状态点 1，压缩机出口，热交换器高压通道入口"
T[1] = 300 [K]                                    "温度"
p[1] = 20 [MPa]                                   "压力"
s[1] = entropy(R$,T = T[1],P = p[1])              "比熵"
h[1] = enthalpy(R$,T = T[1],P = p[1])             "比焓"
```

过程 1-2 为等压降温，即 $p_1 = p_2$，高压氩气流过热交换器与低压回流气体换热，温度降低。状态点 2 为热交换器高压通道出口和节流阀入口处的状态，在后面的计算中根据式（3-30）可以确定状态点 2 的比焓，从而确定状态点 2 的温度和比熵。

```
"状态点 2，热交换器高压通道出口，节流阀入口"
p[2] = p[1]                                       "等压降温"
T[2] = temperature(R$,h = h[2],P = p[2])          "温度"
s[2] = entropy(R$,T = T[2],P = p[2])              "比熵"
```

过程 2-3 为等焓节流，即 $h_2 = h_3$，高压制冷剂节流降压，同时温度降低，制冷剂液体变为气液两相。已知节流阀出口处状态点 3 的压力为 0.25MPa，输入已知参数。由于状态点 3 为气液两相，可以根据压力确定温度。

```
"状态点 3，节流阀出口，蒸发器入口"
p[3] = 0.25 [MPa]                                 "压力"
T[3] = T_sat(R$,P = p[3])                         "温度"
h[3] = h[2]                                       "等焓节流"
s[3] = entropy(R$,h = h[3],P = p[3])              "比熵"
```

过程 3-4 为等温蒸发，即 $T_3 = T_4$，$p_3 = p_4$，制冷剂在蒸发器蒸发吸热，认为液体完全蒸发，蒸发器出口状态点 4 为饱和蒸气。

```
"状态点 4，蒸发器出口，热交换器低压通道入口"
T[4] = T[3]                                       "恒温"
p[4] = p[3]                                       "恒压"
x[4] = 1                                          "饱和状态"
h[4] = enthalpy(R$,T = T[4],x = x[4])             "比焓"
s[4] = entropy(R$,T = T[4],x = x[4])              "比熵"
```

过程 4-5 为等压升温，即 $p_4 = p_5$，低压氩气回流通过热交换器与高压氩气换热，温度升高。又已知过程 5-1 为等温压缩，从而可以确定状态点 5 的温度和压力，进而计算出比焓和比熵。

```
"状态点 5，热交换器低压通道出口，压缩机入口"
T[5] = T[1]                                       "等温压缩"
p[5] = p[4]                                       "等压升温"
```

```
h[5] = enthalpy(R$,T = T[5],P = p[5])          "比焓"
s[5] = entropy(R$,T = T[5],P = p[5])           "比熵"
```

对于理想热交换器，由能量守恒可以计算出状态点 2 的比焓。

```
"热交换器能量守恒"
h[5]-h[4] = h[1]-h[2]                          "理想热交换器"
```

对于闭式制冷循环，等温压缩 5-1 过程中，压缩机做功的同时会放热，需要通过外部冷却回路移除热量，以保证温度恒定。由式（3-32）可知，蒸发过程 3-4 的制冷量等于压缩机出入口状态点 5 和 1 的焓差。循环的性能分析如下：

```
"循环性能分析"
PHI_r = q_m * T[1] * (s[5]-s[1])               "压缩过程放热量"
P = q_m * (h[1]-h[5]) + PHI_r                  "压缩机输入功"
PHI_evap = q_m * (h[4]-h[3])                   "制冷量"
COP = PHI_evap/P                               "性能系数"
```

对于高压氩气节流制冷系统，一般用高压气源代替压缩机，因此状态点 1 为高压进气，状态点 5 为低压排气，只需要计算制冷量，不需要计算压缩功和压缩过程与外部冷却回路的换热量。

单击"Solve"按钮求解，单击"Array"按钮查看数组表，可得节流阀入口状态点 2 的温度为 192.3K，出口状态点 3 的温度为 96.85K。

单击"Solution"按钮查看计算结果，可得循环的制冷量 $\varPhi_{evap}$ = 32.43W，压缩功 P = 268.3W，等温压缩过程放热量 $\varPhi_r$ = 300.7W，循环的性能系数 COP = 0.1209。可以看到，即使是理想循环，节流制冷循环的性能系数也远远小于同温度区间下卡诺循环的性能系数。

叠加了制冷循环状态点参数信息的压-焓图如图 3-21 所示。从图中可以直观地看到：1-2 为等压降温过程，2-3 为等焓节流过程，3-4 为等温等压蒸发过程，4-5 为等压升温过程，5-1 为等温压缩过程。

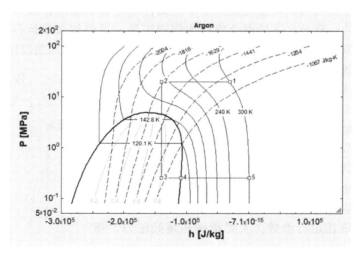

图 3-21　Linde-Hampson 制冷循环压-焓图

在例 3-9 的分析中，假设了一个理想的 Linde-Hampson 制冷循环，其性能系数远低于卡诺循环。真实系统的热交换器效能不是 100%，存在热泄漏，而且制冷剂流动过程中有压力损失，压缩也不是等温的，其性能系数相比于例 3-9 的计算结果会更低。

和压缩式制冷系统相同，改变节流制冷系统的温度和压力会影响循环的性能指标。

1. 节流前后压力

在例 3-9 对应的 EES 程序中建立两个 Parametric Table，分别改变例 3-9 所述的 Linde-Hampson 制冷循环中的节流前后压力 p_1 和 p_3，根据表格画出制冷量和 COP 随 p_1 和 p_3 变化的曲线。EES 程序详见本书电子资料程序"例 3-9 Linde 循环改变节流前后压力.EES"，在该程序中单击"Parametric Table"按钮可以查看计算结果，单击"Plot Windows"按钮可以查看变化曲线。

可以看到：保持节流后压力 p_3 不变提高节流前压力 p_1，相当于提高了压缩机出口处的压力，制冷量 Φ_{evap}、压缩功 P 和性能系数 COP 随之增大；保持节流前压力 p_1 不变提高节流后压力 p_3，相当于提高了蒸发温度 T_3 和压缩机入口处的压力 p_5，因此制冷量 Φ_{evap} 和压缩功 P 随之减小，同时性能系数 COP 随之增大。

2. 外部预冷

高压氩气节流制冷系统主要是用作低温器械，例如"氩氦刀"，其核心部件低温探针就是一个微型节流制冷机。系统制冷量对于低温探针的设计是一个关键指标。节流前温度越低，等焓节流损失越小，制冷效果越好。为了减少节流损失，可以通过外部预冷降低高压进气温度，对于闭式循环相当于在压缩机和热交换器之间增加一个冷却器，以提高制冷量。

改变例 3-9 中热交换器高压进气温度 T_1，在对应的 EES 程序中建立 Parametric Table，根据计算结果画出制冷量随高压进气温度 T_1 变化的曲线，可以直观地观察其变化趋势。EES 程序详见本书电子资料程序"例 3-9 Linde 循环改变进气温度.EES"，在该程序中可以查看计算结果和变化曲线。计算可得，随着高压进气温度 T_1 的降低，节流前温度 T_2 降低，制冷量 Φ_{evap} 随之增加。

3.3.2 混合工质节流制冷系统

节流制冷系统的工作性能受制冷工质的影响很大，使用纯气体作为制冷工质时系统的性能系数很低，且制冷温度可以调整的范围很小。混合制冷工质是两种及以上的纯工质按照一定的比例混合而成的。选择合适的混合物作为制冷工质，可以使系统运行压力大大降低，降低节流损失，提高节流制冷系统的制冷量和性能系数，并且能在不同的温区内使用。

混合工质节流制冷系统和纯工质节流制冷系统没有本质区别。实际应用中 Linde-Hampson 制冷循环示意图如图 3-22 所示，其中，过程 1-2 为绝热非等熵压缩过程，过程 2-3 为冷却和冷凝过程，其余过程与图 3-19 所示的理想循环相同。

采用混合物作节流工质的系统设计主要包括以下几点内容：①混合物组元的合理选择，要根据所要达到的制冷温度来考虑各组元的取舍；②混合物组元的最佳配比，即在给定的热力条件下系统达到最大效率时的混合物组元的摩尔分数；③混合物节流循环最佳运行参数，主要指循环高低压力、环境温度及制冷温度。

混合工质在热交换器中的换热过程相比于纯工质更加复杂。热交换器中冷热流体的最小传热温差称为夹点温差。对于逆流热交换器的热力学计算，一般给定冷热流体的进口温度和夹点温差，优化冷热流体的出口温度。

下面通过例 3-10 来介绍使用 EES 对混合工质节流制冷系统的计算和分析过程。本例的 EES 程序详见本书电子资料程序"例 3-10 混合工质节流制冷系

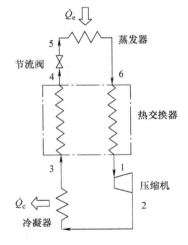

图 3-22 Linde-Hampson
制冷循环实际应用示意图

统 . EES"。

例 3-10　混合工质节流制冷系统示意图如图 3-22 所示，混合制冷剂的摩尔分数为 30%
N_2 + 30% CH_4 + 20% C_2H_6 + 20% C_3H_8。高温热源温度为 300K，低温热源温度为 150K。给定
冷凝器和高温热源之间的夹点温差为 2K，蒸发器和低温热源之间的夹点温差为 2K。循环高压
侧压力为 2.0MPa，低压侧压力为 0.3MPa，除节流阀外的压力损失忽略不计。假设热交换器
无漏热，给定热交换器中冷热流体的夹点温差为 2K。压缩机的等熵效率为 0.75。使用 EES 对
此混合工质节流制冷系统进行计算和分析。

解　通过在 EES 中调用 REFPROP 程序，可以计算混合制冷剂的物性数据。在调用 EES_
REFPROP 函数之前，首先要确保 EES_REFPROP. txt 文件位于 \ EES32 \ USERLIB \ 子目录
中，输入以下命令：

```
$INCLUDE C:\EES32\Userlib\EES_REFPROP\EES_REFPROP. txt
$TabStops 0. 2 5 in
```

注意根据实际情况填写 EES_REFPROP. txt 文件位置，默认位于 C 盘。

在默认情况下，EES_REFPROP 的输入与输出物性均基于单位摩尔，例如密度单位为 m^3/
kmol。可以输入$ConvertEESREFPROPUnits 指令，EES 会自动将 EES_REFPROP 的输入和输出
单位进行转换，使其与 EES 中设置的单位制一致，如下所示：

```
$ConvertEESREFPROPUnits
$UnitSystem SI Mass kJ K kPa
```

已知混合制冷剂的摩尔分数为 30% N_2 + 30% CH_4 + 20% C_2H_6 + 20% C_3H_8，如下所示：

```
混合制冷剂的摩尔分数"
R$ = 'NITROGEN + METHANE + ETHANE + PROPANE'          "制冷剂"
mf_728 = 0. 3                                          "R728 的摩尔分数"
mf_50 = 0. 3                                           "R50 的摩尔分数"
mf_170 = 0. 2                                          "R170 的摩尔分数"
```

过程 1-2 为非等熵压缩，已知压缩机等熵效率为 0.75，高压侧压力为 1.2MPa，调用 EES_
REFPROP，参数 MODE = PS（= 26），给定压力和比熵，计算等熵压缩过程对应的比焓，输出
中不需要的参数用空格省略。进而根据等熵效率计算点 2 的比焓、温度和干度（过冷液体 < 0，
过热蒸气 > 1）。

```
"过程 1-2 为压缩机中非等熵压缩,状态点 2 为压缩机出口"
eta = 0. 75                                            "等熵效率"
p_high = 2000 [kPa]                                    "高压"
p[2] = p_high
CALL EES_REFPROP(R$,PS,p[2],s[1],mf_728,mf_50,mf_170: , , , ,h_2s)
                                                       "等熵压缩对应的比焓"
h[2] = h[1] + (h_2s-h[1])/eta                          "点 2 比焓"
CALL EES_REFPROP(R$,PH,p[2],h[2],mf_728,mf_50,mf_170:T[2],,,,,,Q[2])
```

过程 2-3 为等压冷却和冷凝。已知高温热源温度为 300K，冷凝器和高温热源之间的夹点温
差为 2K，则冷凝器出口状态点 3 的温度计算如下：

```
"过程 2-3 为冷凝器中等压冷却和冷凝,状态点 3 为冷凝器出口"
T_H = 300 [K]                                          "高温热源温度"
DETLAT = 2 [K]                                         "夹点温差"
T[3]-T_H = DETLAT
```

调用 EES_REFPROP，参数 MODE = TP（= 12），给定温度和压力，计算状态点 3 的比焓
和干度，如下所示：

```
p[3] = p_high
CALL EES_REFPROP(R$,TP,T[3],p[3],mf_728,mf_50,mf_170: , , , ,h[3],,Q[3])
```

过程 3-4 为等压降温,混合制冷剂高压气体流过热交换器与低压回流气体换热,温度降低。在后面的计算中可以确定状态点 4 的比焓,调用 EES_REFPROP,参数 MODE = PH (=25),给定压力和比焓,计算状态点 4 的温度和干度。

```
"过程 3-4 为热交换器中等压降温,状态点 4 为高压通道出口"
p[4] = p_high                                    "等压降温"
CALL EES_REFPROP(R$,PH,p[4],h[4],mf_728,mf_50,mf_170:T[4],,,,,,Q[4])
```

过程 4-5 为等焓节流,即 $h_4 = h_5$。已知低压侧压力为 0.12MPa,调用 EES_REFPROP,参数 MODE = PH (=25),给定压力和比焓,计算状态点 5 的温度和干度。

```
"过程 4-5 为节流阀中等焓节流,状态点 5 为节流阀出口"
h[5] = h[4]                                      "等焓节流"
p_low = 300 [kPa]                                "低压"
p[5] = p_low
CALL EES_REFPROP(R$,PH,p[5],h[5],mf_728,mf_50,mf_170:T[5],,,,,,Q[5])
```

过程 5-6 为等压蒸发,与纯工质不同,非共沸混合工质等压蒸发时温度会上升,因此点 5 的温度低于点 6。已知低温热源温度为 213.15K,蒸发器和低温热源之间的夹点温差为 2K,则点 6 的温度计算如下:

```
T_L = 150 [K]                                    "低压热源温度"
T_L-T[6] = DETLAT                                "点 6 温度"
```

调用 EES_REFPROP,参数 MODE = PQ (=27),给定压力和温度,计算状态点 6 的比焓和干度。

```
"过程 5-6 为蒸发器中蒸发制冷,状态点 6 为蒸发器出口"
p[6] = p_low
CALL EES_REFPROP(R$,TP,T[6],p[6],mf_728,mf_50,mf_170: , , , ,h[6], ,Q[6])
```

过程 6-1 为等压升温,低压制冷剂回流通过热交换器和高压制冷剂换热升温。已知冷热流体的夹点温差为 2K,假设夹点在热端。调用 EES_REFPROP,参数 MODE = TP (=12),给定温度和压力,计算点 1 的比焓、比熵和干度。

```
"过程 6-1 为热交换器中等压升温,状态点 1 为低压通道出口"
p[1] = p_low
T[3]-T[1] = 2 [K]                                "假设夹点温差在热端"
CALL EES_REFPROP(R$,TP,T[1],p[1],mf_728,mf_50,mf_170: , , , ,h[1],s[1],Q[1])
```

由热交换器能量守恒可以计算出状态点 4 的比焓。

```
h[1]-h[6] = h[3]-h[4]                            "热交换器能量守恒"
```

为了验证夹点温差是否在热端,将热交换器中热流体 3-4 和冷流体 6-1 从冷端到热端分为 N 段,取 $N = 100$。假设冷热流体的比焓呈线性变化,计算出第 i 个节点的比焓 $h_{hot,i}$ 和 $h_{cool,i}$,$i = 0$,…,N。冷热流体的压力已知,调用 EES_REFPROP,参数 MODE = PH (=25),给定压力和比焓,计算第 i 个节点的温度 $T_{hot,i}$ 和 $T_{cool,i}$,$i = 1$,…,N。程序中变量 I [i] 即节点 i,用于绘图观察冷热流体温差随节点的变化。

```
"计算热交换器内冷热流体温差"
N = 100                                          "换热流程分为 N 段"
Duplicate i = 0,N
    I[i] = i                                     "节点 i,便于绘图"
    h_hot[i] = (h[3]-h[4])/N * i + h[4]          "假设比焓线性变化"
```

```
    h_cool[i] = (h[1]-h[6])/N * i + h[6]
   Call EES_REFPROP(R$,PH,p[4],h_hot[i],mf_12:T_hot[i])
   Call EES_REFPROP(R$,PH,p[6],h_cool[i],mf_12:T_cool[i])
    DELTAT[i] = T_hot[i]-T_cool[i]
End
DELTAT_min = min(DELTAT[0..100])                "最小温差"
```

循环的性能分析如下：

```
w_comp = h[2]-h[1]                              "压缩机比功"
phi_evap = h[6]-h[5]                            "单位制冷量"
COP = phi_evap/w_comp                           "性能系数"
```

单击“Solve”按钮求解，单击“Array”按钮查看数组表，截取部分内容如图 3-23 所示。可得蒸发器入口状态点 5 的温度为 142.4K，蒸发器出口状态点 6 的温度为 148K。

Arrays Table

Sort	Q_i	T_i	p_i	h_i
[0]				
[1]	998	300	300	591.4
[2]	998	449.4	2000	854.9
[3]	998	302	2000	575.6
[4]	0.4052	161.4	2000	79.73
[5]	0.5416	142.4	300	79.73
[6]	0.5594	148	300	95.51

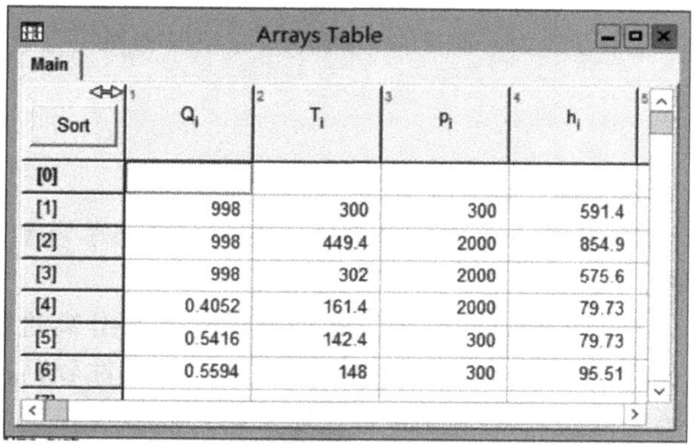

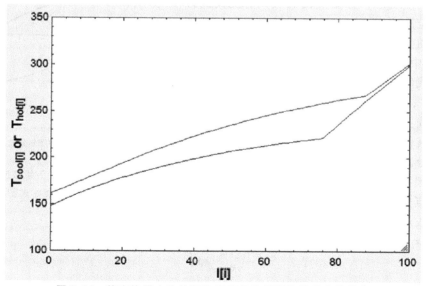

图 3-23　混合工质节流制冷系统状态点参数信息

单击“Solution”按钮查看计算结果，可得循环的单位制冷量 ϕ_{evap} = 15.78kJ/kg，等温压缩比功 w_{comp} = 263.5kJ/kg，按照等温压缩比功计算的性能系数 COP = 0.05989。

根据 Arrays Table 窗口显示的热交换器中 N 个节点的冷热流体温差信息，画出温差从冷端到热端的变化曲线如图 3-24 所示，图中两线间距表示冷热端温差。夹点温差在热端的假设无误。

图 3-24　热交换器中冷热流体温度从冷端到热端的变化曲线

叠加了制冷循环状态点参数信息的压-焓图如图 3-25 所示，图中 6-1 和 3-4 为热交换器中回热过程。

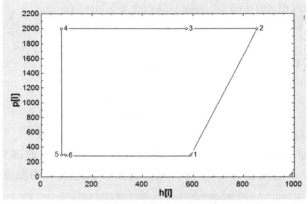

图 3-25　混合工质节流制冷系统压-焓图

3.3.3　空分系统

1. 林德单塔系统设计及分析

林德在 1902 年设计了他的第一台空气分馏塔。在介绍林德单塔系统之前，先对空气分离的理论知识进行简单介绍。

蒸馏指从混合物中蒸发更易挥发的组分，然后通过冷却和分离进行再冷凝。分馏指分离沸点彼此非常接近的液体或气体，例如氧气和氩气，要求挥发性较高的组分氩上升的蒸气与挥发性较低的组分氧下降的液体之间尽可能紧密地接触，以便提供加强分离所需的重复蒸发和冷凝。精馏指原料从塔底加入，在塔的上部段中对易挥发组分的富集或浓缩。提馏指原料从塔顶加入，在塔的下部段通过加热或再沸，从液体中最大限度地去除易挥发组分，例如从液态氧中提馏气态氮。

空气的摩尔分数为：氮气 78.084%，氧气 20.946%，氩气 0.934%，二氧化碳 0.033% 以及少量稀有气体。在任何给定温度下，氮气的蒸气压总是高于氧气的蒸气压，即氮气比氧气具有更高的挥发性。当给定压力时，氧气和氮气混合物的气液相平衡的示意图如图 3-26 所示。

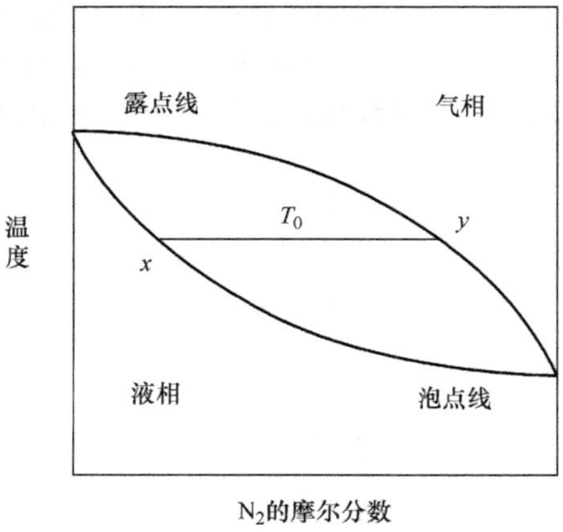

图 3-26 中，上方曲线称为"露点线"，是在给定压力下形成第一滴冷凝液体的温度；下方曲线称为"泡点线"，是在给定压力下逸出第一个气泡的温度。露点线上方为气相，泡点线下方为液相，两线之间为气液两相。处于平衡状态的蒸气和液体具有不同的成分。等温线 $T = T_0$ 与泡点线的交点为混合物的液相组成，x 为液相中氮气的摩尔分数；与露点线的交点为混合物的气相组成，y 为气相中氮气的摩尔分数。

比值 y_i/x_i 称为组分 i 的平衡常数 K_i，如下所示：

图 3-26　给定压力下氮氧混合物的气液相平衡示意图

$$K_i = \frac{y_i}{x_i}$$

$$(3-33)$$

对于空气可以用下式近似计算平衡常数：

$$K_i = \frac{p_i^0}{p}$$

式中，p_i^0 为系统温度下组分 i 的饱和蒸气压（Pa）；p 为系统总压力（Pa）。

对于二元系统，用下标 1 和 2 表示系统中的两种组分，有如下关系式：

$$y_1 = K_1 x_1, y_2 = K_2 x_2 \tag{3-34}$$
$$y_1 + y_2 = 1, x_1 + x_2 = 1 \tag{3-35}$$

从而可以得到

$$x_1 = (1 - K_2)(K_1 - K_2) \tag{3-36}$$
$$y_1 = K_1(1 - K_2)(K_1 - K_2) \tag{3-37}$$

具有相同组成的液体和蒸气接触，液体中挥发性较低的成分将变得更多，而蒸气中挥发性较高的成分将变得更多，这是分馏的基本原理。为了充分利用这种特性，要最大限度地增加蒸气和液体之间的接触。

林德单塔系统是最简单的空气分离系统，采用单级精馏塔制取氧或氮产品，其示意图如图 3-27 所示。精馏塔主要分为板式塔和填料塔，图 3-27 所示为使用板式塔制取氧。板式塔由一个立式圆柱形容器组成，容器内装有许多多孔塔板。板中孔的尺寸设计成允许足够的蒸气流通过，与流过的液体量保持平衡。蒸气以足够的速度向上流动以防止液体通过穿孔泄漏。当蒸气向上通过每个板上的液体薄层时，它与液体混合并几乎达到平衡，然后继续向上传递到下一个板。蒸气和液体通过相互接触进行传热和传质，由于氮气挥发性较高，氧气冷凝而氮气蒸发，上升的气体将富含氮，而下降的液体则富含氧。

原料空气经过纯化、压缩和预冷等操作后被送入塔釜，经再沸器和液体换热，空气被冷却后经节流阀降压并送入塔顶作为回流液，从塔顶向下依次流过各塔板。同时，塔釜内的液体经再沸

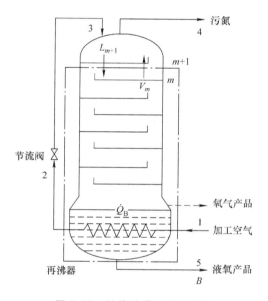

图 3-27　林德单塔系统示意图

器和空气换热后，部分汽化为蒸气从塔底向上依次流过各塔板，与液体发生传热和传质过程。塔顶得到的是污氮，即纯度较低的氮气。从塔釜可以得到液氧产品或者氧气产品。

从图 3-27 中可以看到，虽然加工空气被送入塔底，但是原料实际上是从塔顶进入塔内的，通过最大限度地去除易挥发组分（氮）得到纯氧，即林德单塔系统只有提馏段。从塔底向上对每一块塔板依次编号，假设最上方的进料板为第 $m+1$ 块塔板，将进料板以下的部分（点画线框内）视作一个控制体。用下标 L 表示液体，下标 V 表示气体，下标 B 表示塔底产品，有能量守恒方程如式（3-38）所示，左侧为进入控制体的能量流，右侧为离开控制体的能量流。

$$L_{m+1} H_{L,m+1} + \Phi_B = V_m H_{V,m} + B H_B \tag{3-38}$$

式中，L_{m+1} 为离开第 $m+1$ 块塔板的液体摩尔流量（mol/s）；$H_{L,m+1}$ 为离开第 $m+1$ 块塔板的液体摩尔焓（J/mol）；Φ_B 为再沸器的加热量（W）；V_m 为离开第 m 块塔板的蒸气摩尔流量（mol/s）；$H_{V,m}$ 为离开第 m 块塔板的蒸气摩尔焓（J/mol）；B 为塔底氧产品的摩尔流量

（mol/s）；H_B 为塔底氧产品的摩尔焓（J/mol）。

有质量守恒方程如下：

$$L_{m+1} = V_m + B \tag{3-39}$$

对易挥发组分有质量守恒方程如下：

$$L_{m+1}x_{m+1} = V_my_m + Bx_B \tag{3-40}$$

式中，x_{m+1} 为离开第 $m+1$ 块塔板的液体中易挥发组分的摩尔分数；y_m 为离开第 m 块塔板的蒸气中易挥发组分的摩尔分数；x_B 为塔底产品中易挥发组分的摩尔分数。

由式（3-40）可得提馏的操作线方程为

$$y_m = \frac{L_{m+1}}{V_m}x_{m+1} - \frac{B}{V_m}x_B \tag{3-41}$$

结合式（3-38）和式（3-39）可得

$$\frac{B}{V_m} = \frac{H_{V,m} - H_{L,m+1}}{\Phi_B/B - H_B + H_{L,m+1}} \tag{3-42}$$

忽略温度和组成对饱和液体和饱和蒸气的摩尔焓的影响，假设每块塔板上的饱和液体和饱和蒸气的摩尔焓均相等，上升的蒸气和下降的液体的摩尔流量也相等。即假设饱和液体和饱和蒸气的摩尔焓和摩尔流量与塔板无关，如下所示：

$$H_{V,m} = H_V, H_{L,m+1} = H_L, L_{m+1} = L, V_m = V \tag{3-43}$$

式中，H_V 为蒸气摩尔焓（J/mol）；H_L 为液体摩尔焓（J/mol）；L 为液体摩尔流量（mol/s）；V 为蒸气摩尔流量（mol/s）；

下面通过例 3-11 来介绍使用 EES 对林德单塔系统的计算和分析过程。本例的 EES 程序详见本书电子资料程序"例 3-11 林德单塔系统.EES"。

例 3-11　林德单塔系统如图 3-27 所示，原料空气经过纯化、压缩和预冷后，其摩尔分数为 79% 的氮气和 21% 的氧气，送入塔底时状态点 1 的压力为 5.07MPa，温度为 150K。经再沸器冷却后状态点 2 的温度为 95K。经节流阀节流降压至状态点 3，其压力为塔内操作压力 0.101MPa。氧气产品的摩尔分数为 2% 的氮气和 98% 的氧气，摩尔流量为 25mol/s。在塔顶得到的污氮的摩尔分数为 90% 的氮气和 10% 的氧气。求需要的理论塔板数，使用 EES 进行计算和分析。

解　在 EES 中，首先使用 \$UnitSystem 指令指定单位系统。其次，使用 \$TabStop 指令设置格式，使同一行中代码与注释分开对齐。

```
$UnitSystem SI Molar K kPa J
$TabStops 0.2 4.5 in
```

通过在 EES 中调用 REFPROP 程序，可以计算氮氧混合物的物性数据。在调用 EES_REF-PROP 函数之前，首先要确保 EES_REFPROP.txt 文件位于 \ EES32 \ USERLIB \ EES_REFPROP \ 子目录中，输入以下命令：

```
$INCLUDE C:\EES32\Userlib\EES_REFPROP\EES_REFPROP.txt
```

已知加工空气的摩尔分数为 79% 的氮气和 21% 的氧气，送入塔底时状态点 1 的压力为 5.07MPa，温度为 150K。输入已知参数，调用 EES_REFPROP，参数 MODE = TP（= 12），根据压力和温度可以计算得到状态点 1 的摩尔焓。

```
"状态点 1：加工空气送入塔底"
R$ = 'nitrogen + oxygen'                              "空气组成"
x[1] = 0.79                                           "氮的摩尔分数"
T[1] = 150[K]
p[1] = 5070[kPa]
Call EES_REFPROP(R$,TP,T[1],p[1],x[1]:,,,,,h[1])     "摩尔焓"
```

过程 1-2 为加工空气经过再沸器和塔釜的液体等压换热、被冷却的过程，$p_1 = p_2$。已知空气被冷却后状态点 2 的温度为 95K，调用 EES_REFPROP，参数 MODE = TP（ =12），根据压力和温度可以计算得到状态点 2 的摩尔焓，从而可得再沸器的加热量。

```
"状态点 2：空气经再沸器冷却后，进入节流阀前"
p[2] = p[1]                                           "等压传热过程"
T[2] = 95[K]                                          "冷却后温度"
Call EES_REFPROP(R$,TP,T[2],p[2],x[1]:, , , ,h[2])   "摩尔焓"
PHI_B = q_m[1] * (h[1]-h[2])                          "再沸器加热量"
```

过程 2-3 为等焓节流，即 $h_2 = h_3$，空气通过节流阀节流降压至塔内操作压力 0.101MPa，同时温度降低。调用 EES_REFPROP，参数 MODE = PH（ =25），根据压力和摩尔焓可以确定节流阀出口状态点 3 的温度，即塔的进料温度。

```
"状态点 3：空气经节流阀降压后，送入塔顶"
p[3] = 101[kPa]                                       "节流至塔内操作压力"
h[3] = h[2]                                           "假设为等焓节流"
Call EES_REFPROP(R$,PH,p[3],h[3],x[1]:T[3])          "节流后的进料温度"
```

状态点 4 为从塔顶得到的污氮，已知其摩尔分数为 90% 的氮气和 10% 的氧气。状态点 5 为从塔釜得到的氧气产品，已知其摩尔分数为 2% 的氮气和 98% 的氧气，摩尔流量为 25mol/s。输入已知参数。

```
"状态点 4：污氮"
x[4] = 0.90                                           "氮的摩尔分数"
"状态点 5：氧气产品"
x[5] = 0.02                                           "氮的摩尔分数"
q_m[5] = 25[mol/s]                                    "氧产品的摩尔流量"
```

塔进料（状态点 1）和输出（状态点 4 和 5）的总质量守恒，且氮质量守恒。已知氧产品的摩尔流量，根据质量守恒式可得污氮和进料空气的摩尔流量，如下所示：

```
"塔的质量守恒"
q_m[1] = q_m[4] + q_m[5]                              "总质量守恒"
x[1] * q_m[1] = x[4] * q_m[4] + x[5] * q_m[5]        "氮质量守恒"
```

已知进料空气的摩尔分数为 79% 的氮气和 21% 的氧气，塔内操作压力为 0.101MPa。调用 EES_REFPROP，参数 MODE = PQ（ =27）。给定干度为 0，计算可得泡点温度 T_L 和饱和液体的摩尔焓 H_L；给定干度为 1，计算可得露点温度 T_V 和饱和蒸气的摩尔焓 H_V。

```
"塔内操作压力和进料空气组成下，计算进料参数"
Call EES_REFPROP(R$,PQ,p[3],0,x[1]:T_L, , , ,h_L)    "泡点"
Call EES_REFPROP(R$,PQ,p[3],1,x[1]:T_V, , , ,h_V)    "露点"
```

已知进料空气的摩尔焓 H_F，下标 F 表示进料，从而可得进料中含有的饱和液体的摩尔分数 φ 为

$$\varphi = \frac{H_V - H_F}{H_V - H_L} \tag{3-44}$$

假设每块塔板上的饱和液体和饱和蒸气的摩尔焓均相等，等于进料空气中饱和液体和饱和蒸气的摩尔焓。

```
phi = (h_V-h[3])/(h_V-h_L)                            "进料中饱和液体的摩尔分数"
```

假设每块塔板上升的蒸气和下降的液体的摩尔流量均相等，由式（3-38）和式（3-39）可以计算得到离开第 $m+1$ 块塔板的液体摩尔流量和离开第 m 块塔板的蒸气摩尔流量，即塔内上升的蒸气和下降的液体的摩尔流量。从而可以确定式（3-41）所示的操作线方程的系数。

```
"假设第 m+1 块板为进料板"
PHI_B-q_m[5]*h[5]+q_m_L*h_L-q_m_V*h_V=0                "能量守恒"
q_m_L=q_m_V+q_m[5]                                      "质量守恒"
h[5]=h_V                                                "氧气产品"
"操作线系数计算"
B_1=q_m[5]/q_m_V                                        "B/V_m"
B_2=1+B_1                                               "L_m+1/V_m"
```

使用 y-x 图解法求理论塔板数，首先画出平衡线。新建一个查询表（Lookup Table），输入在塔内操作压力 0.101MPa 下，氮和氧的平衡常数，如图 3-28 所示。

Lookup Table

Lookup 1

Paste Special	T/K	K_{N2}	K_{O2}
Row 1	78	1.0831	0.2627
Row 2	80	1.3553	0.3275
Row 3	82	1.6959	0.4082
Row 4	84	2.1344	0.5089
Row 5	86	2.6554	0.6344
Row 6	88	3.3228	0.7909
Row 7	90	4.1574	0.9860

图 3-28　塔内操作压力 0.101MPa 下，氮和氧的平衡常数

根据式（3-36）和式（3-37）可以计算得到液相和气相中氮的摩尔分数。

```
"操作压力 0.101MPa 下，氮和氧的相平衡计算"
Duplicate i=1,7
   K_N2[i]=lookup('Lookup 1',i,2)                       "氮的平衡常数"
   K_O2[i]=lookup('Lookup 1',i,3)                       "氧的平衡常数"
   x_N2[i]=(1-K_O2[i])/(K_N2[i]-K_O2[i])                "液相中氮的摩尔分数"
   y_N2[i]=K_N2[i]*x_N2[i]                              "气相中氮的摩尔分数"
End
```

补充平衡线两端的点。当混合物中不含氧气时，液相和气相中氮气的摩尔分数均为 1；当混合物中不含氮气时，液相和气相中氮气的摩尔分数均为 0。相平衡计算结果如图 3-29 所示。

```
"补充平衡线的两个端点"
x_N2[0]=1                                               "氮摩尔分数为 1"
y_N2[0]=1
x_N2[8]=0                                               "氮摩尔分数为 0"
y_N2[8]=0
```

通过 Call 语句调用 CurveFit1D 程序，拟合出平衡线。在本例中选择 5 次方多项式，即 $y=a_0+a_1x+a_2x^2+a_3x^3+a_4x^4+a_5x^5$。拟合得到多项式系数和回归参数。

```
"拟合出平衡线"
Call CURVEFIT1D('Poly5',x_N2[0..8],y_N2[0..8]:a0,a1,a2,a3,a4,a5,RMS,Bias,R|2)
```

根据式（3-41）和式（3-42）可以计算得到操作线方程。y-x 对角线是理论操作线，代表

Arrays Table

Main

Sort	$K_{N2,i}$	$K_{O2,i}$	$x_{N2,i}$	$y_{N2,i}$
[0]			1	1
[1]	1.0831	0.2627	0.8987	0.9734
[2]	1.3553	0.3275	0.6543	0.8868
[3]	1.6959	0.4082	0.4596	0.7794
[4]	2.1344	0.5089	0.3021	0.6449
[5]	2.6554	0.6344	0.1809	0.4804
[6]	3.3228	0.7909	0.08259	0.2744
[7]	4.1574	0.986	0.004414	0.01835
[8]			0	0

图 3-29　塔内操作压力 0.101MPa 下，氮和氧的相平衡计算结果

塔在全回流或零输出下的操作。进料线方程如下：

$$y = \frac{\varphi}{\varphi - 1}x - \frac{x_F}{\varphi - 1} \tag{3-45}$$

式中，φ 为进料空气中饱和液体的摩尔分数；x_F 为进料空气中氮的摩尔分数。

输入操作线方程、进料线方程和理论操作线（y-x 对角线），并计算操作线和进料线的交点 x_{node}。为了便于作图，给每条线取 $x=0$ 和 1 两个点，x_m [j] 表示液相中氮的摩尔分数，y_B [j]、y_F [j] 和 y_th[j]表示气相中氮的摩尔分数，如下所示：

```
"操作线和进料线方程"
Duplicate j = 0,1
    x_m[j] = j                                          "取 x = 0 和 1 两个点"
    y_B[j] = B_2 * x_m[j]-B_1 * x[5]                    "操作线方程"
    y_F[j] = phi/(phi-1) * x_m[j]-x[1]/(phi-1)          "进料线方程"
    y_th[j] = x_m[j]                                    "理论操作线"
    End
    phi/(phi-1) * x_node-x[1]/(phi-1) = B_2 * x_node-B_1 * x[5]
                                                        "操作线和进料线的交点 x_node"
```

将平衡线、操作线方程、进料线方程和理论操作线画在一张图中，如图 3-30 所示。x 为液相中氮的摩尔分数，y 为气相中氮的摩尔分数。连接操作线两端的曲线是平衡线，类似抛物线。理论操作线（y-x 对角线）和操作线的交点的横坐标为塔底氧产品中氮的摩尔分数，即 $x=0.02$。

y-x 图解法求理论塔板数的大致过程如下：从底部氧气产品中氮的摩尔分数为 0.02 开始，从平衡线到操作线向右绘制一条水平线，这是第一块板。从这一点开始，从操作线到平衡线向上画一条垂直线，然后形成台阶，直到台阶与进料线相交。绘制的水平线的条数即为所需塔板数。可以看到需要至少 5 块塔板才能得到所需产品。

该作图过程可以写作程序 numplates，自动计算理论塔板数，如下所示。输入参数包括：塔底氧产品中氮的摩尔分数 x_B，拟合得到的平衡线方程的系数 $a_0 \sim a_5$，操作线方程的系数 B_1 和 B_2，操作线和进料线的交点 x_{node}。输出参数为理论塔板数 m。

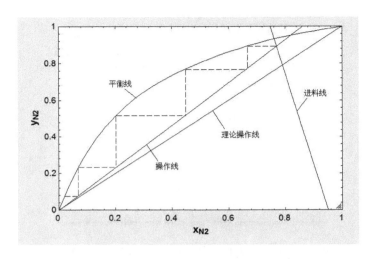

图 3-30　y-x 图解法求理论塔板数

```
"程序：计算理论塔板数"
Procedure numplates(x_B,a0,a1,a2,a3,a4,a5,B_1,B_2,x_node:m)
    m = 0
    x[0] = x_B
    Repeat
        y[m] = a0 + a1 * x[m] + a2 * x[m]^2 + a3 * x[m]^3 + a4 * x[m]^4 + a5 * x[m]^5
        x[m + 1] = (y[m] + B_1 * x_B)/B_2
        m = m + 1
    Until (x[m] > x_node)
End
```

程序中 x[m] 为水平线和平衡线的交点的横坐标，y[m] 为交点的纵坐标。当 $x > x_{node}$ 时，表示台阶与进料线相交，停止计算，此时的台阶数 m 即为理论塔板数。将此子程序放在主程序前面，并且在主程序末尾调用该子程序，输入所需参数，计算理论塔板数 m，如下所示：

```
"调用程序计算理论塔板数"
Call numplates(x[5],a0,a1,a2,a3,a4,a5,B_1,B_2,x_node:m)
```

单击"Solve"按钮求解，单击"Solution"按钮查看主程序 main 和子程序 numplates 的计算结果。可得进料中含有的饱和液体的摩尔分数 $\varphi = 0.8309$，再沸器的加热量 $\Phi_B = 1061\text{kW}$，理论塔板数 $m = 5$。需要至少 5 块塔板才能获得所需产品，选择 6 块塔板较为合适。

2. 典型精馏塔设计及分析

林德单塔系统只有提馏段，结构简单，氧气回收率较低，离开塔顶的污氮无法使用，因此难以商业应用。完整的精馏塔由精馏段和提馏段组成，原料从塔的中部加入，在塔顶和塔底得到纯度较高的氮和氧产品，其结构示意图如图 3-31 所示。

精馏塔的分馏原理和林德单塔系统相同，计算和分析也类似。加工空气入口上方的部分为精馏段，下方的部分为提馏段。在塔底通过再沸器加热使液体中的氮不断挥发为蒸气向上流动。在塔顶通过冷凝器移出热量使氮蒸气冷凝为液氮产品。

提馏段的操作线方程如式（3-41）和式（3-42）所示。对于精馏段，从塔顶向下对每一块塔板依次编号，到进料塔板为止。假设进料塔板为第 $n+1$ 块塔板，将进料板以上的部分（点画线框内）视作一个控制体。用下标 D 表示塔顶产品，有能量守恒方程如式（3-46）所示，左侧为进入控制体的能量流，右侧为离开控制体的能量流。

$$V_{n+1}H_{V,n+1} = L_nH_{L,n} + DH_D + \Phi_D \quad (3\text{-}46)$$

式中，V_{n+1} 为离开第 $n+1$ 块塔板的蒸气摩尔流量（mol/s）；$H_{V,n+1}$ 为离开第 $n+1$ 块塔板的蒸气摩尔焓（J/mol）；L_n 为离开第 n 块塔板的液体摩尔流量（mol/s）；$H_{L,n}$ 为离开第 n 块塔板的液体摩尔焓（J/mol）；D 为塔顶氮产品的摩尔流量（mol/s）；H_D 为塔顶氮产品的摩尔焓（J/mol）；Φ_D 为塔顶冷凝器的热负荷（W）。

塔内有质量守恒方程如下：

$$V_{n+1} = L_n + D \quad (3\text{-}47)$$

对易挥发组分有质量守恒方程如下：

$$V_{n+1}y_{n+1} = L_nx_n + Dx_D \quad (3\text{-}48)$$

式中，y_{n+1} 为离开第 $n+1$ 块塔板的蒸气中易挥发组分的摩尔分数；x_n 为离开第 n 块塔板的液体中易挥发组分的摩尔分数；x_D 为塔顶产品中易挥发组分的摩尔分数。

进而可得精馏段的操作线方程为

$$y_{n+1} = \frac{L_n}{V_{n+1}}x_n + \frac{D}{V_{n+1}}x_D \quad (3\text{-}49)$$

结合式（3-46）和式（3-47）可得

$$\frac{D}{V_{n+1}} = \frac{H_{V,n+1} - H_{L,n}}{\Phi_D/D + H_D - H_{L,n}} \quad (3\text{-}50)$$

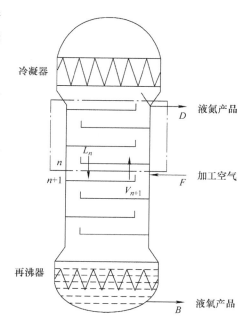

图 3-31　典型的精馏塔结构示意图

下面通过例 3-12 来介绍使用 EES 对典型精馏塔的计算和分析过程。本例的 EES 程序详见本书电子资料程序"例 3-12 典型精馏塔 . EES"。

例 3-12　空气分离精馏塔如图 3-31 所示，原料空气经过纯化和预冷后，其摩尔分数为 79% 的氮气和 21% 的氧气，进入塔内时温度为 79.076K。塔内操作压力为 0.101MPa。塔顶产品的摩尔分数为 98% 的氮气和 2% 的氧气。塔底产品的摩尔分数为 5% 的氮气和 95% 的氧气，摩尔流量为 25mol/s。顶部产品和底部产品均为饱和液体。通过塔顶的冷凝器移出的热量为 1071kW。求需要的理论塔板数，使用 EES 进行计算和分析。

解　在 EES 中，首先使用 \$UnitSystem 指令指定单位系统。其次，使用 \$TabStop 指令设置格式，使同一行中代码与注释分开对齐。

```
$UnitSystem SI Molar K kPa J
$TabStops 0. 2 5 in
```

通过在 EES 中调用 REFPROP 程序，可以计算氮氧混合物的物性数据。在调用 EES_REF-PROP 函数之前，首先要确保 EES_REFPROP. txt 文件位于 \ EES32 \ USERLIB \ EES_REF-PROP \ 子目录中，输入以下命令：

```
$INCLUDE C:\EES32\Userlib\EES_REFPROP\EES_REFPROP. txt
```

已知加工空气的摩尔分数为 79% 的氮气和 21% 的氧气，进入塔内时温度为 79.076K。塔内操作压力为 0.101MPa。输入已知参数，调用 EES_REFPROP，参数 MODE = TP（=12），根据压力和温度可以计算得到进料 F 的摩尔焓。

```
"进料空气 F"
R$ = 'nitrogen + oxygen'                          "空气组成"
x_F = 0.79                                        "氮的摩尔分数"
T_F = 79.076[K]                                   "进料温度"
p = 101[kPa]                                      "塔内操作压力"
Call EES_REFPROP(R$,TP,T_F,p,x_F: , , , ,h_F)     "摩尔焓"
```

已知进料空气的摩尔分数，塔内操作压力为 0.101MPa。调用 EES_REFPROP，参数 MODE = PQ（=27）。给定干度为 0，计算可得泡点温度 T_L 和饱和液体的摩尔焓 H_L；给定干度为 1，计算可得露点温度 T_V 和饱和蒸气的摩尔焓 H_V。已知进料空气的摩尔焓 H_F，由式（3-44）可得进料中含有的饱和液体的摩尔分数 φ。

```
"塔内操作压力和进料组成下，计算进料参数"
Call EES_REFPROP(R$,PQ,p,0,x_F:T_L, , , ,h_L)     "泡点"
Call EES_REFPROP(R$,PQ,p,1,x_F:T_V, , , ,h_V)     "露点"
phi = (h_V-h_F)/(h_V-h_L)                         "进料中饱和液体的摩尔分数"
```

塔顶产品 D 的摩尔分数为 98% 的氮气和 2% 的氧气。塔底产品 B 的摩尔分数为 5% 的氮气和 95% 的氧气，摩尔流量为 25mol/s。顶部产品和底部产品均为饱和液体。输入已知参数：

```
"塔顶产品液氮 D"
x_D = 0.98                                        "氮的摩尔分数"
"塔底产品液氧 B"
x_B = 0.05                                        "氮的摩尔分数"
q_m_B = 25[mol/s]                                 "产品摩尔流量"
```

塔进料和产品的总质量守恒，且氮的质量守恒。已知塔底液氧产品 B 的摩尔流量，根据质量守恒式计算可得塔顶液氮产品和进料空气的摩尔流量。

```
"质量守恒"
q_m_F = q_m_D + q_m_B                             "总质量守恒"
x_F * q_m_F = x_D * q_m_D + x_B * q_m_B           "氮质量守恒"
```

已知通过塔顶的冷凝器移出的热量为 1071kW，对整个塔有能量守恒方程如式（3-51）所示，左侧为进入控制体的能量流，右侧为离开控制体的能量流。

$$\Phi_B + FH_F = \Phi_D + DH_D + BH_B \tag{3-51}$$

式中，Φ_B 为再沸器的加热量（W）；F 为进料的摩尔流量（mol/s）；H_F 为进料的摩尔焓（J/mol）；Φ_D 为塔顶冷凝器的热负荷（W）；D 为塔顶氮产品的摩尔流量（mol/s）；H_D 为塔顶氮产品的摩尔焓（J/mol）；B 为塔底氧产品的摩尔流量（mol/s）；H_B 为塔底氧产品的摩尔焓（J/mol）。

通过能量守恒式可以计算得到再沸器的加热量 Φ_B。

```
"能量守恒"
PHI_D = 1071000[W]                                "冷凝器热负荷"
PHI_B + h_F * q_m_F = PHI_D + h_D * q_m_D + h_B * q_m_B
```

假设每块塔板上的饱和液体和饱和蒸气的摩尔焓均相等，等于进料空气中饱和液体和饱和蒸气的摩尔焓。

```
"假设塔内饱和液体摩尔焓相等，饱和蒸气摩尔焓相等"
h_D = h_L                                              "液体产品"
h_B = h_L
```

提馏段的操作线方程如式（3-41）和式（3-42）所示，精馏段的操作线方程如式（3-49）和式（3-50）所示。操作线方程系数计算如下：

```
"精馏段操作线方程计算"
D_1 = (h_V-h_L)/(PHI_D/q_m_D + h_D-h_L)                "D/V_n + 1"
D_2 = 1-D_1                                            "L_n/V_n + 1"
"提馏段操作线方程计算"
B_1 = (h_V-h_L)/(PHI_B/q_m_B-h_B + h_L)                "B/V_m"
B_2 = 1 + B_1                                          "L_m + 1/V_m"
```

使用 y-x 图解法求理论塔板数，首先需要画出平衡线。新建一个 Lookup Table，输入在塔内操作压力 0.101MPa 下，氮和氧的平衡常数，如图 3-32 所示。

Lookup Table

Lookup 1

Paste Special	T/K	K_{N2}	K_{O2}
Row 1	78	1.0831	0.2627
Row 2	80	1.3553	0.3275
Row 3	82	1.6959	0.4082
Row 4	84	2.1344	0.5089
Row 5	86	2.6554	0.6344
Row 6	88	3.3228	0.7909
Row 7	90	4.1574	0.9860

图 3-32　塔内操作压力 0.101MPa 下，氮和氧的平衡常数

根据式（3-36）和式（3-37）可以计算得到液相和气相中氮的摩尔分数。

```
"操作压力 0.101MPa 下，氮和氧的相平衡计算"
Duplicate i = 1,7
  K_N2[i] = lookup('Lookup 1',i,2)                     "氮的平衡常数"
  K_O2[i] = lookup('Lookup 1',i,3)                     "氧的平衡常数"
  x_N2[i] = (1-K_O2[i])/(K_N2[i]-K_O2[i])              "液相中氮的摩尔分数"
  y_N2[i] = K_N2[i] * x_N2[i]                          "气相中氮的摩尔分数"
End
```

补充平衡线两端的点。当混合物中不含氧气时，液相和气相中氮气的摩尔分数均为 1；当混合物中不含氮气时，液相和气相中氮气的摩尔分数均为 0。相平衡计算结果如图 3-33 所示。

```
"补充平衡线的两个端点"
x_N2[0] = 1                                            "氮摩尔分数为 1"
y_N2[0] = 1
x_N2[8] = 0                                            "氮摩尔分数为 0"
y_N2[8] = 0
```

通过 Call 语句调用 CurveFit1D 程序，拟合出平衡线。在本例中选择 5 次方多项式，即 $y = a_0 + a_1x + a_2x^2 + a_3x^3 + a_4x^4 + a_5x^5$。拟合得到多项式系数和回归参数。

Sort	$K_{N2,i}$	$K_{O2,i}$	$x_{N2,i}$	$y_{N2,i}$
[0]			1	1
[1]	1.0831	0.2627	0.8987	0.9734
[2]	1.3553	0.3275	0.6543	0.8868
[3]	1.6959	0.4082	0.4596	0.7794
[4]	2.1344	0.5089	0.3021	0.6449
[5]	2.6554	0.6344	0.1809	0.4804
[6]	3.3228	0.7909	0.08259	0.2744
[7]	4.1574	0.986	0.004414	0.01835
[8]			0	0

图 3-33 塔内操作压力 0.101MPa 下，氮和氧的相平衡计算结果

```
"拟合出平衡线"
Call CURVEFIT1D('Poly5',x_N2[0..8],y_N2[0..8]:a0,a1,a2,a3,a4,a5,RMS,Bias,R|2)
```

y-x 对角线是理论操作线，代表塔在全回流或零输出下的操作。输入提馏段操作线方程、精馏段操作线方程、进料线方程和理论操作线（*y-x* 对角线）。为了便于作图，给每条线在 *x* =0到 1 之间取点，程序中 x [j] 表示液相中氮的摩尔分数，y_D [j]、y_B [j]、y_F [j] 和y_th [j] 表示气相中氮的摩尔分数，如下所示：

```
"对操作线和进料线取点作图"
Duplicate j=0,10
  x[j]=0.1*j                                    "在 x=0 到 1 之间取点"
  y_D[j]=D_2*x[j]+D_1*x_D                       "精馏段操作线"
  y_B[j]=B_2*x[j]-B_1*x_B                       "提馏段操作线"
  y_F[j]=phi/(phi-1)*x[j]-x_F/(phi-1)           "进料线"
  y_th[j]=x[j]                                  "理论操作线"
End
D_2*x_node+D_1*x_D=B_2*x_node-B_1*x_B   "x_node：进料线和操作线的交点"
```

将平衡线、提馏段操作线方程、精馏段操作线方程、进料线方程和理论操作线画在一张图中，如图 3-34 所示。*x* 为液相中氮的摩尔分数，*y* 为气相中氮的摩尔分数。理论操作线（*y-x*对角线）和提馏段操作线的交点的横坐标为底部产品中氮的摩尔分数，即 $x=0.05$；和精馏段操作线的交点的横坐标为顶部产品中氮的摩尔分数，即 $x=0.98$。进料线通过上下两条操作线的交点，即这三条线交于同一点。

y-x 图解法求理论塔板数的过程如下：

对于上部精馏段，从 $x=0.98$（顶部产品中氮摩尔分数为 98%）开始，从操作线到平衡线向左画一条水平线，这是第一块板。从这一点开始，从平衡线到操作线向下画一条垂直线，然后形成台阶，直到台阶与进料线相交。绘制的水平线的条数即为所需塔板数。本例中精馏段需要 3 块塔板。

对于下部提馏段，遵循类似的程序，从 $x=0.05$（底部产品中氮摩尔分数为 5%）开始，从平衡线到操作线向右绘制一条水平线，这是第一块板。从这一点开始，从操作线到平衡线向上画一条垂直线，然后形成台阶，直到台阶与进料线相交。绘制的水平线的条数即为所需塔板数。本例中提馏段需要 5 块塔板。图 3-34 中提馏段虽然只画出了四条水平线，但第四条水平线和操作线的交点在进料线下方，未与进料线相交，受限于图形未画出第五个台阶。

该作图过程可以写作程序 numplates_b 和 numplates_d，自动计算理论塔板数，如下所示。

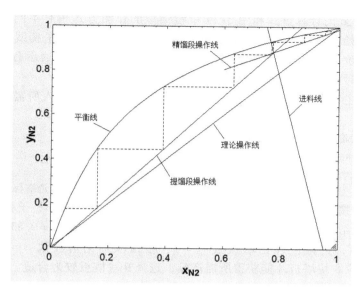

图 3-34　*y-x* 图解法求理论塔板数

程序 numplates_b 用于计算提馏段理论塔板数，其输入参数包括：塔底氧产品中氮的摩尔分数 x_B，拟合得到的平衡线方程的系数 $a_0 \sim a_5$，提馏段操作线方程的系数 B_1 和 B_2，上下操作线的交点 x_{node}。输出参数为提馏段理论塔板数 m。

```
"程序：计算提馏段理论塔板数"
Procedure numplates_b(x_B,a0,a1,a2,a3,a4,a5,B_1,B_2,x_node:m)
  m = 0
  x[0] = x_B
  Repeat
    y[m] = a0 + a1 * x[m] + a2 * x[m]^2 + a3 * x[m]^3 + a4 * x[m]^4 + a5 * x[m]^5
    x[m+1] = (y[m] + B_1 * x_B)/B_2
    m = m + 1
  Until (x[m] > x_node)
End
```

程序中 x[m] 为水平线和平衡线的交点的横坐标，y[m] 为交点的纵坐标。当 $x > x_{node}$ 时，表示台阶与进料线相交，停止计算，此时的台阶数 m 即为提馏段理论塔板数。

程序 numplates_d 用于计算精馏段理论塔板数，其输入参数包括：塔顶氮产品中氮的摩尔分数 x_D，拟合得到的平衡线方程的系数 $a_0 \sim a_5$，精馏段操作线方程的系数 D_1 和 D_2，上下操作线的交点 x_{node}。输出参数为精馏段理论塔板数 n。

```
"程序：计算精馏段理论塔板数"
Procedure numplates_d(x_D,a0,a1,a2,a3,a4,a5,D_1,D_2,x_node:n)
  n = 0
  x[0] = x_node
  Repeat
    y[n] = a0 + a1 * x[n] + a2 * x[n]^2 + a3 * x[n]^3 + a4 * x[n]^4 + a5 * x[n]^5
    x[n+1] = (y[n] - D_1 * x_D)/D_2
    n = n + 1
  Until (x[n] > x_D)
End
```

程序 numplates_d 的计算方式和图 3-34 中精馏段的作图方式稍有不同，相当于从上下操作线的交点 x_{node} 开始，从操作线到平衡线向上画一条垂直线，再从平衡线到操作线向右画一条水平线，形成台阶，直到水平线和操作线的交点的横坐标 $x > x_D$，表示台阶和理论操作线相交，停止计算，此时的台阶数 n 即为精馏段理论塔板数。

将子程序放在主程序前面，并且在主程序末尾调用子程序，输入所需参数，计算理论塔板数，如下所示：

```
"调用程序计算理论塔板数"
Call numplates_b(x_B,a0,a1,a2,a3,a4,a5,B_1,B_2,x_node:m)    "提馏段"
Call numplates_d(x_D,a0,a1,a2,a3,a4,a5,D_1,D_2,x_node:n)    "精馏段"
numplates = n + m                                          "相加得理论塔板数"
```

单击 "Solve" 按钮求解，单击 "Solution" 按钮查看主程序 main、子程序 numplates_b 和 numplates_d 的计算结果。可得进料中含有的饱和液体的摩尔分数 $\varphi = 0.8307$，再沸器的加热量 $\Phi_B = 947.925\ kW$，提馏段理论塔板数 $m = 5$，精馏段理论塔板数 $n = 3$，总理论塔板数 $m + n = 8$。需要至少 8 块塔板才能获得所需产品，选择 9 块塔板较为合适。

练习题

参考答案

3-1 简单理想蒸气压缩式制冷循环，使用 R32 作为制冷剂，蒸发温度为 270K，冷凝温度为 310K，制冷剂质量流量为 0.01kg/s。使用 EES 计算此蒸气压缩式制冷循环的制冷量、理论压缩功和性能系数，并画出循环的压-焓图。

3-2 蒸气压缩式制冷回热循环，使用 R32 作为制冷剂，蒸发温度为 270K，冷凝温度为 310K，压缩机吸气温度为 280K，制冷剂质量流量为 0.01kg/s。不考虑回热器和外界环境的热交换。使用 EES 计算此蒸气压缩式制冷回热循环的制冷量、理论压缩功和性能系数，并画出循环的压-焓图。将计算结果和习题 3-1 的计算结果进行比较，判断对于 R32 采用回热循环是否有利。

3-3 单效溴化锂吸收式制冷循环，不考虑压力损失，系统在两个压力之间运行，高压为 8kPa，低压为 0.7kPa。离开发生器的浓溶液的温度为 92℃，离开吸收器的稀溶液的温度为 35℃，通过溶液泵的溶液质量流量为 0.1kg/s，溶液热交换器的效能为 50%。使用 EES 计算此单效溴化锂吸收式制冷循环的制冷量、发生器吸热量、性能系数和溶液循环比。

3-4 改变习题 3-3 的循环低压，观察制冷循环的制冷量、性能系数和溶液循环比随循环低压的变化情况，画出制冷量和性能系数随循环低压的变化曲线。

3-5 单级氨水吸收式制冷循环，不考虑压力损失，系统在两个压力之间运行，高压为 1.5MPa，低压为 0.3MPa。假设蒸发器出口干度为 0.98。通过溶液泵的溶液质量流速为 0.1kg/s。离开吸收器和冷凝器的饱和液体的温度相等。浓溶液和稀溶液的氨质量分数之差为 0.12。假设一个理想的精馏器产生氨质量分数为 0.9996 的蒸气。假设泵效率为 100%，溶液热交换器的效能为 70%。使用 EES 计算此单效溴化锂吸收式制冷循环的制冷量、发生器吸热量、考虑泵功的性能系数和溶液循环比。

3-6 溶液热交换器的效能不变，其他循环参数可以调节的情况下，如何提高习题 3-5 的循环制冷量和性能系数？提出至少两种方法，使用 EES 计算证明该方法的有效性。

3-7 半导体制冷电冰箱，环境温度 30℃，热端传热温差为 10℃，要求电冰箱内温度维持在 -5℃，冷端传热温差为 5℃。热电冷却模块的塞贝克系数 $\alpha_{ab} = 0.045V/K$，总热阻 $R_{th}^* = 2K/W$，总电阻 $R_e^* = 1.5\Omega$，电源电压为 12V。使用 EES 计算此制冷系统的工作电流、电源功率、制冷量及性能系数。

3-8 定风量一次回风空调系统，送入室内的空气温度为 18℃，相对湿度为 50%，送风量为 7200m³/h；从室内返回的空气温度为 25℃，相对湿度为 55%，其中 25% 被排到室外；夏季室外空气温度为 35℃，相对湿度为 45%。冷却盘管处理后的空气为饱和状态。使用 EES 计算此空调系统中冷却盘管和加热盘管的换热量，并画出空气状态变化的温-湿图。

3-9 改变习题 3-8 的回风比，观察定风量一次回风空调系统中冷却盘管和加热盘管的换热量随回风比的变化情况，画出变化曲线并分析原因。

3-10　定风量二次回风空调系统，送入室内的空气温度为 22℃，相对湿度为 55%，送风量为 3600 m³/h；夏季室外空气温度为 35℃，相对湿度为 50%；从室内返回的空气温度为 25℃，相对湿度为 55%，其中 30% 被排到室外，40% 作为一次回风，30% 作为二次回风。冷却盘管处理后的空气为饱和状态。使用 EES 计算此空调系统中冷却盘管和加热盘管的换热量，并画出空气状态变化的温-湿图。

3-11　保持新风量不变，改变习题 3-10 的二次回风比，观察定风量二次回风空调系统中冷却盘管和加热盘管的换热量随二次回风比的变化情况，画出变化曲线。

3-12　温湿度独立控制空调系统，室内设计参数为温度 25℃，相对湿度为 60%；室外空气温度为 36℃，相对湿度为 50%；室内产湿量为 6480g/h，室内显热负荷为 15kW，满足卫生要求的最小新风量为 1800m³/h。新风送风温度为 25℃。使用 EES 计算在最小新风量下的新风送风状态点，以及温度和湿度控制系统各自承担的热负荷。

3-13　改变习题 3-12 的新风送风温度，观察温度和湿度控制系统各自承担的热负荷随新风送风温度的变化情况，画出变化曲线。

3-14　高压氩气节流制冷系统，假设为理想 Linde-Hampson 制冷循环，氩气质量流量为 1g/s。压缩机出口温度为 290K，压力为 15MPa。节流阀出口压力为 0.15MPa。使用 EES 计算此节流制冷系统的制冷量和性能系数，并画出循环的压-焓图。

3-15　循环参数可以在合适的范围内调整的情况下，如何提高习题 3-14 中节流制冷系统的单位制冷量？提出至少两种方法，使用 EES 计算证明该方法的有效性。

3-16　保持例 3-10 的循环低压不变，改变循环高压，使压比为 6、8 和 12，观察 COP 随循环高压的变化趋势。

3-17　林德单塔空分系统，原料空气摩尔分数为 79% 的氮气和 21% 的氧气，摩尔流量为 180mol/s，送入塔底时压力为 6MPa，温度为 160K。经再沸器冷却后温度为 90K。塔内操作压力为 0.101MPa。氧气产品的摩尔分数为 2% 的氮气和 98% 的氧气。污氮的摩尔分数为 90% 的氮气和 10% 的氧气。使用 EES 计算氧气产品的摩尔流量以及最少塔板数。

3-18　习题 3-17 的其他条件保持不变，氧产品中氧气的摩尔分数提高至 99.9%，使用 EES 计算需要增加的塔板数。

3-19　空气分离精馏塔，原料空气的摩尔分数为 79% 的氮气和 21% 的氧气，进入塔内时温度为 79.5K。塔内操作压力为 0.101MPa。塔顶产品的摩尔分数为 95% 的氮气和 5% 的氧气。塔底产品的摩尔分数为 1% 的氮气和 99% 的氧气，摩尔流量为 15mol/s。顶部产品和底部产品均为饱和液体。塔顶冷凝器热负荷为 600kW。使用 EES 计算塔顶产品的摩尔流量、再沸器的加热量以及最少塔板数。

3-20　当习题 3-19 中原料空气为饱和液体时，计算再沸器的加热量。

第4章

制冷空调部件设计及分析

本章主要讲解典型制冷空调部件的设计及分析，包括热交换器、冷却塔、压缩机、离心泵、风机和节流元件，其中热交换器包括单相热交换器、冷凝器、蒸发器和多股流热交换器，压缩机包括活塞式压缩机和涡旋式压缩机，节流元件包括毛细管和热力膨胀阀。

本章电子资料

4.1 热交换器

组件库是目前 EES 提供的三个应用程序库之一，该库只能在专业版中访问。为了加快启动过程，组件库不会自动加载，需要将以下指令放在方程组文件的顶部，以加载该库。该库一旦加载，会在 EES 会话的剩余时间内保持加载状态。

```
$Load Component Library
```

在 EES 中从选项菜单中的功能信息命令访问组件库。在"Options"菜单中选择"Function Info"命令，打开"Function Information"对话框，选中"Component Library（组件库）"单选按钮，从该按钮右侧的下拉列表中选择"Heat Exchangers（热交换器库）"，其中包含了三类热交换器的模型，分别为单相热交换器、冷凝器和蒸发器。

4.1.1 单相热交换器

本小节介绍热交换器库中的单相热交换器库。在"Heat Exchangers（热交换器库）"按钮下方的下拉列表中选择"Single-Phase Heat Exchangers（单相热交换器库）"，如图 4-1 所示。

对话框中将显示组件模型的示意图，图片下方的滚动条允许用户从所选类别中的相关组件模型中进行选择。单击"Info"按钮以显示有关模型的详细信息和示例，单击"View"按钮可以查看 EES 代码，单击"Index"按钮可以查看组件模型的索引。组件库中的组件模型依赖于现有的"Thermophysical properties（热物理性质库）"以及"Heat Tranfer & Fluid Flow（传热和流体流动库）"。

单相热交换器库包含了三种单相热交换器模型。下面对这三种单相热交换器模型进行介绍。

1. 单相热交换器模型 1

单相热交换器模型 1 示意图如图 4-2 所示。该模型模拟了流体和恒温热汇换热的过程，适用于实际流体、理想气体、不可压缩流体或水溶液。模型对应的过程名为"HeatExchanger1_CL"，调用格式如下：

Call HeatExchanger1_CL(F\$, C, q_m, h_in, p_in, T_r, DT, Dpoverp: h_out, p_out, PHI, eff)

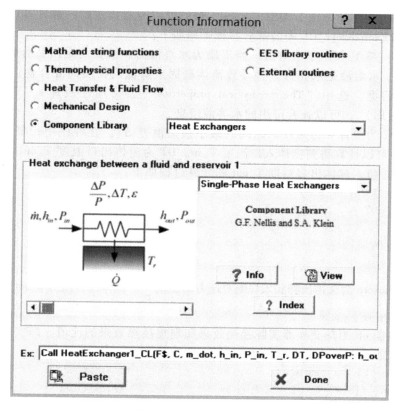

图 4-1　单相热交换器库

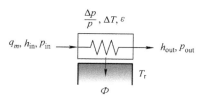

图 4-2　单相热交换器模型 1 示意图

输入参数和输出参数的具体含义见表 4-1，表中参数单位为国际标准单位，但是在程序中使用的单位不一定是国际标准单位，视实际情况而定。

表 4-1　过程 HeatExchanger1_CL 的输入参数和输出参数

输入参数	参数含义	输出参数	参数含义
F$	流体标识符	h_out	出口比焓h_{out}（J/kg）
C	质量分数（%），仅用于水溶液，否则设置为 0	p_out	出口压力p_{out}（Pa）
q_m	质量流量q_m（kg/s）	PHI	换热量$\varPhi$（W）
h_in	入口比焓h_{in}（J/kg）	eff	热交换器效能ε
p_in	入口压力p_{in}（Pa）		
T_r	恒温热汇温度T_r（K）		
DT	夹点温差ΔT（K）		
Dpoverp	相对压降$\dfrac{\Delta p}{p}$		

单击图 4-1 中模型示意图右侧的"View"按钮可以查看该过程内部计算的 EES 代码，基于此对过程 HeatExchanger1_CL 中的部分参数解释如下：

质量分数 C（%）仅用于水溶液。当工质为水溶液时，需要给定质量分数 C 的值，否则给定 $C=0$ 即可。水溶液是水和另一种导致流体凝固点降低的物质的混合物。打开"Function Information"对话框，选中"Thermophysical properties（热物理性质库）"单选按钮，选择"Brines（水溶液库）"，可以查看可用的水溶液信息。

夹点温差 DT 为流体和恒温热汇之间的最小换热温差 ΔT。在程序中，根据输入参数 F\$、h_in、C 和 p_in 可以计算得到流体入口温度 T_in。DT 为流体出口温度 T_out 和恒温热汇温度 T_r 的差值的绝对值。流体出口温度 T_out 的计算过程如下：

```
If (T_in > T_r) Then
    T_out = T_r + DT
Else
    T_out = T_r - DT
EndIf
```

相对压降 Dpoverp 为流体压降和入口绝对压力的比值 $\dfrac{\Delta p}{p}$。流体出口压力 p_out 计算过程如下：

```
p_out = p_in - Dpoverp * p_in
```

热交换器效能 eff 为热交换器实际换热效果和理想换热效果的比值，即实际和理想情况下流体出入口焓差的比值。计算过程如下：

```
h_out = Enthalpy(F$, T = T_out, C = C, P = p_out)        "出口比焓"
h_out_i = Enthalpy(F$, T = T_r, C = C, P = p_out)        "理想出口比焓"
eff = (h_in - h_out)/(h_in - h_out_i)                    "热交换器效能"
```

下面通过例 4-1 来介绍 HeatExchanger1_CL 的调用过程。

例 4-1 已知乙二醇-水溶液与 25℃ 的恒温热汇进行热交换，溶液质量分数为 0.25，质量流量为 0.05kg/s，入口温度为 100℃，入口压力为 3MPa，夹点温差为 10℃，相对压降为 0.01，求换热量、热交换器效能、溶液出口压力和温度。

解 计算过程如下：

```
$Load Component Library
$UnitSystem SI Mass J C kPa
F$ = 'EG'
C = 25 [%]
q_m = 0.05 [kg/s]
T_in = 100 [C]
p_in = 3000 [kPa]
h_in = enthalpy(F$, T = T_in, C = C, P = p_in)
T_r = 25 [C]
DT = 10 [C]
Dpoverp = 0.01
Callheatexchanger1_cl(F$, C, q_m, h_in, p_in, T_r, DT, Dpoverp: h_out, p_out, PHI, eff)
T_out = T_r + DT                                          "T_in > T_r"
```

运行结果如下：

```
PHI = 12730 [W]
eff = 0.8691
p_out = 2970 [kPa]
T_out = 35 [C]
```

2. 单相热交换器模型 2

单相热交换器模型 2 示意图如图 4-3 所示。该模型模拟了两股流体逆流换热的过程，适用于任一侧为真实流体、理想气体、不可压缩流体或水溶液。夹点温差是给定值。在这个模型中，夹点温差必须出现在热端或冷端。如果夹点温差有可能出现在热交换器内部，此模型将无效。模型对应的过程名为 "HeatExchanger2＿CL"，调用格式如下：

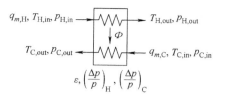

图 4-3　单相热交换器模型 2 示意图

Call HeatExchanger2_CL(F_H\$, C_H, q_m_H, h_H_in, p_H_in, F_C\$, C_C, q_m_C, h_C_in, p_C_in, DT, Dpoverp_H, Dpoverp_C：h_H_out, p_H_out, h_C_out, p_C_out, PHI, eff)

输入参数和输出参数的具体含义见表 4-2，表中参数单位为国际标准单位，但是在程序中使用的单位不一定是国际标准单位，视实际情况而定。

表 4-2　过程 HeatExchanger2_CL 的输入参数和输出参数

输入参数	参数含义	输出参数	参数含义
F_H\$	热流体标识符	h_H_out	热流体出口比焓 $h_{H,out}$（J/kg）
C_H	热流体质量分数 C_H（%），仅用于水溶液，否则设置为 0	p_H_out	热流体出口压力 $p_{H,out}$（Pa）
q_m_H	热流体质量流量 $q_{m,H}$（kg/s）	h_C_out	冷流体出口比焓 $h_{C,out}$（J/kg）
h_H_in	热流体入口比焓 $h_{H,in}$（J/kg）	p_C_out	冷流体出口压力 $p_{C,out}$（Pa）
p_H_in	热流体入口压力 $p_{H,in}$（Pa）	PHI	换热量 Φ（W）
F_C\$	冷流体标识符	eff	热交换器效能 ε
C_C	冷流体质量分数 C_C（%），仅用于水溶液，否则设置为 0		
q_m_C	冷流体质量流量 $q_{m,C}$（kg/s）		
h_C_in	冷流体入口比焓 $h_{C,in}$（J/kg）		
p_C_in	冷流体入口压力 $p_{C,in}$（Pa）		
DT	夹点温差 ΔT（K）		
Dpoverp_H	热侧相对压降 $\left(\dfrac{\Delta p}{p}\right)_H$		
Dpoverp_C	冷侧相对压降 $\left(\dfrac{\Delta p}{p}\right)_C$		

单击图 4-1 中模型示意图右侧的 "View" 按钮可以查看该过程内部计算的 EES 代码，基于此对过程 HeatExchanger2_CL 中的部分参数解释如下：

夹点温差 DT 为冷热两侧流体的最小换热温差 ΔT。根据输入参数可以计算得到冷热两侧流体入口温度 T_C_in 和 T_H_in。如果夹点温差在热端，冷侧流体出口温度计算过程如下：

    T_C_out = T_H_in - DT   "冷侧出口温度"

如果夹点温差在冷端，热侧流体出口温度计算过程如下：

    T_H_out = T_C_in + DT   "热侧出口温度"

Dpoverp_H 为热侧流体压降和入口绝对压力的比值 $\left(\dfrac{\Delta p}{p}\right)_H$，Dpoverp_C 指冷侧流体压降和

入口绝对压力的比值 $\left(\dfrac{\Delta p}{p}\right)_{\mathrm{C}}$。热侧和冷侧流体出口压力计算过程如下：

p_H_out = p_H_in * (1 - Dpoverp_H)	"热侧出口压力"
p_C_out = p_C_in * (1 - Dpoverp_C)	"冷侧出口压力"

下面通过例 4-2 来介绍 HeatExchanger2_CL 的调用过程。

例 4-2 已知热侧流体水与冷侧流体丙二醇-水溶液逆流换热。热侧流体质量流量为 0.1kg/s，入口温度为 90℃，入口压力为 1MPa，相对压降为 0.01。冷侧溶液质量分数为 0.2，质量流量为 0.05kg/s，入口温度为 25℃，入口压力为 1.5MPa，相对压降为 0.01。夹点温差为 5℃。求换热量、热交换器效能、冷热侧流体出口压力和温度。

解 计算过程如下：

```
$Load Component Library
$UnitSystem SI Mass J C kPa
F_H$ = 'Water'
q_m_H = 0.1 [kg/s]
T_H_in = 90 [C]
p_H_in = 1000 [kPa]
h_H_in = enthalpy(F_H$, T = T_H_in, P = p_H_in)
F_C$ = 'PG'
q_m_C = 0.05 [kg/s]
C_C = 20 [%]
T_C_in = 25 [C]
p_C_in = 1500 [kPa]
h_C_in = enthalpy(F_C$, T = T_C_in, C = C_C, P = p_C_in)
DT = 5 [C]
Dpoverp_H = 0.01
Dpoverp_C = 0.01
Call heatexchanger2_cl(F_H$, 0, q_m_H, h_H_in, p_H_in, F_C$, C_C, q_m_C, h_C_in, p_C_in, DT,
Dpoverp_H, Dpoverp_C: h_H_out, p_H_out, h_C_out, p_C_out, PHI, eff)
T_H_out = temperature(F_H$, P = p_H_out, h = h_H_out)      "热侧出口温度"
T_C_out = T_H_in - DT                                       "夹点温差在热端"
```

运行结果如下：

```
PHI = 12151 [W]
eff = 0.9219
p_H_out = 990 [kPa]
T_H_out = 61.02 [C]
p_C_out = 1485 [kPa]
T_C_out = 85 [C]
```

3. 单相热交换器模型 3

单相热交换器模型 3 示意图如图 4-4 所示。该模型模拟了翅片圆管热交换器，管侧的单相液体与翅片侧的单相气体换热，适用于管侧为任何类型的液体，翅片侧为任何类型的气体（水溶液除外）。模型对应的过程名为 "HeatExchanger3_CL"，调用格式如下：

Call HeatExchanger3_CL(F_l$, C_l, q_m_l, T_l_in, p_l_in, F_g$, q_m_g, T_g_in, p_g_in, W, H, L, HXg$,

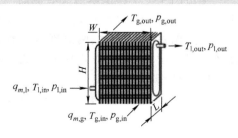

图 4-4 单相热交换器模型 3 示意图

HXm\$, th_tb, RR, N_pass：T_l_out, p_l_out, T_g_out, p_g_out, PHI, eff, NTU, eta_f)

输入参数和输出参数的具体含义见表 4-3，表中参数单位为国际标准单位，但是在程序中使用的单位不一定是国际标准单位，视实际情况而定。

表 4-3　过程 HeatExchanger3_CL 的输入参数和输出参数

输入参数	参数含义	输出参数	参数含义
F_l\$	液体标识符	T_l_out	液体出口温度 $T_{l,out}$（K）
C_l	液体质量分数 C_l（%），仅用于水溶液，否则设置为 0	p_l_out	液体出口压力 $p_{l,out}$（Pa）
q_m_l	液体的总质量流量 $q_{m,l}$（kg/s）	T_g_out	气体出口温度 $T_{g,out}$（K）
T_l_in	液体入口温度 $T_{l,in}$（K）	p_g_out	气体出口压力 $p_{g,out}$（Pa）
p_l_in	液体入口压力 $p_{l,in}$（Pa）	PHI	换热量 Φ（W）
F_g\$	气体标识符	eff	热交换器效能 ε
q_m_g	气体的总质量流量 $q_{m,g}$（kg/s）	NTU	传热单元数
T_g_in	气体入口温度 $T_{g,in}$（K）	eta_f	翅片效率 η_f
p_g_in	气体入口压力 $p_{g,in}$（Pa）		
W	平行于管子的热交换器面宽度（m）		
H	垂直于管子的热交换器面高度（m）		
L	热交换器在流动方向上的长度（m）		
HXg\$	翅片圆管热交换器表面类型		
HXm\$	翅片材料的标识符		
th_tb	管壁厚度（m）		
RR	管内表面相对粗糙度		
N_pass	管程数		

单击图 4-1 中模型示意图右侧的 "View" 按钮可以查看该过程内部计算的 EES 代码，基于此对过程 HeatExchanger3_CL 中的部分参数解释如下：

q_m_l 为管侧液体的总质量流量 $q_{m,l}$，该值除以管数 Ntubes，再乘以管程数 N_pass，得到每管的质量流量 q_m_l_pertube，即

```
q_m_l_pertube = q_m_l * N_pass/Ntubes
```

HXg\$是紧凑型热交换器库中翅片圆管热交换器的表面类型。在 "Options" 菜单中选择 "Function Info" 命令，打开 "Function Information" 对话框，选中 "Heat Tranfer & Fluid Flow（传热和流动流体库）" 单选按钮，选择 "Compact HX（紧凑型热交换器库）"，在其中选择 "Finned Circular Tubes（翅片圆管库）"，可以查看由翅片圆管组成的紧凑型热交换器的表面类型和几何信息。

th_tb 为圆管管壁厚度，如果设置为负数，程序会假定一个合理的值。

HXm\$为翅片材料的标识符，如果设置为 "NA"，则翅片效率 eta_f 将被假定为 100%。打开 "Function Information" 对话框，选中 "Thermophysical properties（热物理性质库）" 单选按钮，选择 "Incompressible（不可压缩物质库）"，在其中选择 "Metals（金属库）"，可以查看可用的金属材料信息。另外，在 "Incompressible（不可压缩物质库）" 中选择 "Heat Transfer Fluids（传热流体库）"，可以查看可用的传热流体信息。

传热单元数 NTU 的计算过程如下：

```
R_total = R_l + (1/R_finned + 1/R_unfinned)^(-1)        "总热阻"
UA = 1/R_total                                          "传热热导"
C_dot_l = q_m_l * cp_l                                  "液体侧热容"
C_dot_g = q_m_g * cp_g                                  "气体侧热容"
NTU = UA/Min(C_dot_l, C_dot_g)                          "传热单元数"
```

其中，R_l 为液体侧热阻；R_finned 为气体侧翅片表面热阻；R_unfinned 为气体侧无翅片表面热阻；R_total 为总热阻；UA 是总热阻的倒数，通常称为热交换器的传热热导，可以用来确定传热速率；cp_l 为液体比定压热容；cp_g 为气体比定压热容。

翅片效率 eta_f 通过调用函数"eta_fin_annular_rect"计算得到。该函数用于计算环形翅片的翅片效率，输入参数依次为：环形翅片管内径、环形翅片管外径、环形翅片厚度、表面传热系数和翅片材料的导热系数。如下所示：

```
eta_f = eta_fin_annular_rect(fin_thk, D_o/2, D_o_fin/2, h_bar_g, k_fin)
```

在"Heat Tranfer & Fluid Flow（传热和流体流动库）"中选择"Fin Efficiency（翅片效率库）"，在下拉列表中选择"Dimensional Efficiency（有量纲效率库）"，拖动示意图下方的滚动条至函数"eta_fin_annular_rect"，可以查看该函数的详细信息。

下面通过例 4-3 来介绍 HeatExchanger3_CL 的调用过程。

例 4-3 已知翅片圆管热交换器管侧液体为发动机油 Engine_Oil_unused，质量流量为 0.02kg/s，入口温度为 80℃，入口压力为 500kPa。翅片侧气体为空气，质量流量为 0.6kg/s，入口温度为 25℃，入口压力为一个标准大气压（取 101.3kPa）。热交换器尺寸为 $W = 0.4m$，$H = 0.4m$，$L = 0.15m$。热交换器表面类型为 fc_tubes_sCF-88-10Ja，翅片材料为铜，管壁厚度为 1mm，管程数为 1。求换热量、热交换器效能、管侧和翅片侧流体出口压力和温度。

解 计算过程如下：

```
$Load Component Library
$Load Incompressible
$UnitSystem SI Mass J C kPa
F_l$ = 'Engine_Oil_unused'
C_l = 0 [ % ]
q_m_l = 0.02 [ kg/s ]
T_l_in = 80 [ C ]
p_l_in = 500 [ kPa ]
F_g$ = 'Air'
q_m_g = 0.6 [ kg/s ]
T_g_in = 25 [ C ]
p_g_in = 101.3 [ kPa ]
W = 0.4 [ m ]
H = 0.4 [ m ]
L = 0.15 [ m ]
HXg$ = 'fc_tubes_sCF-88-10Ja'
HXm$ = 'Copper'
N_pass = 1
th_tb = 1e-3 [ m ]
RR = 0 [ - ]
Call heatexchanger3_cl(F_l$, C_l, q_m_l, T_l_in, p_l_in, F_g$, q_m_g, T_g_in, p_g_in, W, H, L, HXg$,
HXm$, th_tb, RR, N_pass: T_l_out, p_l_out, T_g_out, p_g_out, PHI, eff, NTU, eta_f)
```

运行结果如下：

PHI = 1260［W］

eff = 0.5372

T_l_out = 50.45［C］

p_l_out = 500［kPa］

T_g_out = 27.09［C］

p_g_out = 101.2［kPa］

4.1.2　冷凝器

本小节介绍热交换器库中的冷凝器库。在 EES 中，在"Options"菜单中选择"Function Info"命令，打开"Function Information"对话框，选中"Component Library（组件库）"单选按钮，从该按钮右侧的下拉列表中选择"Heat Exchangers（热交换器库）"，在"Heat Exchangers"下方的下拉列表中选择"Condensers（冷凝器库）"，如图 4-5 所示。拖动组件模型示意图下方的滚动条选择所需模型。

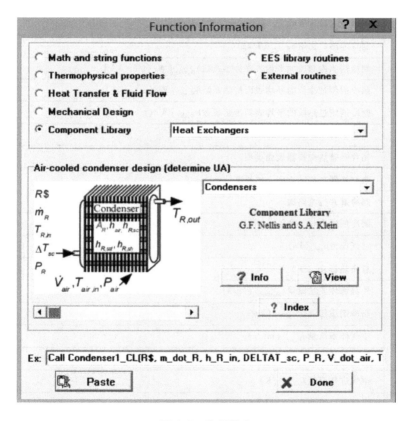

图 4-5　冷凝器库

冷凝器库包含了 6 种冷凝器模型，1~4 为翅片管式热交换器，5~6 为管壳式、板式或其他类型的热交换器。这 6 种模型中用到的输入参数和输出参数含义相同，汇总见表 4-4，表中参数单位为国际标准单位，但是在程序中使用的单位不一定是国际标准单位，视实际情况而定。

表 4-4　冷凝器模型的输入参数和输出参数汇总

参数	含义
A_air \ A_R	空气侧有效传热面积与制冷剂侧传热面积之比$A_{\text{air}}/A_{\text{R}}$
A_fluid \ A_R	外部流体侧传热面积与制冷剂侧传热面积之比$A_{\text{fluid}}/A_{\text{R}}$
A_R	制冷剂侧传热面积A_{R}（m^2）
Config$	字符串，必须是逆流 'counterflow' 或平行流 'parallelflow'
cp_fluid	外部流体比定压热容$c_{p,\text{fluid}}[\text{J}/(\text{kg}\cdot\text{K})]$
DELTAT_sc	过冷度 ΔT_{sc}（K）
DELTAp_air	空气侧压降 Δp_{air}（Pa）
f_sc	制冷剂侧过冷段的表面积的比例f_{sc}
f_sh	制冷剂侧过热段的表面积的比例f_{sh}
h_air	单位制冷剂侧面积的空气侧平均表面传热系数h_{air} $[\text{W}/(\text{m}^2\cdot\text{K})]$
h_fluid	单位制冷剂侧面积的外部流体侧平均表面传热系数h_{fluid} $[\text{W}/(\text{m}^2\cdot\text{K})]$
h_R_in	制冷剂入口比焓$h_{\text{R,in}}$（J/kg）
h_R_out	制冷剂出口比焓$h_{\text{R,out}}$（J/kg）
h_R_sat	制冷剂侧饱和段的平均表面传热系数$h_{\text{R,sat}}$ $[\text{W}/(\text{m}^2\cdot\text{K})]$
h_R_sc	制冷剂侧过冷段的平均表面传热系数$h_{\text{R,sc}}$ $[\text{W}/(\text{m}^2\cdot\text{K})]$
h_R_sh	制冷剂侧过热段的平均表面传热系数$h_{\text{R,sh}}$ $[\text{W}/(\text{m}^2\cdot\text{K})]$
H	垂直于管子的热交换器面的高度（m）
HXg$	翅片圆管热交换器表面类型
L	热交换器在流动方向上的长度（m）
N_circuits	制冷剂并行流路数
p_R	制冷剂压力p_{R}（Pa）
p_air	空气压力p_{air}（Pa）
PHI	总换热量 Φ（W）
q_m_fluid	外部流体质量流量$q_{m,\text{fluid}}$（kg/s）
q_m_R	制冷剂质量流量$q_{m,\text{R}}$（kg/s）
q_v_air	空气体积流量$q_{V,\text{air}}$（m^3/s）
R$	制冷剂名称
T_air_in	空气进气温度$T_{\text{air,in}}$（K）
T_air_out	空气出口温度$T_{\text{air,out}}$（K）
T_fluid_in	外部流体入口温度$T_{\text{fluid,in}}$（K）
T_fluid_out	外部流体出口温度$T_{\text{fluid,out}}$（K）
th_tb	管壁厚度（m）
UA	传热热导（W/K）
W	平行于管子的热交换器面的宽度（m）

表 4-4 中,对于翅片管式热交换器,A_air \ A_R 为总翅片效率和空气侧总面积的乘积与制冷剂侧内表面积的比值;对于无翅片热交换器,A_air \ A_R 为空气侧外表面积与制冷剂侧内表面积的比值;传热热导 UA 是热交换器传热总热阻的倒数,即总表面传热系数与传热面积之积,用来确定传热速率。

1. 冷凝器模型 1

冷凝器模型 1 示意图如图 4-6 所示。该模型确定将过热制冷剂冷凝到指定过冷度所需的传热面积。热量被传递到空气中。需要提供空气侧的平均表面传热系数,以及制冷剂侧过热、饱和和过冷段的平均表面传热系数,这些平均表面传热系数可以使用传热库中的函数来确定。

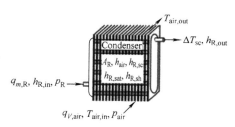

图 4-6 冷凝器模型 1 示意图

该模型用于冷凝器的设计阶段,通过输入设计入口条件来确定所需的冷凝器传热面积,模型对应的过程名为 "Condenser1_CL",调用格式如下:

Call Condenser1_CL(R\$, q_m_R, h_R_in, DELTAT_sc, p_R, q_v_air, T_air_in, p_air, h_air, A_air\A_R, h_R_sh, h_R_sat, h_R_sc: A_R, UA, PHI, h_R_out, T_air_out, f_sh, f_sc)

下面通过例 4-4 来介绍 Condenser1_CL 的调用过程。

例 4-4 已知冷凝器管内制冷剂为 R134a,质量流量为 0.005kg/s,入口压力为 1.2MPa,入口温度为 70℃,出口过冷度为 3℃。翅片侧空气的体积流量为 0.1m³/s,入口温度为 25℃,压力为 101.3kPa。求制冷剂侧所需的传热面积、换热量、空气出口温度、制冷剂出口比焓和出口温度。

解 计算过程如下:

```
$Load Component Library
$unitSystem SI C kPa kJ mass
$TabStops 0. 2 4. 5 in
R$ = 'R134a'
p_R = 1200 [kPa]
q_m_R = 0. 005 [kg/s]
T_R_in = 70 [C]
h_R_in = enthalpy(R$, T = T_R_in, P = p_R)
DELTAT_sc = 3 [C]
q_v_air = 0. 1 [m^3/s]
T_air_in = 25 [C]
p_air = 101. 3 [kPa]
A_air\A_R = 12. 13 [-]
h_air = 59. 85 [W/m^2-K]
h_R_sh = 276 [W/m^2-K]
h_R_sat = 1461 [W/m^2-K]
h_R_sc = 282 [W/m^2-K]
Call condenser1_cl(R$, q_m_R, h_R_in, DELTAT_sc, p_R, q_v_air, T_air_in, p_air, h_air, A_air\A_R,
    h_R_sh, h_R_sat, h_R_sc: A_R, UA, PHI, h_R_out, T_air_out, f_sh, f_sc)
T_R_out = temperature(R$, P = p_R, h = h_R_out)
```

以上程序中的平均表面传热系数 h_air、h_R_sh、h_R_sat 和 h_R_sc 以及传热面积比 A_air \ A_R 的计算过程如下。

　　首先给定必要的热交换器参数。本例中使用的翅片圆管热交换器的表面类型为 fc_tubes_s80-38T。调用过程"chx_geom_finned_tube"可以获得指定类型的热交换器的几何参数,该过程的详细信息可在"Compact HX (紧凑型热交换器库)"中选择"Finned circular tubes (翅片圆管库)"查看,如图 4-7 所示。

　　过程"chx_geom_finned_tube"的输入参数为热交换器的表面类型,输出参数如下:D_o 为管外径 (不适用于翅片扁管),fin_pitch 为每米的翅片数量,D_h 为水力直径,fin_thk 为翅片厚度,sigma 为最小自由流动面积/正面面积,alpha 为传热面积/总体积,A_fin \ A 为翅片面积/总面积。计算过程如下:

```
N_circuits = 1                              "制冷剂并行流路数"
A_fr = 0. 26 * 0. 2 [m^2]                    "正面面积"
W = 0. 2 [m]                                 "管长"
N_tubes = A_R/(pi * W * D_in)               "需要的管数"
Call chx_geom_finned_tube('fc_tubes_s80-38T': D_o, fin_pitch, D_h, fin_thk, sigma, alpha, A_fin\A)
                                             "空气侧几何参数"
```

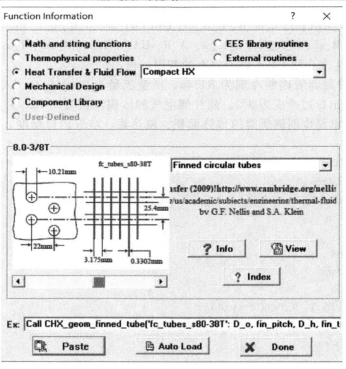

图 4-7　翅片圆管紧凑型热交换器库

　　根据以上参数确定空气侧有效传热面积与制冷剂侧传热面积的比 A_air \ A_R,计算过程如下:

```
th_tb = 0. 9e-3 [m]                              "管壁厚度"
D_in = D_o-2 * th_tb                             "管内径"
A_unfin = pi * D_o * N_tubes * W * (1-fin_thk * fin_pitch) "空气侧无翅片区域"
A_tot = A_unfin + A_fin                          "翅片和无翅片区域的总面积"
A_fin/A_tot = A_fin\A                            "翅片面积与总面积的比"
eta_o = 0. 97                                    "翅片总效率"
"计算空气侧有效传热面积与制冷剂侧传热面积之比,即 A_air\A_R"
A_air\A_R1 = eta_o * A_tot/(N_tubes * W * pi * D_in)
```

其次，确定空气侧和制冷剂侧的平均表面传热系数。

计算制冷剂侧饱和温度和空气侧质量流量，计算过程如下：

T_R_sat = t_sat(R$, P = p_R)

q_m_air = q_v_air/volume(Air, T = T_air_in, P = p_air)

调用过程 "CHX_h_finned_tube" 计算翅片管式紧凑型热交换器空气侧有效平均表面传热系数 h_air。该过程的详细信息可以在 "Compact HX（紧凑型热交换器库）" 中选择 "Finned circular tubes（h）［翅片圆管（表面传热系数）库］" 查看，如图 4-8 所示。过程输入参数依次为：热交换器表面类型、流体的质量流量、热交换器的正面面积、流体名称、流体温度、环境压力。计算过程如下所示：

"计算空气侧有效平均表面传热系数，即 h_air"

Call chx_h_finned_tube('fc_tubes_s80-38T', q_m_air, A_fr, 'Air', T_air_in, p_air: h_air1)

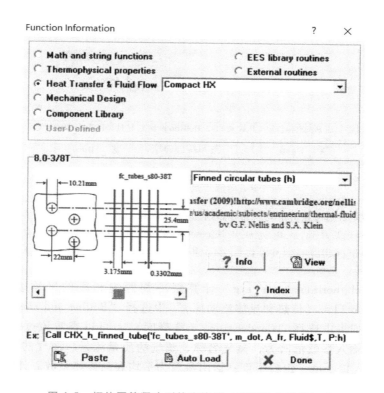

图 4-8　翅片圆管紧凑型热交换器（表面传热系数）库

调用过程 "pipeflow" 计算制冷剂侧过热和过冷段的平均表面传热系数。在 "Heat Tranfer & Fluid Flow（传热和流体流动库）" 中选择 "Convection（对流传热库）"，在下拉列表中选择 "Internal Flow-Dimensional（内部流动库）"，可以查看该过程的详细信息，如图 4-9 所示。

过程 "pipeflow" 的输入参数依次为：流体名称、流体的整体温度、压力、质量流量、管直径、管长度、管壁上的分散体与管径之比。输出参数依次为：假设管壁处于恒定温度（下限）的情况下确定的平均表面传热系数、假设管壁的热通量恒定（上限）的情况下确定的平均表面传热系数、管道入口和出口之间的压差、Nusselt 数（壁温恒定）、摩擦系数、雷诺数。不需要的输出参数用空格代替。对于湍流，过程返回的两个平均表面传热系数值是相同的，因此任选其中一个输出即可。计算过程如下：

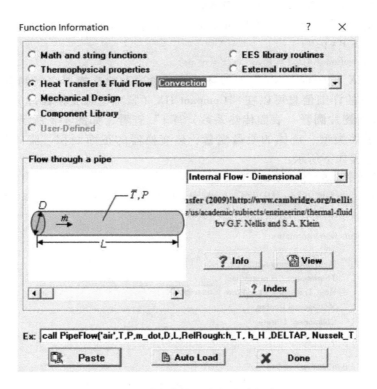

图 4-9　对流传热（内部流动）库

"计算制冷剂侧过热和过冷段的平均表面传热系数 h_R_sh 和 h_R_sc"
Call pipeflow('R134a',T_R_in, p_R, q_m_R/N_circuits, D_in, N_tubes * W * f_sh, 0：, h_R_sh1, , , ,)
Call pipeflow('R134a',T_R_sat-1［C］, p_R, q_m_R/N_circuits, D_in, N_tubes * W * f_sc, 0：, h_R_sc1, , , ,)

调用过程"cond_horizontaltube_avg"计算制冷剂侧饱和段的平均表面传热系数。在"Heat Tranfer & Fluid Flow（传热和流体流动库）"中选择"Boiling and Condensation（沸腾和冷凝库）"，在下拉列表中选择"Condensation（冷凝库）"，可以查看该过程的详细信息，如图 4-10 所示。过程输入参数依次为：蒸气名称、蒸气的质量流量、蒸气的饱和温度、管内表面温度、管内径、入口干度、出口干度；输出参数为平均表面传热系数。计算过程如下：

"计算制冷剂侧饱和段的平均表面传热系数 h_R_sat"
T_w = T_air_in　　　　　　　　　"估计壁温"
Call cond_horizontaltube_avg(R$, q_m_R, T_R_sat, T_w, D_in, 1, 0：h_R_sat1)

运行结果如下：

A_R = 0.1269［m^2］
PHI = 0.9371［kW］
h_R_out = 113.2［kJ/kg］
T_R_out = 43.29［C］
T_air_out = 32.88［C］

2. 冷凝器模型 2

冷凝器模型 2 示意图如图 4-11 所示。该模型根据空气和制冷剂的入口状态以及传热面积确定冷凝器的出口状态。制冷剂预计以过热状态进入冷凝器，热量被传递到空气中。需要提供空气侧的平均表面传热系数，以及制冷剂侧过热、饱和和过冷段的平均表面传热系数，这

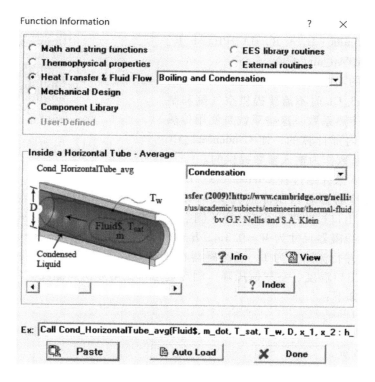

图 4-10　冷凝库

些平均表面传热系数可以使用传热库中的函数来
确定。

　　该模型用于确定固定设计冷凝器的出口状态，
模型对应的过程名为"Condenser2_CL"，调用格式
如下：

　　Call Condenser2_CL(R\$, q_m_R, h_R_in, p_R,
q_v_air, T_air_in, p_air, h_air, A_air\A_R, h_R_
sh, h_R_sat, h_R_sc, A_R : PHI, h_R_out, T_air_
out,f_sh, f_sc)

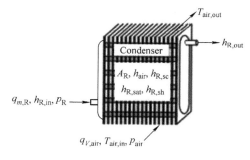

图 4-11　冷凝器模型 2 示意图

　　EES 对过程 Condenser2_ CL 的调用给出的示例
如例 4-5 所示，本例的计算过程和例 4-4 类似，不再详述，详见本书电子参考资料"例 4-5
计算及讲解"，也可通过单击图 4-5 中模型示意图右侧的"Info"按钮查看。

　　例 4-5　已知冷凝器管内制冷剂为 R134a，质量流量为 0.0028kg/s，入口压力为 1MPa，
入口温度为 60℃。制冷剂侧传热面积为 0.11m²。翅片侧空气的体积流量为 0.06m³/s，入口温
度为 20℃，压力为 101.3kPa。求换热量、空气出口温度、制冷剂出口比焓和出口温度。

3. 冷凝器模型 3

　　冷凝器模型 3 示意图如图 4-12 所示。该模型确定了将过热制冷剂冷凝到指定过冷度所需
的传热面积。热量被传递到空气中。需要提供从紧凑型热交换器库中选择的翅片圆管热交换
器表面类型（HXg\$）。

　　该模型用于冷凝器的设计阶段，通过指定设计入口条件来确定所需的冷凝器尺寸，模型
对应的过程名为"Condenser3_CL"，调用格式如下：

Call Condenser3_CL（R$，q_m_R，h_R_in，
DELTAT_sc，p_R，q_v_air，T_air_in，p_air，HXg$，
W，H，th_tb，N_circuits：L，A_R，UA，PHI，h_R_
out，T_air_out，DELTAp_air，f_sh，f_sc）

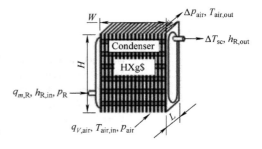

冷凝器模型 3 的功能与模型 1 类似，主要不同
在于调用 Condenser3_CL 时不需要提供空气侧和制
冷剂侧的平均表面传热系数，这些系数是使用传热
库中的函数在模型内部计算的，而 Condenser1_CL
是将平均表面传热系数作为输入参数提供的。

图 4-12　冷凝器模型 3 示意图

下面通过例 4-6 来介绍过程 Condenser3_CL 的调用过程。

例 4-6　已知冷凝器管内制冷剂为 R134a，质量流量为 0.01kg/s，入口压力为 1.5MPa，入口温度为 80℃，出口过冷度为 5℃。翅片侧空气的体积流量为 0.18m³/s，入口温度为 27℃，压力为 101.3kPa。冷凝器尺寸为 $W=0.3$ m，$H=0.3$ m，表面类型为 fc_tubes_s80-38T，管壁厚度为 1mm，制冷剂并行流路数为 1。求冷凝器在流动方向上的长度、制冷剂侧所需的传热面积、换热量、空气出口温度、空气侧压降、制冷剂出口比焓和出口温度。

解　计算过程如下：

```
$Load Component Library
$unitSystem SI C kPa kJ mass
$TabStops 0. 2 4. 5 in
R$ = 'R134a'
p_R = 1500 [ kPa ]
q_m_R = 0. 01 [ kg/s ]
h_R_in = enthalpy( R$,T = 80 [ C ] , P = p_R)
DELTAT_sc = 5 [ C ]
q_v_air = 0. 18[ m^3/s ]
T_air_in = 27 [ C ]
p_air = 101. 3 [ kPa ]
HXg$ = 'fc_tubes_s80-38T'
W = 0. 3[ m ]
H = 0. 3 [ m ]
th_tb = 1 [ mm ] * convert(mm,m)
N_circuits = 1
Call condenser3_cl( R$, q_m_R, h_R_in, DELTAT_sc, p_R, q_v_air, T_air_in, p_air, HXg$, W, H, th_tb,
N_circuits : L, A_R, UA, PHI, h_R_out, T_air_out, DELTAp_air, f_sh, f_sc)
T_R_out = temperature( R$,P = p_R,h = h_R_out)          "制冷剂出口温度"
```

运行结果如下：

```
L = 0. 04209 [ m ]
A_R = 0. 1805 [ m^2 ]
PHI = 1. 83 [ kW ]
T_air_out = 32. 16 [ C ]
DELTAp_air = 0. 01212 [ kPa ]
h_R_out = 123. 7 [ kJ/kg ]
T_R_out = 50. 21 [ C ]
```

4. 冷凝器模型 4

冷凝器模型 4 示意图如图 4-13 所示。该模型根据空气和制冷剂的入口状态以及传热面积确定冷凝器的出口状态。热量被传递到空气中。需要提供冷凝器的尺寸以及从紧凑型热交换器库中选择的翅片圆管热交换器表面类型（HXg$）。

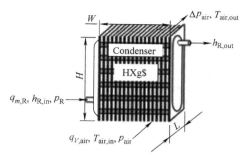

图 4-13　冷凝器模型 4 示意图

该模型用于确定固定设计冷凝器的出口状态，模型对应的过程名为 "Condenser4_CL"，调用格式如下：

Call Condenser4_CL(R$, q_m_R, h_R_in, p_R, q_v_air, T_air_in, p_air, HXg$, W, H, L, th_tb, N_circuits : PHI, h_R_out, T_air_out, DELTAp_air)

冷凝器模型 4 的功能与模型 2 类似，主要不同在于调用 Condenser4_CL 时不需要提供空气侧和制冷剂侧的平均表面传热系数，这些系数是使用传热库中的函数在模型内部计算的，而 Condenser2_CL 是将平均表面传热系数作为输入参数提供的。

EES 对过程 Condenser4_CL 的调用给出的示例如例 4-7 所示，本例的计算过程和例 4-6 类似，不再详述，详见本书电子参考资料 "例 4-7 计算及讲解"，也可通过单击图 4-5 中模型示意图右侧的 "Info" 按钮查看。

例 4-7　已知冷凝器管内制冷剂为 R134a，质量流量为 0.0028kg/s，入口压力为 1MPa，入口温度为 60℃。翅片侧空气的体积流量为 0.06m³/s，入口温度为 20℃，压力为 101.3kPa。热交换器尺寸为 $W = 0.2$m，$H = 0.2$m，$L = 0.057$m。热交换器表面类型为 fc_tubes_s80-38T，管壁厚度为 0.9mm，制冷剂并行流路数为 1。求换热量、空气出口温度、空气侧压降、制冷剂出口比焓和出口温度。

5. 冷凝器模型 5

冷凝器模型 5 示意图如图 4-14 所示。该模型确定将过热制冷剂冷凝到指定过冷度所需的传热面积。制冷剂在管内流动，热量被传递到外部流体（即壳程流体）中，外部流体可以是液体，例如水或水溶液。需要提供热交换器外部流体侧的平均表面传热系数，以及制冷剂侧的过热、饱和和过冷段的平均

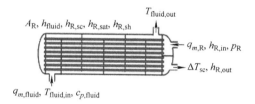

图 4-14　冷凝器模型 5 示意图

表面传热系数，这些平均表面传热系数可以使用传热库中的函数来确定。

该模型用于冷凝器的设计阶段，通过输入设计入口条件来确定所需的冷凝器传热面积，模型对应的过程名为 "Condenser5_CL"，调用格式如下：

Call Condenser5_CL(R$, q_m_R, h_R_in, DELTAT_sc, p_R, Config$, q_m_fluid, cp_fluid, T_fluid_in, h_fluid, A_fluid\A_R, h_R_sh, h_R_sat, h_R_sc : A_R, UA, PHI, h_R_out, T_fluid_out, f_sh, f_sc)

在实际运行中，热交换器可以是管壳式、板式或其他类型。但是 Config$ 只能设置为 "Parallelflow" 或 "Counterflow"，这两个选项提供了所需传热面积的上限和下限。

下面通过例 4-8 来介绍 Condenser5_CL 的调用过程。

例 4-8　已知管壳式冷凝器逆流换热，管内制冷剂为 R134a，质量流量为 0.03kg/s，入口压力为 1.1MPa，入口温度为 60℃，出口过冷度为 5℃。外部流体为乙二醇-水溶液，质量分数

为 0.1，质量流量为 0.25kg/s，入口温度为 25℃。求制冷剂侧所需的传热面积、换热量、外部流体出口温度、制冷剂出口比焓和出口温度。

解 计算过程如下：

```
$Load Component Library
$unitSystem SI C kPa kJ mass
R$ = 'R134a'
q_m_R = 0.03 [kg/s]
p_R = 1100 [kPa]
T_R_in = 60 [C]
h_R_in = enthalpy(R$,T = T_R_in,P = p_R)
DELTAT_sc = 5 [C]
Fluid$ = 'EG'                          "外部流体是乙二醇-水"
q_m_fluid = 0.25 [kg/s]
Conc = 10 [%]                          "乙二醇-水溶液的质量分数"
T_fluid_in = 25 [C]
Config$ = 'CounterFlow'                "逆流热交换器"
cp_fluid = cp(EG,T = T_fluid_in,C = Conc)
h_fluid = 400 [W/m^2-K]
A_fluid\A_R = 1.22 [-]
h_R_sh = 390 [W/m^2-K]
h_R_sat = 1932 [W/m^2-K]
h_R_sc = 416 [W/m^2-K]
Call condenser5_cl(R$, q_m_R, h_R_in, DELTAT_sc, p_R, Config$, q_m_fluid, cp_fluid, T_fluid_in, h_
fluid, A_fluid\A_R, h_R_sh, h_R_sat, h_R_sc:A_R, UA, PHI, h_R_out, T_fluid_out, f_sh, f_sc)
T_R_out = temperature(R$,P = p_R,h = h_R_out)
```

以上程序中的平均表面传热系数 h_fluid、h_R_sh、h_R_sat 和 h_R_sc 以及传热面积比 A_fluid \ A_R 的计算过程如下：

首先计算外部流体侧传热面积与制冷剂侧传热面积之比 A_fluid \ A_R。本例中为管壳式热交换器，需要给定热交换器的几何参数。计算过程如下：

```
"计算外部流体侧传热面积与制冷剂侧传热面积之比"
N_circuits = 4                         "制冷剂并行流路数量"
D_shell = 0.175 [m]                    "外壳直径"
W = 0.3 [m]                            "管长"
N_tubes = round(A_R/(pi * W * D_in))   "需要的管数"
D_o = 1 [cm] * convert(cm,m)           "管外径"
th = 0.9 [mm] * convert(mm,m)          "管壁厚度"
D_in = D_o-2 * th                      "管内径"
A_fluid\A_R1 = D_o/D_in                "传热面积比 A_fluid\A_R"
```

其次调用传热库中的函数计算管外部流体的平均表面传热系数 h_fluid 和管内部制冷剂的平均表面传热系数 h_R_sh、h_R_sat 和 h_R_sc。计算过程如下：

```
"确定管外部流体和管内部制冷剂的平均表面传热系数"
T_R_sat = temperature(R$,P = p_R,x = 1)           "制冷剂饱和温度"
Area_shell = pi * D_shell^2/4                      "热交换器壳的截面积"
Area_tubes = N_tubes * pi * D_o^2/4                "制冷剂管的截面积"
Area_fluid = Area_shell- Area_tubes               "外部流体的自由流动面积"
vel = q_m_fluid/density(Fluid$,T = T_fluid_in,C = Conc)/Area_fluid    "流体流速"
```

外部流体的平均表面传热系数通过调用过程"tube_bundle"计算得到。该过程返回以指定速度流过方形或三角形管布局的理想管束的流体平均表面传热系数和压降。流动可以是竖直的（向上或向下）或水平的。在"Heat Tranfer & Fluid Flow（传热和流体流动库）"中选择"Convection（对流传热库）"，在下拉列表中选择"Internal Flow-Dimensional（内部流动库）"，拖动示意图下方的滚动条至所需程序，可以查看该过程的详细信息，如图 4-15 所示。

过程"tube_bundle"输入参数依次为：流体的种类、温度、压力（对于水溶液，此参数提供以百分数形式表示的质量分数，在程序中将%等同于单位处理）、代表管束排列方式的字符串（方形'Square'或者三角形 'Triangular'）、管束中流体的平均速度、管外径、节距（方形或三角形排列的管中心之间的距离）、管壁温度、管长度、管束的平均水力直径。输出参数依次为：管束出入口之间的压差、平均表面传热系数、雷诺数、摩擦系数、Nusselt 数。不需要的输出参数用空格代替即可。计算过程如下所示：

```
"计算管束中外部流体的平均表面传热系数 h_fluid"
Pitch = D_o * 1.2                              "节距"
G$ = 'SQUARE'                                  "管束排列方式"
D_hp = 4 * (Area_shell- Area_tubes)/(pi * N_tubes * D_o + pi * D_shell)
Call tube_bundle(Fluid$, T_fluid_in, Conc, G$, Vel, D_o, Pitch, T_R_sat, W, D_hp:, h_fluid1, , ,)
```

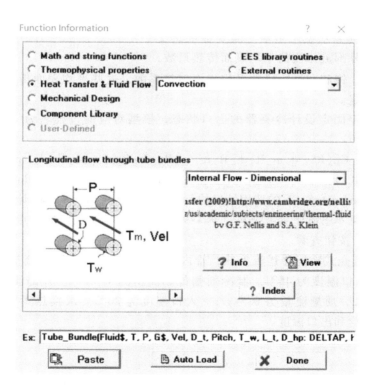

图 4-15　对流传热（内部流动）库

调用过程"pipeflow"计算制冷剂侧过热和过冷段的平均表面传热系数 h_R_sh 和 h_R_sc，调用过程"cond_horizontaltube_avg"计算制冷剂侧饱和段的平均表面传热系数 h_R_sat。该计算过程与例 4-4 相同，不再详细描述，如下所示：

```
"计算制冷剂过冷、饱和和过热段的平均表面传热系数"
q_m_tube = q_m_R/N_circuits              "单流路内制冷剂的质量流量"
L_series = N_tubes * W/N_circuits        "制冷剂单流路长度"
Call pipeflow(R$,T_R_in, p_R, q_m_tube, D_in, L_series * f_sh, 0: h_R_sh1, , , , , )
                                         "过热段 h_R_sh"
Call cond_horizontaltube_avg(R$, q_m_tube, T_R_sat, T_fluid_in, D_in, 1, 0 : h_R_sat1)
                                         "饱和段 h_R_sat"
Call pipeflow(R$,T_R_sat-1[C], p_R, q_m_tube, D_in, L_series * f_sc, 0: h_R_sc1, , , , , )
                                         "过冷段 h_R_sc"
```

运行结果如下：

A_R = 1.004 [m^2]
PHI = 5.591 [kW]
T_fluid_out = 30.52 [C]
h_R_out = 105.2 [kJ/kg]
T_R_out = 37.95 [C]

6. 冷凝器模型 6

冷凝器模型 6 示意图如图 4-16 所示。该模型确定给定外部流体和制冷剂的入口状态下冷凝器的出口状态。制冷剂预计以过热状态进入冷凝器。制冷剂在管内流动，热量被传递到外部流体中，外部流体可以是纯液体，例如水或水溶液。需要提供热交换器的传热面积、外部流体侧的平均表面传热系数，

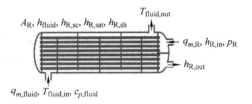

图 4-16　冷凝器模型 6 示意图

以及制冷剂侧过热、饱和和过冷段的平均表面传热系数，这些平均表面传热系数可以使用传热库中的函数来确定。

该模型用于确定固定设计冷凝器的出口状态，模型对应的过程名为"Condenser6_CL"，调用格式如下：

Call Condenser6_CL(R$, q_m_R, h_R_in, p_R, Config$, q_m_fluid, cp_fluid, T_fluid_in, h_fluid, A_fluid\A_R, h_R_sh, h_R_sat, h_R_sc, A_R : PHI, h_R_out, T_fluid_out, f_sh, f_sc)

EES 对过程 Condenser6_CL 的调用给出的示例如例 4-9 所示，本例的计算过程和例 4-8 类似，不再详述，详见本书电子参考资料"例 4-9 计算及讲解"，也可通过点击图 4-5 中模型示意图右侧的"Info"按钮查看。

例 4-9　已知管壳式冷凝器逆流换热，管内制冷剂为 R134a，质量流量为 0.075kg/s，入口压力为 1MPa，入口温度为 45℃。制冷剂侧传热面积为 1.33m²。外部流体为乙二醇-水溶液，质量分数为 0.2，质量流量为 0.5kg/s，入口温度为 20℃。求换热量、外部流体出口温度、制冷剂出口比焓和出口温度。

4.1.3　蒸发器

本小节介绍热交换器库中的蒸发器库。在 EES 中，在"Options"菜单中选择"Function Info"命令，打开"Function Information"对话框，选中"Component Library（组件库）"单选按钮，从该按钮右侧的下拉列表中选择"Heat Exchangers（热交换器库）"，在"Heat Exchangers"下方的下拉列表中选择"Evaporators（蒸发器库）"，如图 4-17 所示。拖动组件模型示意图下方的滚动条选择所需模型。

蒸发器库包含了 6 种蒸发器模型，1~4 为翅片管式热交换器，5~6 为管壳式、板式或其

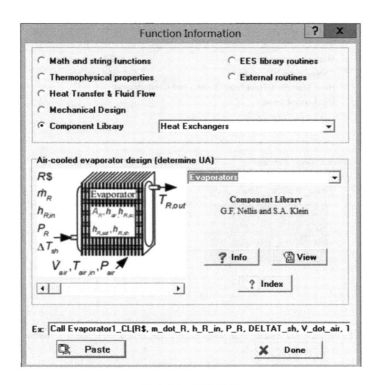

图 4-17　蒸发器库

他类型的热交换器。需要注意的一点是，翅片管式蒸发器模型均未考虑空气侧结露或结霜的影响，这是蒸发器模型应用的局限所在。

蒸发器模型的调用和计算过程与 4.1.2 节中所述的冷凝器模型类似，主要区别在于制冷剂侧平均表面传热系数的计算。蒸发器中制冷剂侧没有过冷段，饱和段的平均表面传热系数 h_R_sat 通过调用函数 "Flow_Boiling_avg" 来计算。

在 "Heat Tranfer & Fluid Flow（传热和流体流动库）" 中选择 "Boiling and Condensation（沸腾和冷凝库）"，在下拉列表中选择 "Boiling（沸腾库）"，可以查看函数 "Flow_Boiling_avg" 的详细信息，如图 4-18 所示。该函数用于计算圆形管内两相流体沸腾的平均表面传热系数，输入参数依次为：流体标识符、蒸气饱和温度、质量流速、管内径、入口干度、出口干度、表面热通量、字符串常量或变量（水平'Horizontal' 或者竖直 'Vertical'）。

蒸发器模型中用到的输入和输出参数含义绝大部分和冷凝器模型相同，不再赘述，见表 4-4，其中未提到的参数只有 DELTAT_sh，即过热度 $\Delta T_{sh}(\text{K})$。

1. 蒸发器模型 1

蒸发器模型 1 示意图如图 4-19 所示。该模型确定了通过热交换器与空气将两相制冷剂蒸发到指定过热度所需的传热面积。需要提供热交换器空气侧的平均表面传热系数，以及制冷剂侧饱和段和过热段的平均表面传热系数，这些平均表面传热系数可以使用传热库中的函数来确定。

该模型用于蒸发器的设计阶段，通过提供设计入口条件来确定所需的蒸发器传热面积，模型对应的过程名为 "Evaporator1_CL"，调用格式如下：

Call Evaporator1_CL(R$, q_m_R, h_R_in, p_R, DELTAT_sh, q_v_air, T_air_in, p_air, h_air, A_air\A_R, h_R_sat, h_R_sh : A_R, UA, PHI, h_R_out, T_air_out, f_sh)

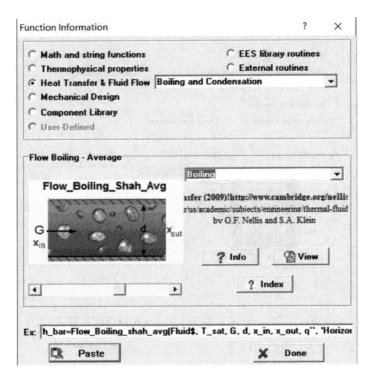

图 4-18　沸腾库

单击图 4-17 中模型示意图右侧的 "View" 按钮可以查看该过程内部计算的 EES 代码，基于此对过程 Evaporator1 _CL 的输出参数的计算过程解释如下：

首先，根据制冷剂入口比焓和压力确定入口温度，根据过热度确定制冷剂出口温度和出口比焓 h_R_out，进而根据制冷剂侧进出口焓差计算蒸发器的换热量 PHI，如下所示：

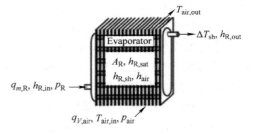

图 4-19　蒸发器模型 1 示意图

```
q_m_air = q_v_air/volume( Air,T = T_air_in,P = p_air)      "空气质量流量"
T_R_in = temperature( R$,h = h_R_in,P = p_R)               "制冷剂入口温度"
T_R_sat = T_R_in                                           "制冷剂入口为饱和状态"
T_R_out = T_R_sat + DELTAT_sh                              "制冷剂出口温度"
h_R_out = enthalpy( R$,P = p_R, T = T_R_out)               "制冷剂出口比焓"
PHI_tot = q_m_R * ( h_R_out- h_R_in)                       "蒸发器总换热量"
```

根据能量守恒计算空气出口温度 T_air_out，如下所示：

```
PHI_tot = q_m_air * ( enthalpy( Air,T = T_air_in) - enthalpy( Air,T = T_air_out))  "能量守恒"
```

其次，根据制冷剂饱和蒸气比焓可以确定制冷剂侧过热和饱和段的换热量，如下所示：

```
h_R_satv = enthalpy( R$,P = p_R,x = 1)                     "制冷剂饱和蒸气比焓"
PHI_sh = q_m_R * ( h_R_out- h_R_satv)                      "过热段的换热量"
PHI_sat = q_m_R * ( h_R_satv- h_R_in)                      "饱和段换热量"
```

应用效能-传热单元数法（ε-NTU）分析计算制冷剂侧过热和饱和段。过热段换热量的计算过程如下所示：

T_air_avg = (T_air_in + T_R_sat)/2　　　　　　　　"空气定性温度"

C_dot_air = q_m_air * cp(Air, T = T_air_avg)　　　　"空气总热容"

C_dot_air_sh = C_dot_air * f_sh　　　　　　　　　"过热段空气热容"

C_dot_R_sh = q_m_R * (h_R_out-h_R_satv)/(T_R_out-T_R_sat)

　　　　　　　　　　　　　　　　　　　　　"过热段制冷剂热容"

C_dot_min_sh = min(C_dot_air_sh, C_dot_R_sh)　　　"过热段最小热容"

PHI_sh = epsilon_sh * C_dot_min_sh * (T_air_in-T_R_sat)　　"过热段换热量"

过热段热交换器效能的计算过程如下所示：

R_air_sh = 1/(h_air * A_sh * A_air\A_R)　　　　　"过热段空气侧热阻"

R_R_sh = 1/(h_R_sh * A_sh)　　　　　　　　　　"过热段制冷剂侧热阻"

R_sh = R_R_sh + R_air_sh　　　　　　　　　　　"过热段总热阻"

UA_sh = 1/R_sh　　　　　　　　　　　　　　　"过热段传热热导"

NTU_sh = UA_sh/C_dot_min_sh　　　　　　　　　"过热段传热单元数"

C_r_sh = C_dot_min_sh/max(C_dot_air_sh, C_dot_R_sh)　　"过热段热容比"

epsilon_sh = 1-exp((1/C_r_sh) * Ntu_sh^0.22 * (exp(-C_r_sh * Ntu_sh^0.78)-1))

饱和段换热量的计算过程如下所示：

"认为饱和段制冷剂热容无限大，最小热容为空气热容"

C_dot_air_sat = C_dot_air * (1-f_sh)　　　　　　"饱和段空气热容"

C_dot_min_sat = C_dot_air_sat　　　　　　　　　"饱和段最小热容"

PHI_sat = epsilon_sat * C_dot_min_sat * (T_air_in-T_R_sat)　"饱和段换热量"

饱和段热交换器效能的计算过程如下所示：

R_air_sat = 1/(h_air * A_sat * A_air\A_R)　　　　"饱和段空气侧热阻"

R_R_sat = 1/(h_R_sat * A_sat)　　　　　　　　　"饱和段制冷剂侧热阻"

R_sat = R_R_sat + R_air_sat　　　　　　　　　　"饱和段总热阻"

UA_sat = 1/R_sat　　　　　　　　　　　　　　"饱和段传热热导"

NTU_sat = UA_sat/C_dot_min_sat　　　　　　　　"饱和段传热单元数"

epsilon_sat = 1-exp(-NTU_sat)

传热面积 A_R、过热段面积比 f_sh 和传热热导 UA 的计算过程如下所示：

A_R = A_sh + A_sat　　　　　　　　　　　　　"制冷剂侧所需传热面积"

f_sh = A_sh/A_R　　　　　　　　　　　　　　"制冷剂侧过热段面积比"

UA = UA_sat + UA_sh　　　　　　　　　　　　"总传热热导"

以上共 35 个方程，47 个变量。根据 12 个输入参数，解方程即可求得输出参数。

EES 对过程 Evaporator1_CL 的调用给出的示例如例 4-10 所示，单击图 4-17 中模型示意图右侧的"Info"按钮可以查看该例的计算过程，其中使用的平均表面传热系数不准确，对其修改后的计算过程和讲解详见本书电子资料"例 4-10 计算及讲解"。

例 4-10　已知制冷剂为 R134a，质量流量为 0.008kg/s，冷凝器出口温度为 38℃，冷凝压力为 1MPa。蒸发压力为 175kPa，蒸发器出口过热度为 5℃。蒸发器翅片侧空气的体积流量为 0.08m³/s，入口温度为 5℃，压力为 101.3kPa。求蒸发器制冷剂侧所需的传热面积、换热量、空气出口温度、制冷剂出口比焓和出口温度。

2. 蒸发器模型 2

蒸发器模型 2 示意图如图 4-20 所示。该模型确定了蒸发器中空气和制冷剂的出口状态。需要提供热交换器空气侧的平均表面传热系数，以及制冷剂侧的饱和和过热段的平均表面传热系数，这些平均表面传热系数可以使用传热库中的函数来确定。蒸发器出口制冷剂状态可能是两相或者过热，这取决于提供的传热面积和平均表面传热系数。

该模型用于计算指定传热面积的蒸发器的出口状态，模型对应的过程名为"Evaporator2_

CL",调用格式如下:

Call Evaporator2_CL(R$, q_m_R, h_R_in, p_R, q_v_air, T_air_in, p_air, h_air, A_air\A_R, h_R_sat, h_R_sh, A_R : PHI, h_R_out, T_air_out)

EES 对过程 Evaporator2_ CL 的调用给出的示例如例 4-11 所示,本例的计算过程和讲解详见本书电子参考资料 "例 4-11 计算及讲解",也可通过单击图 4-17 中模型示意图右侧的 "Info" 按钮查看。

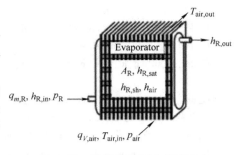

图 4-20 蒸发器模型 2 示意图

例 4-11 已知制冷剂为 R134a,质量流量为 0.008kg/s,冷凝器出口温度为 38℃,冷凝压力为 1MPa,蒸发压力为 175kPa。蒸发器制冷剂侧传热面积为 0.25m²。蒸发器翅片侧空气的体积流量为 0.08m³/s,入口温度为 5℃,压力为 101.3kPa。求蒸发器的换热量、空气出口温度、制冷剂出口比焓和出口温度。

3. 蒸发器模型 3

蒸发器模型 3 示意图如图 4-21 所示。该模型确定通过热交换器与空气将两相制冷剂蒸发到指定过热度所需的传热面积。需要提供从紧凑型热交换器库中选择的翅片圆管热交换器表面类型(HXg$)。

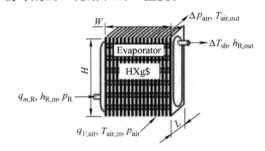

图 4-21 蒸发器模型 3 示意图

该模型用于蒸发器的设计阶段,通过输入设计入口条件来确定所需的蒸发器尺寸,模型对应的过程名为 "Evaporator3_CL",调用格式如下:

Call Evaporator3_CL(R$, q_m_R, h_R_in, p_R, DELTAT_sh, q_v_air, T_air_in, p_air, HXg$, W, H, th_tb, N_circuits : L, A_R, UA, PHI, h_R_out, T_air_out, DELTAp_air, f_sh)

蒸发器模型 3 的功能与模型 1 类似,主要不同在于调用 Evaporator3_CL 时不需要提供空气侧和制冷剂侧的平均表面传热系数,这些系数是使用传热库中的函数在模型内部计算的,而 Evaporator1_CL 是将平均表面传热系数作为输入参数提供的。

EES 对过程 Evaporator3_CL 的调用给出的示例如例 4-12 所示,本例的计算过程详见本书电子参考资料 "例 4-12 计算及讲解",也可通过单击图 4-17 中模型示意图右侧的 "Info" 按钮查看。

例 4-12 已知制冷剂为 R134a,质量流量为 0.008kg/s,冷凝器出口温度为 38℃,冷凝压力为 1MPa,蒸发压力为 175 kPa,蒸发器出口过热度为 5℃。蒸发器翅片侧空气的体积流量为 0.08m³/s,入口温度为 5℃,压力为 101.3kPa。蒸发器尺寸为 $W = 0.2$m, $H = 0.26$m,表面类型为 fc_tubes_s80-38T,管壁厚度为 0.9mm,制冷剂并行流路数为 1。求蒸发器在流动方向上的长度、制冷剂侧所需的传热面积、换热量、空气出口温度、空气侧压降、制冷剂出口比焓和出口温度。

4. 蒸发器模型 4

蒸发器模型 4 示意图如图 4-22 所示。该模型确定蒸发器中空气和制冷剂的出口状态,制冷剂可能以两相或过热状态离开。模型未考虑空气侧结露或结霜的影响。需要提供从紧凑型热交换器库中选择的翅片圆管热交换器表面类型(HXg$)。

该模型用于计算指定传热面积的蒸发器的出口状态,模型对应的过程名为 "Evaporator4_CL",调用格式如下:

Call Evaporator4_CL(R\$, q_m_R, h_R_in, p_R, q_v_air, T_air_in, p_air, HXg\$, W, H, L, th_tb, N_circuits：PHI, h_R_out, T_air_out, DELTAp_air)

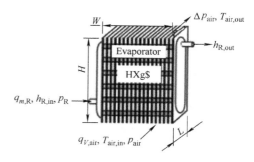

图 4-22　蒸发器模型 4 示意图

蒸发器模型 4 的功能与模型 2 类似，主要不同在于调用 Evaporator4_CL 时不需要提供空气侧和制冷剂侧的平均表面传热系数，这些系数是使用传热库中的函数在模型内部计算的，而 Evaporator2_CL 是将平均表面传热系数作为输入参数提供的。

EES 对过程 Evaporator4_CL 的调用给出的示例如例 4-13 所示，本例的计算过程详见本书电子参考资料"例 4-13 计算及讲解"，也可通过单击图 4-17 中模型示意图右侧的"Info"按钮查看。

例 4-13　已知制冷剂为 R134a，质量流量为 0.008kg/s，冷凝器出口温度为 38℃，冷凝压力为 1MPa，蒸发压力为 175 kPa。蒸发器翅片侧空气的体积流量为 0.08m³/s，入口温度为 5℃，压力为 101.3kPa。蒸发器尺寸为 $W = 0.2m$，$H = 0.26m$，$L = 0.1027m$，表面类型为 fc_tubes_s80-38T，管壁厚度为 0.9mm，制冷剂并行流路数为 1。求蒸发器的换热量、空气出口温度、空气侧压降、制冷剂出口比焓和出口温度。

5. 蒸发器模型 5

蒸发器模型 5 示意图如图 4-23 所示。该模型确定通过热交换器与外部流体将两相制冷剂蒸发到指定过热度所需的传热面积。制冷剂在管内流动，从外部流体中吸热，外部流体可以是液体，例如水和水溶液。需要提供热交换器外部流体侧的平均表面传热系数，以及制冷剂侧的饱和和过热段的平均表

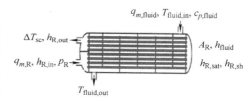

图 4-23　蒸发器模型 5 示意图

面传热系数，这些平均表面传热系数可以使用传热库中的函数确定。

该模型用于蒸发器的设计阶段，通过输入设计入口条件来确定所需的蒸发器传热面积，模型对应的过程名为"Evaporator5_CL"，调用格式如下：

Call Evaporator5_cl(R\$, q_m_R, h_R_in, p_R, DELTAT_sh, Config\$, q_m_fluid, T_fluid_in, cp_fluid, h_fluid, A_fluid\A_R, h_R_sat, h_R_sh：A_R, UA, PHI, h_R_out, T_fluid_out, f_sh)

在实际运行中，热交换器可以是管壳式、板式或其他类型。但是 Config\$ 只能设置为"Parallelflow"或"Counterflow"，这两个选项提供了所需传热面积的上限和下限。

EES 对过程 Evaporator5_CL 的调用给出的示例如例 4-14 所示，单击图 4-17 中模型示意图右侧的"Info"按钮可以查看该例的计算过程，其中调用函数"Flow_Boiling_avg"时参数管内径错误输入为管外径，导致平均表面传热系数和计算结果错误，对其修改后的计算过程和讲解详见本书电子参考资料"例 4-14 计算及讲解"。

例 4-14　已知管壳式蒸发器逆流换热，管内制冷剂为 R134a，质量流量为 0.08kg/s。冷凝器出口温度为 38℃，冷凝压力为 1MPa，蒸发压力为 200kPa，蒸发器出口过热度为 5℃。外部流体为乙二醇-水溶液，质量分数为 0.3，质量流量为 0.5kg/s，入口温度为 5℃。求蒸发器制冷剂侧所需的传热面积、换热量、外部流体出口温度、制冷剂出口比焓和出口温度。

6. 蒸发器模型 6

蒸发器模型 6 示意图如图 4-24 所示。该模型确定给定入口条件和蒸发器传热面积的制冷

剂和外部流体的出口状态。制冷剂在管内流动，从外部流体中吸热，外部流体可以是液体，例如水或水溶液。需要提供热交换器外部流体侧的平均表面传热系数，以及制冷剂侧的饱和和过热段的平均表面传热系数，这些平均表面传热系数可以使用传热库中的函数确定。

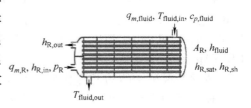

图 4-24　蒸发器模型 6 示意图

该模型用于确定固定设计蒸发器的出口状态，模型对应的过程名为 "Evaporator6_CL"，调用格式如下：

Call Evaporator6_cl(R$, q_m_R, h_R_in, p_R, Config$, q_m_fluid, T_fluid_in, cp_fluid, h_fluid, A_fluid\A_R, h_R_sat, h_R_sh, A_R: PHI, h_R_out, T_fluid_out)

EES 中对过程 Evaporator6_CL 的调用给出的示例如例 4-15 所示，本例的计算过程详见本书电子参考资料 "例 4-15 计算及讲解"，其中的平均表面传热系数和传热面积采用参考资料 "例 4-14 计算及讲解" 中的计算结果。

例 4-15　已知管壳式蒸发器逆流换热，管内制冷剂为 R134a，质量流量为 0.08kg/s。冷凝器出口温度为 38℃，冷凝压力为 1MPa，蒸发压力为 200kPa。蒸发器制冷剂侧传热面积为 3.96m^2。外部流体为乙二醇-水溶液，质量分数为 0.3，质量流量为 0.5kg/s，入口温度为 5℃。求蒸发器的换热量、外部流体出口温度、制冷剂出口比焓和出口温度。

4.1.4　多股流热交换器

常见的热交换器为一冷一热两股流体进行换热。如果热交换器中同时参与换热的流体多于两股，则称多股流热交换器，其在空气分离系统、天然气液化系统等低温系统中十分常见，具体形式如板翅式。

例 4-16　已知天然气液化循环示意图见图 4-25 所示。混合制冷剂和天然气进料的摩尔分数见表 4-5。假设多股流热交换器压降为零。混合制冷剂循环的低压和高压分别为 0.5MPa 和 2.5MPa。环境温度为 300K。天然气进料压力为 4MPa，出口处液化天然气（Liquefied Natural Gas，LNG）处于过冷状态，温度为 113K。冷却器出口温度为 305K。混合制冷剂质量流量为 1kg/s，天然气质量流量为 0.02kg/s。求多股流热交换器中混合制冷剂冷热流体的出入口温度和换热量。

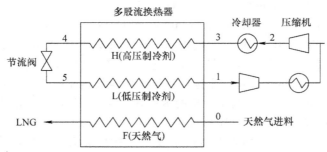

图 4-25　天然气液化循环示意图

表 4-5　混合制冷剂和天然气进料的摩尔分数（%）

组成	氮	甲烷	乙烷	丙烷	正丁烷	异丁烷
混合制冷剂	12	32	31	15	6	4
天然气进料	4	87	5	2	1	1

使用 EES 对该液化循环中的多股流热交换器进行计算和分析，程序详见本书电子资料中的参考程序"例 4-16. EES"。

解　通过在 EES 中调用 REFPROP 程序，可以计算混合制冷剂和天然气的物性数据。使用 $UnitSystem 指令指定单位系统，并输入$ConvertEESREFPROPUnits 指令，使 EES_REFPROP 的输入和输出单位与设置的单位制一致，如下所示：

```
$INCLUDE C:\EES32\Userlib\EES_REFPROP\EES_REFPROP.txt
$ConvertEESREFPROPUnits
$UnitSystem SI K MPa kJ mass
$TabStops 0.2 5 in
```

由表 4-5 可知混合制冷剂的摩尔分数如下所示：

```
"混合制冷剂摩尔分数"
MR$ = 'Nitrogen + Methane + Ethane + Propane + Butane + Isobutan'
mf_MR[1] = 0.12
mf_MR[2] = 0.32
mf_MR[3] = 0.31
mf_MR[4] = 0.15
mf_MR[5] = 0.06
```

由表 4-5 可知天然气的摩尔分数如下所示：

```
"天然气摩尔分数"
NG$ = 'Nitrogen + Methane + Ethane + Propane + Butane + Isobutan'
mf_NG[1] = 0.04
mf_NG[2] = 0.87
mf_NG[3] = 0.05
mf_NG[4] = 0.02
mf_NG[5] = 0.01
```

输入混合制冷剂和天然气的质量流量，如下所示：

```
q_m_MR = 1 [kg/s]          "混合制冷剂质量流量"
q_m_NG = 0.02 [kg/s]       "天然气质量流量"
```

已知混合制冷剂循环的低压和高压分别为 0.5MPa 和 2.5MPa，天然气进料压力为 4MPa，多股流热交换器压降为零，则各状态点的压力已知，如下所示：

```
"混合制冷剂各状态点压力"
p[1] = 0.5[MPa]
p[3] = 2.5[MPa]
p[4] = 2.5[MPa]
p[5] = 0.5[MPa]
"天然气各状态点压力"
p[0] = 4[MPa]
p_LNG = 4[MPa]
```

已知冷却器出口温度为 305K，即混合制冷剂循环中状态点 3 的温度为 305K。调用 EES_REFPROP，参数 MODE = TP（=12），通过给定的温度和压力计算状态点 3 的比焓 h[3]，如下所示：

```
"计算状态点 3 的比焓"
T[3] = 305[K]
Call ees_refprop(MR$,TP,T[3],p[3],mf_MR[1..5] : , , , ,h[3])
```

已知天然气入口温度为 300K，出口温度为 113 K。调用 EES_REFPROP，参数 MODE = TP
（ = 12），通过给定的温度和压力计算天然气入口和出口状态点的比焓 h[0] 和 h_LNG，如下
所示：

```
"天然气入口和出口状态点的比焓"
T[0] = 300[K]
Call ees_refprop(NG$, TP,T[0],p[0],mf_NG[1..5] : , , , ,h[0])
T_LNG = 113[K]
Call ees_refprop(NG$, TP,T_LNG,p_LNG,mf_NG[1..5] : , , , ,h_LNG)
```

多股流热交换器一个特点是内部温度夹点的可能性。处理此问题的一种简单而广泛使用
的方法是假设两股热流具有相同的温度，并在热流和冷流之间指定最小温差，如式（4-1）所
示，下标 H、L 和 F 分别表示高压制冷剂、低压制冷剂和天然气。本例中指定 $\Delta T_{min} = 3K$。

$$T_H - T_L = T_F - T_L \geq \Delta T_{min} \tag{4-1}$$

根据以上假设，给定热交换器冷端混合制冷剂状态点 4 的温度等于 LNG 的温度。调用
EES_REFPROP，参数 MODE = TP（ = 12），通过给定的温度和压力计算状态点 4 的比焓 h[4]，
如下所示：

```
T[4] = T_LNG
Call ees_refprop(MR$, TP,T[4],p[4],mf_MR[1..5] : , , , ,h[4])
```

过程 4-5 为等焓节流，从而可以确定状态点 5 的焓值。调用 EES_REFPROP，参数 MODE =
PH（ = 25），通过给定的压力和比焓计算状态点 5 的温度 T [5]，如下所示：

```
h[4] = h[5]                              "等焓节流"
Call ees_refprop(MR$, PH,p[5],h[5],mf_MR[1..5] : T[5])
```

由热交换器能量守恒可以确定状态点 1 的比焓。调用 EES_REFPROP，参数 MODE = PH
（ = 25），通过给定的压力和比焓计算状态点 1 的温度 T [1]，如下所示：

```
q_m_MR * (h[1]-h[3]) = q_m_NG * (h[0]-h_LNG)    "热交换器能量守恒"
Call ees_refprop(MR$, PH,p[1],h[1],mf_MR[1..5] : T[1])
```

根据混合制冷剂冷流体出入口焓差可以确定热交换器的换热量，如下所示：

```
PHI = q_m_MR * (h[1]-h[5])                "热交换器换热量"
```

单击 "Solve" 按钮求解，可得多股流热交换器的换热量为 PHI = 735.3kW。单击 "Array"
按钮查看各个状态点下的温度信息，如图 4-26 所示。

Sort	T_i [K]	p_i [MPa]	$mf_{NG,i}$	$mf_{MR,i}$	h_i [kJ/kg]
[0]	300	4			785
[1]	294	0.5	0.04	0.12	637.6
[2]			0.87	0.32	
[3]	305	2.5	0.05	0.31	621.6
[4]	113	2.5	0.02	0.15	-97.71
[5]	109.3	0.5	0.01	0.06	-97.71

图 4-26　天然气液化循环各状态点参数信息

本例对多股流热交换器的计算进行了简化，实际上非常复杂。如果不假设式（4-1），可
以通过局部能量守恒微分方程组精确地计算出图 4-25 所示的三股流体的温度分布，如

式（4-2）~式(4-4) 所示。

热流 H：
$$q_{m,\mathrm{MR}}c_{\mathrm{H}}\frac{\mathrm{d}T_{\mathrm{H}}}{\mathrm{d}x} = \mathrm{UA}_{\mathrm{H-L}}(T_{\mathrm{H}}-T_{\mathrm{L}}) + \mathrm{UA}_{\mathrm{H-F}}(T_{\mathrm{H}}-T_{\mathrm{F}}) \tag{4-2}$$

冷流 L：
$$q_{m,\mathrm{MR}}c_{\mathrm{L}}\frac{\mathrm{d}T_{\mathrm{L}}}{\mathrm{d}x} = -\mathrm{UA}_{\mathrm{H-L}}(T_{\mathrm{H}}-T_{\mathrm{L}}) - \mathrm{UA}_{\mathrm{F-L}}(T_{\mathrm{F}}-T_{\mathrm{L}}) \tag{4-3}$$

热流 F：
$$q_{m,\mathrm{F}}c_{\mathrm{F}}\frac{\mathrm{d}T_{\mathrm{F}}}{\mathrm{d}x} = \mathrm{UA}_{\mathrm{F-L}}(T_{\mathrm{F}}-T_{\mathrm{L}}) - \mathrm{UA}_{\mathrm{H-F}}(T_{\mathrm{H}}-T_{\mathrm{F}}) \tag{4-4}$$

式中，q_m 为质量流量（kg/s）；c 为比定压热容 [kJ/(kg·K)]；UA 为传热热导（kW/K）；x 为从冷端（$x=0$）到热端（$x=1$）的无量纲距离。

边界条件为
$$T_{\mathrm{F}}(0) = T_{\mathrm{LNG}} = 113\mathrm{K}, T_{\mathrm{F}}(1) = T_0 = 300\mathrm{K}, T_{\mathrm{H}}(1) = T_3 = 305\mathrm{K} \tag{4-5}$$

在三个 UA 值已知的情况下，通过求解式（4-2）~式(4-4) 的常微分方程，可以获得三股流体的温度分布。

4.2　冷却塔

本节介绍逆流冷却塔模型。在 EES 中，在 "Options" 菜单中选择 "Function Info" 命令，打开 "Function Information" 对话框，选中 "Component Library（组件库）" 单选按钮，从该按钮右侧的下拉列表中选择 "Heat & Mass Exchangers（热质交换器库）"，在下方的下拉列表中选择 "Cooling Tower（冷却塔）"，查看冷却塔模型，如图 4-27 所示。

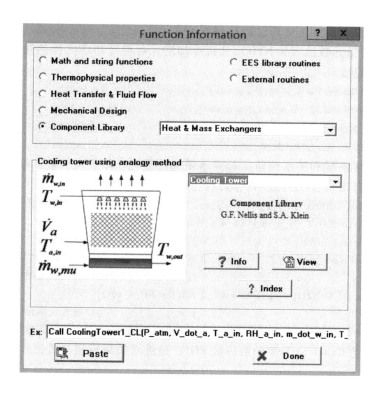

图 4-27　冷却塔模型

该模型用于确定逆流冷却塔的性能，不计算风机功率，也不考虑其对冷却塔热容量的影响，忽略风吹漂移的水量和喷水残留。由于补充水流量相对于进塔水流量较小，因此可以忽略补充水温度的影响。模型对应的过程名为"CoolingTower1_CL"，调用格式如下：

Call CoolingTower1_CL(p_atm, q_v_a, T_a_in, RH_a_in, q_m_w_in, T_w_in, UA：T_w_out, q_m_mu, Capacity, Range, Approach)

输入参数和输出参数的具体含义见表 4-6，表中参数单位为国际标准单位，但是在程序中使用的单位不一定是国际标准单位，视实际情况而定。

表 4-6　过程 CoolingTower1_CL 的输入参数和输出参数

输入参数	参数含义	输出参数	参数含义
p_atm	大气压（Pa）	T_w_out	出水温度 $T_{w,out}$（K）
q_v_a	空气体积流量 $q_{V,a}$（m^3/s）	q_m_mu	补充水质量流量 $q_{m,\mu}$（kg/s）
T_a_in	入口空气温度 $T_{a,in}$（K）	Capacity	热容量（W）
RH_a_in	入口空气相对湿度	Range	进出水温差（K）
q_m_w_in	进水质量流量 $q_{m,w,in}$（kg/s）	Approach	出水温度与湿球温度之差（K）
T_w_in	进水温度 $T_{w,in}$（K）		
UA	传热热导（W/K）		

单击图 4-27 中模型示意图右侧的"View"按钮可以查看该过程内部计算的 EES 代码，基于此对冷却塔模型输出参数的计算过程解释如下。

应用效能-传热单元数法（ε-NTU）分析冷却塔，可得冷却塔内换热量 Φ，进而根据能量守恒计算可得出水温度 $T_{w,out}$，如下所示：

```
h_w_in = enthalpy(Water, T = T_w_in, P = p_atm)              "进水比焓"
h_w_out = enthalpy(Water, T = T_w_out, P = p_atm)            "出水比焓"
q_m_w_out = q_m_w_in - q_m_mu                                "水质量守恒"
q_m_w_in * h_w_in - q_m_w_out * h_w_out = PHI                "水能量守恒"
```

由于不考虑漂移水量和喷水残留，补充水质量流量 $q_{m,\mu}$ 即蒸发水量，等于进出口湿空气中水蒸气的增量，假设出口空气为饱和状态，计算过程如下所示：

```
omega_a_in = humrat(AirH2O, T = T_a_in, P = p_atm, R = RH_a_in)   "入口空气含湿量"
h_a_in = enthalpy(AirH2O, T = T_a_in, P = p_atm, R = RH_a_in)     "入口空气比焓"
q_m_a = q_v_a * density(AirH2O, T = T_a_in, P = p_atm, R = RH_a_in) "空气质量流量"
h_a_out = h_a_in + PHI/q_m_a                                      "出口空气比焓"
RH_a_out = 1                                                      "出口空气相对湿度"
omega_a_out = humrat(AirH2O, P = p_atm, h = h_a_out, R = RH_a_out)
                                                                 "出口空气含湿量"
q_m_mu = q_m_a * (omega_a_out - omega_a_in)                       "补充水质量流量"
```

冷却塔的热容量 Capacity 不等于换热量 PHI，是进水质量流量与进出水焓差的乘积，如下所示：

```
Capacity = q_m_w_in * (h_w_in - h_w_out)                     "h_w_out:出水比焓"
```

Range 为进水温度和出水温度之差，Approach 为出水温度和空气湿球温度之差，如下所示：

Range = T_w_in - T_w_out

T_wetbulb = wetbulb(AirH2O, T = T_a_in, P = p_atm, R = RH_a_in)   "入口空气湿球温度"

Approach = T_w_out - T_wetbulb

下面通过例 4-17 来介绍 CoolingTower1_CL 的调用过程。

例 4-17 已知夏季室外空气干球温度为 32℃，相对湿度为 60%。逆流冷却塔中空气体积流量为 $2.5 \mathrm{m}^3/\mathrm{s}$，进水温度为 40℃，进水质量流量为 4kg/s。冷却塔内填料体积为 $25\mathrm{m}^3$，每单位体积填料表面积为 $10\mathrm{m}^2/\mathrm{m}^3$，填料平均表面传热系数为 $30\mathrm{W}/(\mathrm{m}^2 \cdot \mathrm{K})$。压力为 101.3kPa。求冷却塔出水温度和补充水质量流量。

解 计算过程如下：

```
$Load Component Library
$Unitsystem SI C kPa J mass
T_a_in = 32[C]
RH_a_in = 0.6
p_atm = 101.3 [kPa]
q_v_a = 2.5 [m^3/s]
T_w_in = 40[C]
q_m_w_in = 4 [kg/s]
Vol = 25 [m^3]
h_v = 30 [W/m^2-K]
A = 10 [m^2/m^3]
UA = h_v * Vol * A
Call coolingtower1_cl(p_atm, q_v_a, T_a_in, RH_a_in, q_m_w_in, T_w_in, UA : T_w_out, q_m_mu, Capacity, Range, Approach)
```

运行结果如下：

```
q_m_mu = 0.06143 [kg/s]
T_w_out = 30.26[C]
```

4.3 压缩机

本节介绍压缩机库中常用的活塞式和涡旋式压缩机模型。在 EES 中，在"Options"菜单中选择"Function Info"命令，打开"Function Information"对话框，选中"Component Library（组件库）"单选按钮，从该按钮右侧的下拉列表中选择"Compressors（压缩机库）"，如图 4-28 所示。拖动组件模型示意图下方的滚动条选择所需模型。

4.3.1 活塞式压缩机

活塞式压缩机模型示意图如图 4-29 所示。该模型用于确定活塞式压缩机的容积效率、功率和制冷剂质量流量，对应的过程名为"Compressor3_CL"，调用格式如下：

Call Compressor3_CL(F$, DR, C, T_evap, DELTAT_sh, T_cond, dp_evap, eta_cm : eta_vol, q_m, P, h_out)

输入参数和输出参数的具体含义见表 4-7，表中参数单位为国际标准单位，但是在程序中使用的单位不一定是国际标准单位，视实际情况而定。

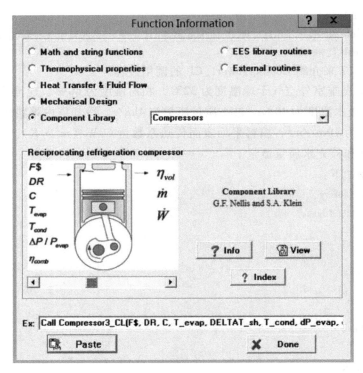

图 4-28　压缩机库

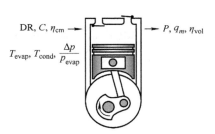

图 4-29　活塞式压缩机模型示意图

表 4-7　过程 Compressor3_CL 的输入参数和输出参数

输入参数	参数含义	输出参数	参数含义
F\$	流体标识符	eta_vol	容积效率η_{vol}
DR	理论输气量（m^3/s）	q_m	制冷剂质量流量q_m（kg/s）
C	相对余隙容积	P	压缩机功率 P（W）
T_evap	蒸发温度T_{evap}（K）	h_out	假设压缩机绝热运行时的出口比焓h_{out}（J/kg）
DELTAT_sh	入口过热度ΔT_{sh}（K）		
T_cond	冷凝温度T_{cond}（K）		
dp_evap	相对压降$\dfrac{\Delta p}{p_{evap}}$		
eta_cm	电效率η_{cm}		

对表 4-7 中的部分参数解释如下：

理论输气量 $DR = i\dfrac{\pi D^2}{4}sn$。其中，$i$ 为气缸数；D 为气缸直径（m）；s 为活塞行程（m）；n 为转速（r/s）。

相对余隙容积 C 为余隙容积与气缸工作容积之比，通常在 0.02 ~ 0.035 之间，如果没有其他可用信息，建议取 0.025。

相对压降 $\dfrac{\Delta p}{p_{\text{evap}}}$ 为压缩机进气阀的压降与蒸发压力之比，通常在 0.05 ~ 0.25 之间，建议取 0.1。

电效率 η_{cm} 为压缩机和电动机的综合效率，$\eta_{\text{cm}} = \eta_i \eta_m \eta_{\text{mo}}$。其中，$\eta_i$ 为指示效率；η_m 为机械效率；η_{mo} 为电动机效率。电效率通常在 0.5 ~ 0.7 之间，如果提供负值，模型计算时将采用从实验数据确定的默认数据。

容积效率 η_{vol} 为压缩机实际输气量和理论输气量的比值，又称为输气系数 λ，$\lambda = \lambda_V \lambda_p \lambda_T \lambda_L$。其中，$\lambda_V$ 为容积系数；λ_p 为压力系数；λ_T 为温度系数；λ_L 为泄漏系数。

制冷剂质量流量 q_m 模型内部计算时采用压缩机入口处的热物性，$q_m = \eta_{\text{vol}} DR/v_{\text{in}}$。其中，$v_{\text{in}}$ 为压缩机入口比体积（m^3/kg）。

下面通过例 4-18 来介绍 Compressor3_CL 的调用过程。

例 4-18　已知活塞式压缩机的气缸数为 2，气缸直径为 40mm，活塞行程为 25mm，转速为 2880r/min，相对余隙容积为 0.03。制冷剂为 R32，压缩机入口过热度为 10℃，蒸发温度为 2℃，冷凝温度为 40℃，压缩机吸气相对压降为 0.1。求压缩机的容积效率、压缩机功率、制冷剂质量流量、出口比焓和出口温度。

解　计算过程如下：

```
$Load Component Library
$unitSystem SI C kPa kJ mass
F$ = 'R32'
i = 2
D = 0.04 [m]
s = 0.025 [m]
n = 2880 [1/min] * convert(1/min, 1/sec)
DR = i * pi * D^2/4 * s * n
C = 0.03
DELTAT_sh = 10 [C]
T_evap = 2 [C]
T_cond = 40 [C]
dp_evap = 0.1
eta_cm = -1                          "采用默认数据"
Call compressor3_cl(F$, DR, C, T_evap, DELTAT_sh, T_cond, dp_evap, eta_cm: eta_vol, q_m, P, h_out)
p_cond = pressure(F$, T = T_cond, x = 0)     "冷凝压力"
T_out = temperature(F$, P = p_cond, h = h_out)    "出口温度"
```

运行结果如下：

```
eta_vol = 0.8415
P = 4.059 [kW]
h_out = 600.1 [kJ/kg]
q_m = 0.056 [kg/s]
T_out = 102.6 [C]
```

4.3.2 涡旋式压缩机

涡旋式压缩机模型示意图如图 4-30 所示。该模型是根据泄漏率开发的，用于确定涡旋式压缩机的容积效率、功率和制冷剂质量流量，对应的过程名为 "Compressor4_CL"，调用格式如下：

Call Compressor4_CL(F\$, DR, T_evap, DELTAT_sh, T_cond, L, eta : eta_vol, q_m, P, h_out)

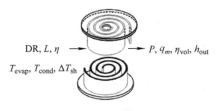

图 4-30 涡旋式压缩机模型示意图

输入参数和输出参数的具体含义见表 4-8，表中参数单位为国际标准单位，但是在程序中使用的单位不一定是国际标准单位，视实际情况而定。

表 4-8 过程 Compressor4_CL 的输入参数和输出参数

输入参数	参数含义	输出参数	参数含义
F\$	流体标识符	eta_vol	容积效率 η_{vol}
DR	理论输气量（m^3/s）	q_m	制冷剂质量流量 q_m（kg/s）
T_evap	蒸发温度 T_{evap}（K）	P	压缩机功率 P（W）
DELTAT_sh	入口过热度 ΔT_{sh}（K）	h_out	出口比焓 h_{out}（J/kg）
T_cond	冷凝温度 T_{cond}（K）		
L	泄漏率 L		
eta	电效率 η		

表 4-8 中的多数参数含义和表 4-7 中相同，对部分参数解释如下：

理论输气量 $DR = nV$。其中，n 为偏心轴转速（r/s）；V 为每转的行程容积（m^3）。

电效率 η 为压缩机和电动机的综合效率，建议提供负值，使模型计算时使用默认数据。

泄漏率 $L = 1 - \lambda_L$。其中，λ_L 为泄漏系数，建议提供负值以使用默认数据。

容积效率 $\eta_{vol} = \lambda_V \lambda_p \lambda_T \lambda_L$。对于涡旋式压缩机，$\eta_{vol}$ 受泄漏系数 λ_L 的影响最大，λ_V、λ_p 和 λ_T 的值接近于 1，影响可以忽略不计，因此 $\eta_{vol} = \lambda_L = 1 - L$。

下面通过例 4-19 来介绍过程 Compressor4_CL 的调用过程。

例 4-19 已知涡旋式压缩机的理论输气容积为 $46 cm^3$，转速为 2880r/min。制冷剂为 R32，压缩机入口过热度为 5℃，蒸发温度为 3℃，冷凝温度为 45℃。求压缩机的容积效率、压缩机功率、制冷剂质量流量、出口比焓和出口温度。

解 计算过程如下：

```
$Load Component Library
$unitSystem SI C kPa J mass
F$ = 'R32'
V = 46e-6 [m^3]
n = 2880 [1/min] * convert(1/min, 1/sec)
DR = V * n
DELTAT_sh = 5 [C]
T_cond = 45 [C]
T_evap = 3 [C]
```

```
L = -1                                          "使用默认数据"
eta = -1                                        "使用默认数据"
Call compressor4_cl(F$, DR, T_evap, DELTAT_sh, T_cond, L, eta: eta_vol, q_m, P, h_out)
p_cond = pressure(F$, T = T_cond, x = 0)        "冷凝压力"
T_out = temperature(F$, P = p_cond, h = h_out)  "出口温度"
```

运行结果如下：

eta_vol = 0.8447

P = 3356[W]

h_out = 598634[J/kg]

q_m = 0.04382 [kg/s]

T_out = 105 [C]

4.4　泵与风机

4.4.1　离心泵

本小节介绍组件库中的离心泵模型，示意图如图 4-31 所示。

该模型用于模拟离心泵，可用于真实流体、水溶液或其他不可压缩流体。模型基于来自多个制造商的离心泵性能数据，从中得到流量系数与无量纲进出口压差的性能曲线，以及无量纲功率与无量纲体积流量的性能曲线。模型对应的过程名为 "CentrifugalPump1_CL"，调用格式如下：

Call CentrifugalPump1_CL(F$, C, T_in, p_in, q_m, N, D, D_hub: p_out, T_out, P, eta)

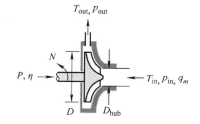

图 4-31　离心泵模型示意图

输入参数和输出参数的具体含义见表 4-9，表中参数单位为国际标准单位，但是在程序中使用的单位不一定是国际标准单位，视实际情况而定。

表 4-9　过程 CentrifugalPump1_CL 的输入参数和输出参数

输入参数	参数含义	输出参数	参数含义
F$	流体标识符	p_out	出口压力p_{out}（Pa）
C	质量分数（%），仅用于水溶液，否则设置为 0	T_out	出口温度T_{out}（K）
T_in	入口温度T_{in}（K）	P	功率 P（W）
p_in	入口压力p_{in}（Pa）	eta	效率 η
q_m	质量流量q_m（kg/s）		
N	转速（1/s）[①]		
D	叶片出口直径（m）		
D_hub	轮毂直径（m）		

① EES 中 1/s 代表的是 r/s（转/秒）。

基于离心泵模型内部计算的 EES 代码，对模型中部分参数的计算过程解释如下。

出口压力p_{out}的计算基于无量纲进出口压差与流量系数的性能曲线，如下所示：

```
DR = D/D_hub                                           "直径比"
q_v = q_m/rho_in                                       "入口体积流量,rho_in 为入口密度"
phi = DR * q_v/(D^3 * N)                               "流量系数"
Dp_ND = 6.19053143 - 1.94014607 * phi - 54.8598326 * phi^2 + 216.89575 * phi^3 - 619.027062 * phi^4
                                                       "无量纲进出口压差"
Dp = rho_in * D^2 * N^2 * Dp_ND                        "进出口压差"
p_out = p_in + Dp                                      "出口压力"
```

功率 P 的计算基于无量纲功率与无量纲体积流量的性能曲线，如下所示：

```
q_v_ND = q_v/(D^3 * N)                                 "无量纲体积流量"
P_ND = 0.108862208 + 5.23469787 * q_v_ND              "无量纲功率"
P = P_ND * rho_in * D^5 * N^3                          "功率"
```

效率 η 是流体进出口等熵焓差和实际焓差的比值。

下面通过例 4-20 来介绍 CentrifugalPump1_CL 的调用过程。

例 4-20 已知离心泵的叶片出口直径为 0.3m，轮毂直径为 0.15m，转速为 1700r/min。工作流体为水，质量流量为 3kg/s，入口温度为 30℃，入口压力为 101.3kPa。求离心泵的效率、功率、流体的出口压力和出口温度。

解 计算过程如下：

```
$Load Component Library
$Unitsystem SI C kPa kJ mass
F$ = 'Water'
C = 0 [%]
T_in = 30 [C]
p_in = 101.3 [kPa]
q_m = 3 [kg/s]
D = 0.3 [m]
D_hub = 0.15 [m]
N = 1700 [1/min] * convert(1/min,1/s)
Call CentrifugalPump1_CL( F$, C, T_in, p_in, q_m, N, D, D_hub: p_out, T_out, P, eta)
```

运行结果如下：

```
eta = 0.1877
P = 7.125 [kW]
p_out = 545.3 [kPa]
T_out = 30.47 [C]
```

4.4.2 风机

本小节介绍组件库中的风机模型。在 EES 中，在 "Options" 菜单中选择 "Function Info" 命令，打开 "Function Information" 对话框，选中 "Component Library（组件库）" 单选按钮，从该按钮右侧的下拉列表中选择 "Fans & Blowers（风机）"，查看风机模型，如图 4-32 所示。

该模型用于模拟叶片式轴流风机。模型基于来自多个制造商的风机性能数据，从中得到无量纲进出口压差、无量纲功率和无量纲体积流量的性能曲线。模型对应的过程名为 "Fan1_CL"，调用格式如下：

Call Fan1_CL(F$, q_m, T_in, p_in, N, D: p_out, P, T_out, eta)

输入参数和输出参数的具体含义见表 4-10，表中参数单位为国际标准单位，但是在程序

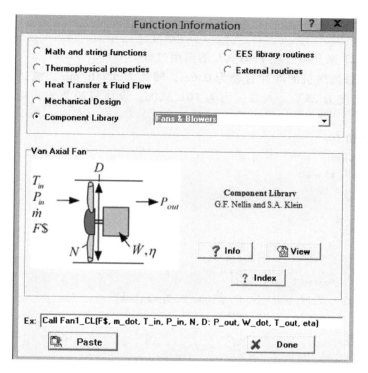

图 4-32 风机模型

中使用的单位不一定是国际标准单位，视实际情况而定。

表 4-10 过程 Fan1_CL 的输入参数和输出参数

输入参数	参数含义	输出参数	参数含义
F$	流体标识符	p_out	出口压力p_{out}（Pa）
q_m	质量流量q_m（kg/s）	P	功率 P（W）
T_in	入口温度T_{in}（K）	T_out	出口温度T_{out}（K）
p_in	入口压力p_{in}（Pa）	eta	效率 η
N	转速（1/s）		
D	叶片直径（m）		

基于风机模型内部计算的 EES 代码，对模型中部分参数的计算过程解释如下。

出口压力p_{out}的计算基于无量纲进出口压差与无量纲体积流量的性能曲线，如下所示：

```
q_v = q_m/rho_in                    "入口体积流量,rho_in 为入口密度"
Dp_ND = 0.948499105 + 1.77451074 * q_v_ND-5.24904904 * q_v_ND^2 + 1.67386466 * q_v_ND^3
                                    "无量纲进出口压差"
Dp = Dp_ND * rho_in * D^2 * N^2     "进出口压差"
p_out = p_in + Dp                   "出口压力"
```

功率 P 的计算基于无量纲功率与无量纲体积流量的性能曲线，如下所示：

```
q_v_ND = q_v/(D^3 * N)              "无量纲体积流量"
P_ND = 0.503358838 + 1.03147524 * q_v_ND-1.69195039 * q_v_ND^2-0.691619311 * q_v_ND^3
                                    "无量纲功率"
P = P_ND * rho_in * D^5 * N^3       "功率"
```

效率 η 的计算如下所示：

```
eta = Dp * q_v/P                                    "效率"
```

下面通过例 4-21 来介绍过程 Fan1_CL 的调用过程。

例 4-21 已知轴流风机的叶片直径为 0.6m，转速为 3500r/min，流过风机的空气质量流量为 5kg/s，入口温度为 25℃，入口压力为 101.3kPa。求风机的效率、功率、空气的出口压力和出口温度。

解 计算过程如下：

```
$Load Component Library
$Unitsystem SI C kPa kJ mass
F$ = 'Air'
T_in = 25 [C]
p_in = 101.3 [kPa]
q_m = 5 [kg/s]
D = 0.6 [m]
N = 3500 [1/min] * convert(1/min, 1/s)
Call fan1_cl( F$, q_m, T_in, p_in, N, D: p_out, P, T_out, eta)
```

运行结果如下：

```
eta = 0.5384
P = 11.56 [kW]
p_out = 102.8 [kPa]
T_out = 27.3 [C]
```

4.5 节流元件

4.5.1 毛细管

本小节介绍流量控制库中的毛细管模型。在 EES 中，在 "Options" 菜单中选择 "Function Info" 命令，打开 "Function Information" 对话框，选中 "Component Library（组件库）" 单选按钮，从该按钮右侧的下拉列表中选择 "Flow Control（流量控制库）"，在 "Flow Control" 下方的下拉列表中选择 "Capillary Tubes（毛细管）"，查看毛细管模型，如图 4-33 所示。

该模型通过使用 ASHRAE 制冷手册中发布的经验关系式来确定通过毛细管的质量流量，对应的过程名为 "CapTube1_CL"，调用格式如下：

Call CapTube1_CL(R$,d,L,p_in,h_in:q_m)

输入参数依次为：制冷剂标识符 R$；毛细管内径 d（m）；毛细管长度 L（m）；入口压力 p_{in}（Pa）；入口比焓 h_{in}（J/kg）。输出参数为制冷剂质量流量 q_m（kg/s）。

单击图 4-33 中模型示意图右侧的 "View" 按钮可以查看该过程内部计算的 EES 代码，基于此对毛细管模型使用的经验关系式解释如下。

制冷剂质量流量的计算公式为

$$q_m = d\mu_f \Pi_8 \tag{4-6}$$

式中，μ_f 为毛细管入口温度下制冷剂饱和液体的黏度 [kg/(m·s)]；Π_8 为绝热毛细管经验关系式中的无量纲参数。

当毛细管入口为过冷液体时，Π_8 的计算公式为

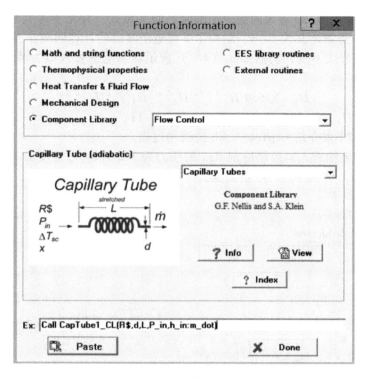

图 4-33　毛细管模型

$$\varPi_8 = 1.8925\,\varPi_1^{-0.484}\varPi_2^{-0.824}\varPi_4^{1.369}\varPi_5^{0.0187}\varPi_6^{0.773}\varPi_7^{0.265} \tag{4-7}$$

当毛细管入口为两相流时，$\varPi_8$ 的计算公式为

$$\varPi_8 = 187.27\,\varPi_1^{-0.635}\varPi_2^{-0.189}\varPi_4^{0.645}\varPi_5^{0.163}\varPi_6^{-0.213}\varPi_7^{-0.483} \tag{4-8}$$

式中，$\varPi_1$、$\varPi_2$、$\varPi_4$、$\varPi_5$、$\varPi_6$ 和 $\varPi_7$ 均为绝热毛细管经验关系式中的无量纲参数，其定义见表 4-11。

表 4-11　无量纲参数的定义

无量纲参数	定义
$\varPi_1$	L/d
$\varPi_2$	$d^2 h_{fg}/(v_f\mu_f)^2$
$\varPi_4$	$d^2 p_{in}/(v_f\mu_f^2)$
$\varPi_5$（入口过冷）	$d^2 c_{pf}\Delta T_{sc}/(v_f\mu_f)^2$
$\varPi_5$（入口两相）	x
$\varPi_6$	v_g/v_f
$\varPi_7$	$(\mu_f-\mu_g)/\mu_g$

表 4-11 中，h_{fg} 为入口温度下制冷剂饱和气体和饱和液体的焓差（J/kg）；v_f 为入口温度下制冷剂饱和液体的比体积（m³/kg）；x 为制冷剂入口干度；c_{pf} 为入口温度下制冷剂饱和液体的比定压热容 [J/(kg·K)]；ΔT_{sc} 为入口过冷度（K）；μ_g 为入口温度下制冷剂饱和气体的黏度 [kg/(m·s)]；v_g 为入口温度下制冷剂饱和气体的比体积（m³/kg）。

需要说明的是，当制冷剂入口状态为两相流时，模型允许的干度范围为 $0.03 \leqslant x \leqslant 0.25$；当 $x > 0.25$ 时，模型会报错；当 $x < 0.03$ 时，为了避免 x 接近于零时的计算问题，认为制冷剂入口为过冷状态，但是由于模型内部计算逻辑不足，导致某些情况下输出结果不准确，例如当 $x = 0.029$ 或 0.03 时，输出结果为 $q_m = 0$。

建议读者可以采用 Bittle 等人的绝热毛细管经验关系式，详见参考文献［13］，其中通过将 Π_5（入口两相）重新定义为 $1-x$，解决了 x 接近于零时的计算问题。当毛细管入口为过冷液体时，Π_8 的计算公式不变，仍然如式（4-7）所示；当毛细管入口为两相流时，Π_8 的计算公式为

$$\Pi_8 = 836.9\,\Pi_1^{-0.740}\Pi_4^{0.417}\Pi_5^{0.981}\Pi_6^{-0.646} \qquad (4\text{-}9)$$

式中，$\Pi_5 = 1-x$；Π_1、Π_4 和 Π_6 的定义不变，见表 4-11。

下面通过例 4-22 来介绍 CapTube1_CL 的调用过程。

例 4-22 已知毛细管入口处制冷剂 R32 的压力为 3.2MPa，过冷度为 10K。毛细管内径为 1.5mm，长度为 4m。求制冷剂的质量流量。

解 计算过程如下：

```
$Load Component Library
$Unitsystem SI K kPa kJ mass
R$ = 'R32'
d = 1.5e-3 [m]
L = 4 [m]
p_in = 3200[kPa]
T_sat = temperature(R$,P = p_in,x = 0)          "入口压力下的饱和温度"
DELTAT_sc = 10 [K]
h_in = enthalpy(R$,P = p_in, T = T_sat- DELTAT_sc)
Call captube1_cl(R$,d, L, p_in, h_in : q_m)
```

运行结果如下：

```
q_m = 0.01018 [kg/s]
```

4.5.2 热力膨胀阀

热力膨胀阀分为内平衡式和外平衡式，其中外平衡式热力膨胀阀工作原理示意图如图 4-34 所示。

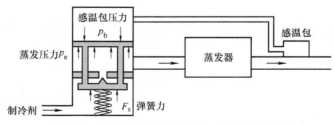

图 4-34 外平衡式热力膨胀阀工作原理示意图

热力膨胀阀采用机械反馈机制来调节蒸发器出口过热度。热力膨胀阀的感温包放置在蒸发器出口，当蒸发器出口过热度升高，感温包内的制冷剂压力增加，作用在膨胀阀内部的膜片上，从而使阀门开度增大，制冷剂质量流量增加，蒸发器出口过热度降低。

热力膨胀阀可分为两部分：感温包和阀门。通过阀门的制冷剂质量流量可由伯努利方程推导得出，如下所示：

$$q_m = C_d A_v \sqrt{\rho_v(p_c - p_e)} \qquad (4\text{-}10)$$

式中，q_m 为制冷剂质量流量（kg/s）；C_d 为流量系数；A_v 为膨胀阀流通面积（m^2）；ρ_v 为膨胀阀入口制冷剂密度（kg/m^3）；p_c 为冷凝压力（Pa）；p_e 为蒸发压力（Pa）。

对膜片有压力平衡式如下：

$$p_b A_1 = p_e A_2 + K_s (x_0 + \delta x) \tag{4-11}$$

式中，p_b 为感温包压力（Pa）；A_1 为感温包压力作用面积（m^2）；A_2 为蒸发压力作用面积（m^2）；K_s 为弹簧的弹性常数（N/m）；x_0 为弹簧初始压缩量（m）；δx 为阀头位移（m）。

如果定义 $p_0 = K_s x_0 / A_2$，则式（4-11）可以写为

$$\delta x = \frac{p_b A_1 - (p_e + p_0) A_2}{K_s} \tag{4-12}$$

流通面积 A_v 与阀头位移 δx 之间线性关系是最常见的，可能有其他设计标准，但本节仅讨论 A_v 与 δx 为线性关系的情况，如下所示：

$$A_v = c_0 \delta x \tag{4-13}$$

式中，c_0 为比例系数（m）。

假设压力的作用面积相等，即 $A_1 = A_2$，联立式（4-12）和式（4-13）可得

$$A_v = \frac{c_0 A_1}{K_s} (p_b - p_e - p_0) \tag{4-14}$$

将（4-14）代入式（4-10）可得流过阀门的制冷剂质量流量与感温包压力以及其他参数的关系式如下：

$$q_m = [v_1 + v_2 (p_b - p_e)] \sqrt{\rho_v (p_c - p_e)} \tag{4-15}$$

式中，v_1 和 v_2 为阀门系数，取决于膨胀阀的几何结构，$v_1 = -C_d p_0 c_0 A_1 / K_s$，$v_2 = C_d c_0 A_1 / K_s$。

感温包的响应滞后于蒸发器出口制冷剂温度，响应速率取决于感温包热阻、接触面积和感温包质量。为了确定响应的时间常数，需要建立感温包的数学模型。分析感温包的能量守恒，感温包与外界环境之间的传热可忽略不计，只考虑感温包和蒸发器出口制冷剂流体之间的传热，可得

$$h_{rb} A_{rb} (T_{ero} - T_b) = m_b c_b \frac{dT_b}{dt} \tag{4-16}$$

式中，h_{rb} 为感温包和蒸发器出口制冷剂流体之间的表面传热系数 [W/($m^2 \cdot$ K)]；A_{rb} 为感温包和蒸发器出口制冷剂流体之间的传热面积（m^2）；T_{ero} 为蒸发器出口制冷剂温度（K）；T_b 为感温包温度（K）；m_b 为感温包的质量（kg）；c_b 为感温包的比定压热容 [kJ/(kg $\cdot$ K)]；

式（4-16）的拉普拉斯变换如下：

$$h_{rb} A_{rb} [T_{ero}(s) - T_b(s)] = m_b c_b s T_b(s) \tag{4-17}$$

式中，s 为复变数；$T_{ero}(s)$ 为输入量 T_{ero} 的拉普拉斯变换；$T_b(s)$ 为输出量 T_b 的拉普拉斯变换。

整理得

$$\frac{T_b(s)}{T_{ero}(s)} = \frac{1}{1 + \tau s} \tag{4-18}$$

式中，τ 为感温包的时间常数（s），$\tau = m_b c_b / (h_{rb} A_{rb})$。

式（4-15）和式（4-18）组成了热力膨胀阀的简单动态模型。时间常数 τ、阀门系数 v_1 和 v_2 均为经验参数，取决于阀门和感温包的几何结构和热力学特性，需要通过实验估算得到，不具有通用性。

下面通过例 4-23 来简单介绍热力膨胀阀的计算过程，程序详见本书参考程序 "例 4-23. EES"。

例 4-23 已知小型制冷装置中制冷剂为 R290，稳定运行时冷凝压力为 1.5MPa，冷凝器出口过冷度为 5℃，蒸发压力为 300kPa，蒸发器出口温度为 5℃，制冷剂质量流量为 10g/s。节流元件为热力膨胀阀，其简单动态模型如式（4-15）和式（4-18）所示，感温包内制冷剂为 R290。采用国际标准单位时，经验参数 $\tau = 30s$，$v_1 = -1.5e - 7$，$v_2 = 2.274e - 12$。当冷冻

水质量流量发生阶跃变化时，蒸发器出口温度随之阶跃变化至10℃，假设蒸发压力保持不变，请画出感温包温度和制冷剂质量流量随时间的变化曲线。

解　已知一阶控制系统的传递函数为$\frac{1}{1+\tau s}$。当输入量为单位阶跃函数时，其拉普拉斯变换为$\frac{1}{s}$，则输出量的拉普拉斯变换为$\frac{1}{(1+\tau s)s}$，求其拉普拉斯反变换，可得一阶控制系统的单位阶跃响应为$1-e^{-\frac{t}{\tau}}$。计算过程如下：

```
$Load Component Library
$Unitsystem SI C Pa J mass
R$ = 'R290'
p_c = 1.5e6 [Pa]                                  "冷凝压力"
T_in = T_sat(R$,P = p_c)-5                        "膨胀阀入口温度"
rho_v = Density(R$,T = T_in,P = p_c)              "膨胀阀入口密度"
p_e = 3e5 [Pa]                                    "蒸发压力"
T_ero_1 = 5 [C]                                   "蒸发器出口温度初始值"
q_m_1 = 0.01 [kg/s]                               "制冷剂质量流量初始值"
tau = 30 [s]                                      "时间常数"
v_1 = -1.5e-7                                     "经验参数"
v_2 = 2.274e-12
T_ero_2 = 10 [C]                                  "变化后的蒸发器出口温度"
T_b = T_ero_1 + (T_ero_2-T_ero_1) * (1-exp(-t/tau))
                                                  "感温包温度随时间变化的关系式"
p_b = P_sat(R$,T = T_b)                           "感温包压力"
q_m_2 = (v_1 + v_2 * (p_b-p_e)) * sqrt(rho_v * (p_c-p_e))
                                                  "质量流量随时间变化的关系式"
```

在EES程序中建立Parametric Table，以t作为自变量，T_b和q_m_2作为因变量，点击对话框中左上方小三角“Solve Table”按钮计算结果，截取表格中部分内容如图4-35所示。

Parametric Table

Table 1

1..101	t [s]	$q_{m,2}$ [kg/s]	T_b [C]
Run 1	0	0.01000	5
Run 2	1	0.01014	5.164
Run 3	2	0.01028	5.322
Run 4	3	0.01042	5.476
Run 5	4	0.01055	5.624
Run 6	5	0.01068	5.768
Run 7	6	0.01080	5.906
Run 8	7	0.01092	6.041
Run 9	8	0.01104	6.17
Run 10	9	0.01115	6.296
Run 11	10	0.01126	6.417

图4-35　“Parametric Table”对话框，以时间为自变量

根据表格画出感温包温度 T_b 和制冷剂质量流量 $q_{m,2}$ 随时间 t 的变化曲线，如图 4-36 所示。

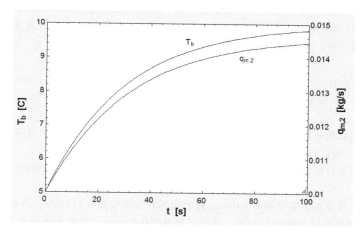

图 4-36 感温包温度和制冷剂质量流量随时间的变化曲线

练习题

参考答案

4-1 已知热侧流体丙二醇-水溶液与冷侧流体水逆流换热。热侧溶液质量分数为 0.2，质量流量为 0.04kg/s，入口温度为 373K，入口压力为 2MPa，相对压降为 0.01。冷侧流体质量流量为 0.02kg/s，入口温度为 300K，入口压力为 3MPa，相对压降为 0.01。夹点温差为 3K。求换热量、热交换器效能和冷热侧流体出口温度。

4-2 已知冷凝器管内制冷剂为 R134a，质量流量为 0.008kg/s，入口压力为 1.5MPa，入口温度为 70℃。制冷剂侧传热面积为 0.2m²。翅片侧空气的体积流量为 0.05m³/s，入口温度为 23℃，压力为 101.3kPa。求换热量、空气出口温度、制冷剂出口温度和过冷度。

4-3 已知冷凝器管内制冷剂为 R290，质量流量为 0.003kg/s，入口压力为 1.7MPa，入口温度为 65℃，出口过冷度为 5℃。翅片侧空气的体积流量为 0.06m³/s，入口温度为 27℃，压力为 101.3kPa。冷凝器尺寸为 $W = 0.3$m，$H = 0.2$m，表面类型为 fc_tubes_s80-38T，管壁厚度为 0.9mm，制冷剂并行路径数为 1。求冷凝器在流动方向上的长度、制冷剂侧所需的传热面积、换热量、空气出口温度和制冷剂出口温度。

4-4 已知管壳式冷凝器逆流换热，管内制冷剂为 R32，质量流量为 0.09kg/s，入口压力为 3.2MPa，入口温度为 60℃。制冷剂侧传热面积为 1.5 m²。外部流体为乙二醇-水溶液，质量分数为 0.3，质量流量为 0.6kg/s，入口温度为 25℃。求换热量、外部流体出口温度和制冷剂出口温度。

4-5 已知制冷剂为 R32，质量流量为 0.006kg/s，冷凝器出口温度为 40℃，冷凝压力为 3.2MPa，蒸发压力为 0.6MPa。蒸发器翅片侧空气的体积流量为 0.08m³/s，入口温度为 15℃，压力为 101.3kPa。蒸发器尺寸为 $W = 0.3$m，$H = 0.3$m，$L = 0.1$m，表面类型为 fc_tubes_s80-38T，管壁厚度为 0.9mm，制冷剂并行路径数为 1。求蒸发器的换热量、空气出口温度和制冷剂出口温度。

4-6 已知管壳式蒸发器逆流换热，管内制冷剂为 R134a，质量流量为 0.075kg/s。冷凝器出口温度为 35℃，冷凝压力为 1.1MPa，蒸发压力为 0.2MPa，蒸发器出口过热度为 10℃。外部流体为丙二醇-水溶液，质量分数为 0.3，质量流量为 0.5kg/s，入口温度为 5℃。求蒸发器制冷剂侧所需的传热面积、换热量、外部流体出口温度和制冷剂出口温度。

4-7 已知夏季室外空气干球温度为 33℃，相对湿度为 55%。逆流冷却塔中空气体积流量为 2.6m³/s，进水温度为 36℃，进水质量流量为 3.3kg/s。冷却塔内填料体积为 33m³，每单位体积填料表面积为 8.8m²/m³，填料平均表面传热系数为 28.2W/(m²·K)。压力为 101.3kPa。求冷却塔出水温度和补充水质量流量。

4-8 已知活塞式压缩机的气缸数为1，气缸直径为50mm，活塞行程为30mm，转速为2880r/min，相对余隙容积为0.021。制冷剂为R134a，压缩机入口过热度为10℃，蒸发温度为5℃，冷凝温度为48℃，压缩机吸气相对压降为0.1。求压缩机的容积效率、压缩机功率、制冷剂质量流量和出口温度。

4-9 已知涡旋式压缩机的理论输气容积为64cm³，转速为2880r/min。制冷剂为R290，压缩机入口过热度为15℃，蒸发温度为7℃，冷凝温度为55℃。求压缩机的容积效率、压缩机功率、制冷剂质量流量和出口温度。

4-10 已知离心泵的叶片出口直径为0.2m，轮毂直径为0.1m，转速为2900r/min。工作流体为丙二醇-水溶液，质量分数为0.3，质量流量为2.5kg/s，入口温度为20℃，入口压力150kPa。求泵功率、流体的出口压力和出口温度。

4-11 已知轴流风机的叶片直径为0.5m，转速为2900r/min，流过风机的空气质量流量为2kg/s，入口温度为15℃，入口压力为101.3kPa。求风机的功率、空气的出口压力和出口温度。

4-12 已知毛细管入口处制冷剂R290的压力为1.6MPa，过冷度为5K。毛细管内径为1mm，长度为2m。求制冷剂的质量流量。

4-13 已知小型家用空调中制冷剂为R134a，稳定运行时冷凝压力为1.2MPa，冷凝器出口过冷度为6℃，蒸发压力为400kPa，蒸发器出口温度为15℃，制冷剂质量流量为9g/s。节流元件为热力膨胀阀，其简单动态模型如式（4-15）和式（4-18）所示，感温包内制冷剂为R290。采用国际标准单位时，经验参数 $\tau = 15s$，$v_1 = -1.6e-7$，$v_2 = 1.378e-12$。当室内热负荷发生阶跃变化时，蒸发器出口温度随之阶跃变化至20℃，假设蒸发压力保持不变，请画出感温包温度和制冷剂质量流量随时间的变化曲线。

第5章

系统和部件复杂问题分析[⊖]

本章针对制冷、空调、低温领域较为复杂的一些系统、部件问题进行了建模分析示例，主要内容包括：①家用空调制冷剂充注量影响分析；②CO_2-NH_3复叠制冷系统分析；③吸收-压缩复合式制冷系统分析；④转轮除湿空调系统分析；⑤微型 J-T 节流制冷器分析；⑥低温黏性压缩机分析。

本章电子资料

5.1 家用空调制冷剂充注量影响分析

5.1.1 制冷剂充注量计算

对于小型蒸气压缩式制冷系统，在不设储液罐时，计算制冷剂充注量一般包含以下组成：蒸发器和冷凝器的制冷剂通道内质量，压缩机内部空腔中的及润滑油溶解的制冷剂质量，连接管道及阀门中的制冷剂质量。其中，蒸发器、冷凝器和液相管道中的制冷剂质量占绝大部分。蒸发器分两相区和过热区，冷凝器分过热区、两相区和过冷区，单相的过热区或过冷区中的制冷剂质量计算较为简单，取密度×体积的积分即可。对于两相区，其中制冷剂质量需要沿流程方向做以下积分：

$$m_{tp} = \int (A_g \rho_g + A_1 \rho_1) \, dL$$

式中，ρ_g 为气相密度（kg/m^3）；ρ_1 为液相密度（kg/m^3）；A_1 和 A_g 分别为液相、气相所占通道截面面积（m^2），$A_1 + A_g$ 即为通道截面面积。

$\alpha = A_g / (A_g + A_1)$ 称为空泡系数，它与当地制冷剂干度 x 之间的关系如下：

$$\alpha = \frac{1}{1 + S \dfrac{1-x}{x} \dfrac{\rho_g}{\rho_1}} = \frac{\rho_1 x}{\rho_1 x + S \rho_g (1-x)}$$

式中，S 为气液相滑移比，即气相速度与液相速度之比。S 的计算有很多模型，其中较为典型的模型如下：

Zivi 模型
$$S = (\rho_1 / \rho_g)^{\frac{1}{3}}$$

Smith 模型
$$S = \psi + (1 - \psi) \left[\frac{\dfrac{\rho_1}{\rho_g} + \dfrac{\psi(1-x)}{x}}{1 + \dfrac{\psi(1-x)}{x}} \right]^{0.5}$$

⊖ 为方便读者结合文献原文进行深入理解，本章所用符号尽量与文献原文保持一致，部分符号与其通常的含义有出入。

式中，ψ 为夹带系数，推荐取值 0.4。

X_{tt} 关系模型　$\alpha = (1 + X_{tt}^{0.8})^{-0.375}, X_{tt} = \left(\dfrac{1-x}{x}\right)^{0.9} \left(\dfrac{\mu_1}{\mu_g}\right)^{0.1} \left(\dfrac{\rho_g}{\rho_1}\right)^{0.5}$

式中，μ_g 为气相黏度（Pa·s）；μ_1 为液相黏度（Pa·s）。

对于两相区可使用平均空泡系数计算制冷剂质量，结合 Zivi 模型的表达式如下：

$$\overline{\alpha} = \frac{1}{1 - Y^{2/3}} - \frac{\beta Y [1 + x_{in}(Y^{-1/3} - 1)][1 + x_{out}(Y^{-1/3} - 1)]}{(x_{out} - x_{in})(1 - Y^{2/3})^2}$$

$$\beta = \ln\left[\frac{1 + x_{in}(Y^{-1/3} - 1)}{1 + x_{out}(Y^{-1/3} - 1)} \frac{x_{out}(1 - Y) + Y}{x_{in}(1 - Y) + Y}\right]$$

式中，$Y = \rho_g / \rho_1$；x_{in}、x_{out} 分别为两相区进口、出口的干度。

例 5-1　针对制冷剂为 R290、使用膨胀阀的 1.5 匹（1 匹 = 735.5W）家用单冷空调进行热力循环计算、冷凝器和蒸发器设计计算以及两器的制冷剂充注量计算，蒸发器和冷凝器采用翅片管 fc_tubes_s80-38T（见图 5-1），管道外径为 10.2mm，翅片密度为 315 个/m，翅片厚度为 0.33m，水力直径为 3.632mm，空气侧最小流通截面面积与迎风面面积之比为 0.534，单位体积传热面积为 587m²/m³，翅片面积与总传热面积之比为 0.913，制冷剂侧的压降忽略，节流过程视为等焓过程。

解　程序计算流程如图 5-2 所示，EES 计算程序因篇幅有限请扫码详见本书电子参考资料"例 5-1 计算程序"。

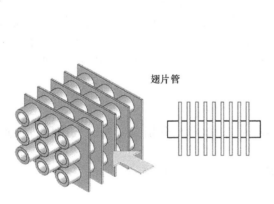

翅片管

图 5-1　翅片管热交换器

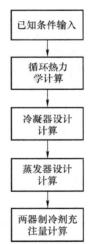

图 5-2　空调制冷系统两器制冷剂充注量计算流程

计算得到总的制冷剂质量 m_total = 0.1311kg，其中冷凝器 m_cond = 0.1083kg，两相区、过热区、过冷液相区分别为 m_sat = 0.0764kg、m_sh = 0.0074kg、m_sc = 0.02451kg；蒸发器 m_evap = 0.0228kg，其中两相区 m_sat = 0.02145kg、过热区 m_sh = 0.001352kg。与此同时，冷凝器各相态传热面积占比如下，两相区 f_tp = 74.3%、过热区 f_sh = 17.84%、过冷区 f_sc = 7.86%；蒸发器各相态传热面积占比，两相区 f_tp = 90.16%、过热区 f_sh = 9.84%。可以观察到，两器中的制冷剂有近八成是在冷凝器的两相区和过冷区。

5.1.2　制冷剂充注量影响分析

在制冷设备投入使用后，随着使用年限的增长，设备密封出现老化、外界腐蚀导致管道裂纹等因素都会引起制冷剂泄漏，在系统内制冷剂充注量减少后，设备运行会产生变化，充注量减少到一定程度，则会导致系统失效。充注量的影响可通过程序予以分析。

例 5-2 针对制冷剂为 R290、使用膨胀阀的 1.5 匹（1 匹 = 735.5W）家用单冷空调进行制冷剂充注量影响分析。压缩机为涡旋式，理论容积输气量为 150.69ft³/h（1ft³ = 0.0283m³）。冷凝器和蒸发器均采用翅片管 fc_tubes_s80-38T，管道外径为 10.2mm，翅片密度为 315 个/m，翅片厚度为 0.33m，水力直径为 3.632mm，空气侧最小流通截面面积与迎风面积之比为 0.534，单位体积传热面积为 587m²/m³，翅片面积与总传热面积之比为 0.913，制冷剂为单流程，蒸发器空气侧传热面积为 0.4598m²，冷凝器空气侧传热面积为 0.334m²。室内温度设定为 27℃，室外温度设定为 35℃。两器内制冷剂的充注量从 131g 逐渐减少至 117g。

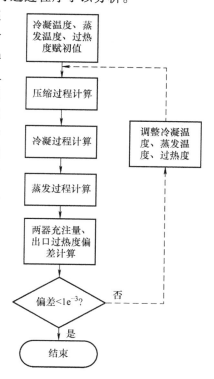

解 程序计算流程如图 5-3 所示，压缩过程计算、冷凝过程计算、蒸发过程计算、充注量和过热度总偏差计算各对应一个过程（Procedure），根据两器充注量和出口过热度总偏差调整冷凝温度、蒸发温度、过热度，该调整由调用 min/max 命令自动实现，在图 5-3 中以虚线示意。EES 计算程序因篇幅有限请扫码详见本书电子参考资料"例 5-2 计算程序"。

计算结果如下：随着冷凝器和蒸发器内制冷剂充注量从 131g 减少到 117g，蒸发温度、冷凝温度、制冷量和 COP 的变化见表 5-1。

图 5-3 根据两器充注量计算空调运行参数流程图

表 5-1 制冷剂充注量的影响

充注量/g	蒸发温度/℃	冷凝温度/℃	制冷量/W	COP
131	7.75	54.38	3748	3.417
129	7.73	54.22	3741	3.423
127	7.87	54.09	3728	3.423
125	7.92	53.94	3718	3.425
123	7.88	53.78	3712	3.432
121	8.02	53.66	3697	3.429
119	8.07	53.52	3686	3.43
117	8.16	53.39	3673	3.429

5.2 CO₂-NH₃复叠制冷系统分析

对 CO_2-NH_3 复叠制冷系统的分析参照参考文献 [14]。

5.2.1 文献概述

本节研究的背景为工业和商用制冷，要求系统制冷温度低：-50 ~ -30℃。传统的多级压缩循环存在着蒸发压力过低、空气漏入、吸气比体积大、压缩机尺寸大等问题。NH_3是天然制冷剂，没有破坏臭氧层、温室效应等环境危害，但存在有毒、易燃、刺激性、标准沸点较高等问题。CO_2也属于天然制冷剂，无毒，不可燃，常温下压力高，但能在$-50 \sim -30$℃温区保持合适正压，且单位容积制冷量大（NH_3的8倍），使得容积流量变小、配管尺寸相应减小。高温级使用NH_3、低温级使用CO_2，能够将两种制冷剂的长处结合起来。本节将热力经济优化应用于此类复叠制冷系统的分析，研究了低温级蒸发温度、高温级冷凝温度、低温级蒸发器出口过热度、高低温级间的热交换器温差、低温级闪蒸罐压力、低温级冷凝温度等参数对两种闪蒸罐配置的系统的COP和㶲效率的影响，并基于㶲损和经济成本的均衡对系统进行了优化。

5.2.2　问题描述

复叠制冷系统流程1如图5-4所示。高温级的氨从闪蒸罐出来后，被压缩机压缩至高压，随后进入冷凝器，冷凝后经热力膨胀阀节流进入闪蒸罐，在其中分为气液两相，液相流入中间热交换器蒸发，蒸发产生的气体与闪蒸罐产生的气体混合，从闪蒸罐流出，完成高温级循环；低温级也有一个闪蒸罐，CO_2从闪蒸罐出来被压缩机Ⅱ压缩，随后进入中间热交换器冷凝，在经过热力膨胀阀节流后流入闪蒸罐，在其中分为气液两相，液相再次节流进入蒸发器，在吸热蒸发后被压缩机Ⅰ压缩，排出的中间压力气体进入闪蒸罐被冷却成饱和气体，与分离出的气体混合，从闪蒸罐流出，完成低温级循环。高低温级循环的各状态点在T-s图上如图5-5所示，在中间热交换器中两股流体的传热温差为ΔT_{CAS}。

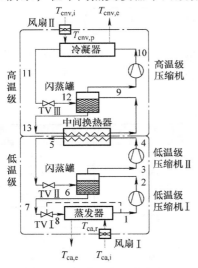

图5-4　复叠制冷系统流程1

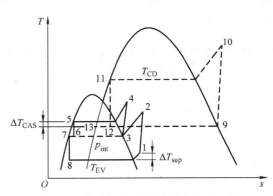

图5-5　复叠制冷系统流程1的T-s图

复叠制冷系统流程2如图5-6所示，它与流程1在高温级上没有差别，在低温级上有差别。在低温级的闪蒸中冷器内布置了一个过冷器，用于过冷从中间热交换器出来的部分液体，该部分液体节流后进入蒸发器，吸热产生的低压蒸气经压缩机Ⅰ压缩至中间压力，排出的中间压力气体进入闪蒸罐被冷却成饱和气体，与分离出的气体混合，从闪蒸罐流出，完成低温级循环。高低温级循环的各状态点在T-s图上如图5-7所示，在中间热交换器中两股流体的传热温差为ΔT_{CAS}。

5.2.3　物理模型

模型假设：①所有部件运行在稳定状态，内部工质流动稳定，工质势能和动能变化忽略不计；②压缩机压缩过程为非等熵压缩，其等熵效率为压比的函数；③工质流过连接管路的

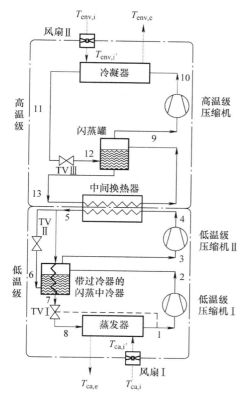

图 5-6 复叠制冷系统流程 2

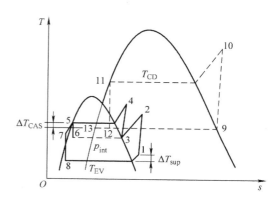

图 5-7 复叠制冷系统流程 2 的 T-s 图

热损失和压降忽略不计；④节流过程为等焓过程；⑤工质在冷凝器和复叠冷凝器出口状态为饱和液体状态，复叠蒸发器出口状态为饱和气体状态。

对于系统的第 k 个部件建立能量平衡方程：

$$\Phi_k + \sum_i (q_m h)_k = \sum_e (q_m h)_k + P_k$$

式中，下标 i 表示进入部件的流体；下标 e 表示离开部件的流体；Φ_k 为进入第 k 个部件的热量（W）；P_k 为第 k 个部件做功（W）；h 为比焓（kJ/kg）。

系统的总能耗为

$$P_{total} = P_{LTC\ I} + P_{LTC\ II} + P_{HTC} + P_{Fan\ I} + P_{Fan\ II}$$

式中，右边五项依次为低压级压缩机 I、低压级压缩机 II、高压级压缩机、风扇 I、风扇 II 的耗功（W）。

系统的性能系数为

$$COP = \Phi_{EV}/P_{total}$$

式中，Φ_{EV} 为低温级蒸发器的换热量（W）。

系统中第 j 状态点的㶲为

$$E_{xj} = q_{m_j}[(h - h_0)_j - T_0(s - s_0)_j]$$

式中，s 为比熵 [J/(kg·K)]；下标 0 表示环境。

第 k 个部件的㶲损为

$$\dot{E}_{xD,k} = \dot{E}_{xF,k} - \dot{E}_{xP,k}$$

式中，$E_{xF,k}$ 为输入㶲（W）；$E_{xP,k}$ 为输出㶲（W）。

系统㶲效率为

$$\psi = 1 - \frac{\sum_k E_{xD,k}}{P_{total}}$$

系统经济成本为

$$\dot{C}_{total} = \dot{C}_{env} + \dot{Z}_{OP} + \sum_k \dot{Z}_k$$

式中，$\dot{C}_{env}$ 为环境成本；$\dot{Z}_{OP}$ 为运行成本；$\sum_k \dot{Z}_k$ 为各部件投资及维护成本，见表 5-2。

表 5-2 部件成本计算公式

部件	成本计算公式	说明
蒸发器，冷凝器	$1397A^{0.89}$	A 为传热面积
中间热交换器	$383.5A^{0.65}$	A 为传热面积
低温压缩机	$10167.5P^{0.46}$	P 为功率
高温压缩机	$9624.2P^{0.46}$	P 为功率
闪蒸罐	$280.3q_{m_i}^{0.67}$	q_{m_i} 为进入闪蒸罐的质量流量
带过冷器的闪蒸罐	$1438.1A^{0.65}$	A 为闪蒸罐内过冷器的传热面积
节流阀	$114.5q_{m_i}$	q_{m_i} 为通过阀门的质量流量
轴流风扇	$155(q_V + 1.43)$	q_V 为风量
制冷系统安装	$150.2\Phi_{EV}$	Φ_{EV} 为制冷量

环境成本 $\dot{C}_{env}$ 计算如下：

$$\dot{C}_{env} = \mu_{CO_2,e} E_{annual} c_{CO_2}$$

式中，E_{annual} 为年度电力消耗（$kW \cdot h/a$）；$\mu_{CO_2,e}$ 为每千瓦时电能对应的 CO_2 排放量 [kg/($kW \cdot h$)]；c_{CO_2} 为 CO_2 排放成本（\$/kg）。

部件 k 的㶲经济因子为

$$f_k = \dot{Z}_k/(\dot{Z}_k + c_{F,k}E_{xD,k})$$

式中，$c_{F,k}$ 为单位㶲的经济成本（\$/W）。f_k 值高说明减少该部件投资带来的影响较小。

计算条件：系统制冷量 $\Phi_{EV} = 500kW$；NH_3 冷凝温度 $T_{CD} = 35℃$；闪蒸中冷器整体传热系数 $U_{FIS} = 1000W/(m^2 \cdot ℃)$；压缩机等熵效率 $\eta = 0.7$；CO_2 蒸发温度 $T_{EV} = -40℃$；蒸发器出口处 CO_2 过热度 $\Delta T_{sup} = T_1 - T_8 = 0K$；蒸发器和冷凝器内的空气进出口温差均为 $10K$；CO_2 冷凝温度 $T_5 = 0℃$；中间热交换器的温差 $\Delta T_{CAS} = T_5 - T_{13} = 10K$；蒸发器入口空气温度 $T_{ca,i} = -20℃$；环境温度 $T_{env,i} = 25℃$；环境压力 $p_0 = 101.3kPa$；CO_2 回路中闪蒸罐的中压 $p_{int} = 2000kPa$；蒸发器整体传热系数 $K_{EV} = 30W/(m^2 \cdot ℃)$；冷凝器整体传热系数 $K_{CD} = 40W/(m^2 \cdot ℃)$；中间热交换器整体传热系数 $K_{CAS} = 1000W/(m^2 \cdot ℃)$。

EES 计算程序可以分为独立的两部分：热力学循环计算、环境经济性分析，请扫码详见本书电子参考资料"CO_2-NH_3 复叠制冷系统分析计算程序 1"。对于复叠制冷系统流程 2，只是在热力学状态点确定程序段上有所区别，即在上面的程序段落中，"确定 T-s 图中各状态点参数和质量流量"和"㶲分析"之间的部分需要修改，EES 计算程序请扫码详见本书电子参考资料"CO_2-NH_3 复叠制冷系统分析计算程序 2"。

5.3 吸收-压缩复合式制冷系统分析

对吸收-压缩复合式制冷系统的分析参照参考文献 [15]。

5.3.1　文献概述

在传统吸收式制冷系统中，发生器往往需要大量热量来驱动，但同时冷凝器与吸收器又会排出大量热量，在吸热和放热存在温度位重叠的情况下，会造成能量的浪费。为此人们提出了各种回收利用吸收式制冷系统排放余热的技术，其中包括：发生器-吸收器换热技术（Generator-Absorber Heat Exchange，GAX）、多效吸收技术以及吸收-压缩混合技术等。在这些优化技术中，具有过冷器的吸收-压缩混合制冷系统（RCHG-ARS）在理论上具有很好的热力学性能。然而，该系统目前缺乏详细的参数研究。因此，本节对氨水吸收-压缩混合制冷系统的性能进行了模拟，研究了发生温度、蒸发温度和冷却水温度等参数对该系统性能的影响，并将这些结果与传统的单级单效吸收式制冷系统的结果进行了比较，发现该新系统（RCHG-ARS）从外部输入的发生器热量减少了 70% ~ 80%，一次能源效率（PEE）比传统吸收式制冷系统高 97.1%。

5.3.2　问题描述

图 5-8 所示为传统氨水吸收式制冷系统，制冷剂液体在蒸发器中吸热蒸发，所形成的蒸气在吸收器中被吸收剂所吸收，在此之后，吸收了制冷剂蒸气的吸收剂由泵送至发生器，在发生器中被加热，而分离出制冷剂蒸气，制冷剂蒸气经过精馏器后精馏纯化，进入冷凝器中被冷凝成液体，再经节流后进入蒸发器。图 5-9 所示为氨水吸收-压缩复合式制冷系统，吸收了制冷剂蒸气的吸收剂在发生器中被加热，分离出制冷剂蒸气，这里分离出的蒸气的纯度可能还不够高，所以在经过精馏器精馏纯化后再进入压缩机，这里的 3 点可以看作纯度接近于 1 的制冷剂。制冷剂经过两级压缩机压缩后温度和压力都升高，变成过热蒸气（点 4）。此后，蒸气流回发生器，并凝结成液体，该凝结过程可为发生器提供部分热量。随后，液态制冷

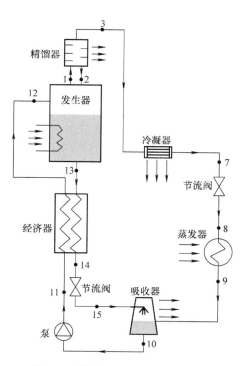

图 5-8　传统氨水吸收式制冷系统

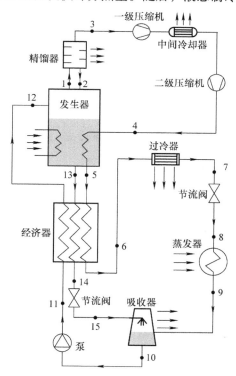

图 5-9　氨水吸收-压缩复合式制冷系统

剂通过经济器，这里的经济器是一个三通道溶液热交换器，经过过冷器，变为过冷液体，经节流阀节流后进入蒸发器（点 8），通过蒸发吸热，产生冷却效果，所形成的蒸气在吸收器中被吸收剂所吸收。同时，来自发生器（点 13）的溶液通过经济器和节流阀，也到达吸收器（点 15），并吸收制冷剂蒸气，向外界释放热量。此后，含有较高浓度制冷剂的吸收剂溶液被泵送至经济器，压力升高，在经济器中换热后温度升高，返回发生器，下一个循环开始。与传统吸收式制冷系统相比，新系统的冷凝器前有压缩机，所有冷凝热不排放到环境中，而是在压缩机的帮助下回收用于发生过程，减少了需从外部输入的生成热量，可提高系统的性能。此外，节流阀前的过冷器有助于提高新系统的冷却能力、效率和稳定性。

图 5-10 所示为新系统的 p-T 图，可以发现，在 RCHG-ARS 中至少有三个压力级别，蒸发器和吸收器的压力均为低压；过冷器内压力和压缩机排气压力均为高压；发生器压力为中间压力。最高温度为压缩机的排气温度；过冷器和吸收器的出口温度通常接近；蒸发温度最低，可根据用户需要进行调整。

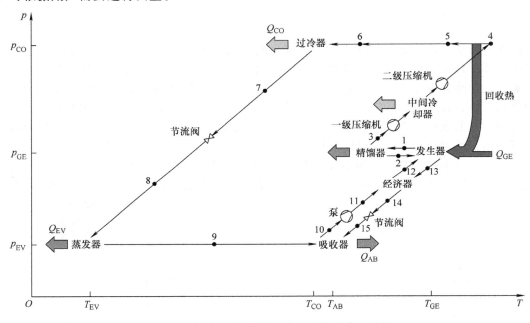

图 5-10　氨水吸收-压缩复合式制冷系统 p-T 图

5.3.3　物理模型

模型假设：①系统中没有热损失、压力损失或流动阻力；②从发生器和吸收器出来的溶液是饱和液体，从冷凝器和蒸发器出来的制冷剂都是饱和的；③经过精馏后的制冷剂认为是纯 NH_3；④采用中间冷却器控制压缩机排气温度，冷却介质为冷却水，在中冷器出口处，制冷剂的温度比第一级压缩机排气压力对应的饱和温度高；⑤发生器和经济器的温差为 ΔT_{min}，即 T_5 和 T_{14} 分别比 T_{13} 和 T_{11} 高 ΔT_{min}，液态制冷剂的温度 T_6 等于稀溶液的出口温度 T_{14}；⑥节流过程是等焓的；⑦忽略溶液泵的耗电，其过程是等熵的。

针对发生器、精馏器、经济器、过冷器/冷凝器、蒸发器、吸收器等六个部件分别建立质量和能量守恒方程。如下所示：

$$q_{m_{12}} x_{12} + q_{m_2} x_2 = q_{m_1} x_1 + q_{m_{13}} x_{13}$$

$$q_{m_2} + q_{m_{12}} = q_{m_1} + q_{m_{13}}$$

$$\Phi_{GE} + q_{m_2} h_2 + q_{m_{12}} h_{12} + q_{m_4} h_4 = q_{m_1} h_1 + q_{m_{13}} h_{13} + q_{m_5} h_5$$

$$q_{m_1} = q_{m_2} + q_{m_3}$$

$$q_{m_1} x_1 = q_{m_2} x_2 + q_{m_3} x_3$$

$$q_{m_1} h_1 = q_{m_2} h_2 + q_{m_3} h_3 + \Phi_{RE}$$

$$q_{m_{13}} h_{13} + q_{m_{11}} h_{11} + q_{m_5} h_5 = q_{m_{14}} h_{14} + q_{m_{12}} h_{12} + q_{m_6} h_6$$

$$q_{m_6} h_6 = q_{m_7} h_7 + \Phi_{CO}$$

$$q_{m_9} h_9 = q_{m_8} h_8 + \Phi_{EV}$$

$$q_{m_9} h_9 + q_{m_{15}} h_{15} = q_{m_{10}} h_{10} + \Phi_{AB}$$

式中，Φ_{GE}、Φ_{RE}、Φ_{EV}、Φ_{AB}、Φ_{CO}分别为发生器输入热量（W）、精馏器放热量（W）、蒸发器吸热量（W）、吸收器放热量（W）、制冷剂与外部冷媒交换的热量（W）。

对于压缩过程有

中间压力

$$p_m = \sqrt{p_3 p_4}$$

第一级压缩机耗功

$$P_{c1} = \frac{q_{m_3}(h_{out,1} - h_{in,1})}{\eta_{isen}}$$

第二级压缩机耗功

$$P_{c2} = \frac{q_{m_3}(h_{out,2} - h_{in,2})}{\eta_{isen}}$$

式中，η_{isen}为压缩机的等熵效率，取 0.6。

吸收-压缩复合式系统的一次能源效率（Primary Energy Efficiency，PEE）为

$$PEE_{new} = \frac{\Phi_{EV}}{\dfrac{\Phi_{GE}}{\eta_h} + \dfrac{P_{c1} + P_{c2}}{\eta_e}}$$

式中，η_h为从天然气到热的效率；η_e为从天然气到电的效率。

该问题的计算条件：发生温度 $T_{GE} = 80\,℃$，蒸发温度 $T_{EV} = 5\,℃$，冷凝温度 $T_{CO} = 30\,℃$，吸收温度 $T_{AB} = 30\,℃$，发生压力 $p_{GE} = 1.351\mathrm{MPa}$，状态点 2 的氨质量比例 $x_2 = 0.6$。

该复合循环系统的 EES 计算程序由上述方程和各状态点参数计算方程组成，请扫码详见本书电子参考资料"吸收-压缩复合式制冷系统分析计算程序"。作为对比的传统氨水吸收式制冷系统的 EES 计算程序请扫码详见本书电子参考资料"传统氨水吸收式制冷系统分析计算程序"。

5.4 转轮除湿空调系统分析

对转轮除湿空调系统的分析参照参考文献［16］。

5.4.1 文献概述

转轮除湿技术利用低品位热能达到室内除湿的效果，与常规冷却去湿相比具有节能优势。过往人们已经对转轮除湿进行了广泛而深入的研究，研究内容包括除湿剂、应用转轮除湿的空调系统等。本节建立了一种运用六个分区硅胶除湿转轮的太阳能辅助空调系统的数学模型，六个分区可实现两级除湿、两级预冷和两级再生，在验证模型后探讨了转轮旋转速度、再生温度、再生空气速度优化的问题。

5.4.2 问题描述

转轮的六个分区及内部通道如图 5-11 所示，六个转轮分区由处理区、再生区和冷却区各

两个组成，所占面积正比于相应的圆心角（可变），除湿剂涂覆在正弦波状的支撑材料上，两侧为供空气流通的内部通道。除湿空调系统如图 5-12 所示。系统由一个除湿转轮、两个交叉流热交换器、两个空气加热器和三个直接蒸发冷却器组成。空气流有五股。第一股空气被冷却除湿，过程如下：状态点 1 的工艺空气通过转轮的第 1 分区后升温减湿到状态点 2，然后在交叉流热交换器中，和再生风显热交换后冷却到状态点 3，之后通过第 2 分区的转轮，在那里其水分被进一步吸附，空气升温减湿到状态点 4，然后在另一个交叉流热交换器中被冷却到状态点 5，最后空气通过一个直接蒸发冷却器，气流被加湿和冷却到状态点 6 后送入房间，用箭头表示即为 1→2→3→4→5→6。第二、三股空气用于转轮的再生，过程如下：7→8→9→10→11，7→8→12→13→14。第四、五股空气用于转轮的冷却，过程如下：15→16。在湿空气焓湿图上，这些过程如图 5-13 所示。

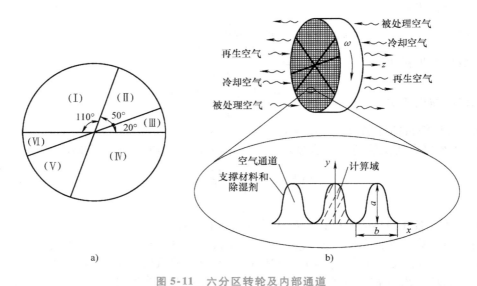

图 5-11　六分区转轮及内部通道

a) 转轮分区，Ⅰ、Ⅳ为处理区，Ⅱ、Ⅴ为再生区，Ⅲ、Ⅵ为冷却区　b) 内部通道

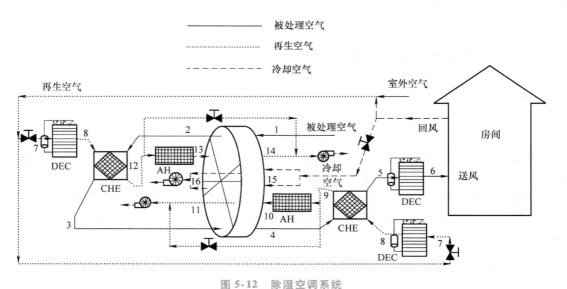

图 5-12　除湿空调系统

DW—除湿转轮　DEC—直接蒸发冷却器　CHE—交叉流热交换器　AH—空气加热器

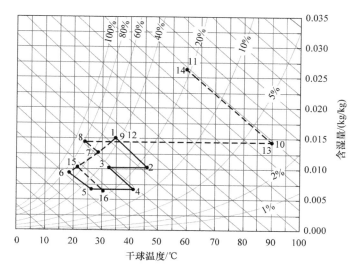

图 5-13　除湿空调系统运行的焓湿图

5.4.3　物理模型

模型假设：①气流的流动是一维的；②忽略流体中的轴向热传导和质量扩散；③忽略轴向水蒸气和吸附水在干燥剂中的扩散；④干燥剂轮内无流体泄漏；⑤所有通道均为不透水、绝热的；⑥热力学性质是恒定和均匀的；⑦气流与除湿剂壁沿流道的传热系数恒定；⑧入口条件在转轮表面上是均匀的，但它们可能随时间而变化；⑨转轮每转一次，无蓄热、蓄湿现象。

除湿空调系统各部件的物理建模如下。

1. 转轮

转轮中流动空气含湿量变化：

$$\frac{\partial Y_a}{\partial Z} = \frac{K_m P_p (Y_w - Y_a)}{u_a \rho_a A_p}$$

式中，下标 a 表示空气；下标 w 表示除湿剂；Y 为含湿量（kg/kg）；K_m 为空气在转轮通道中运动时水分的对流传质系数 [kg/(m²·s)]；P_p 为图 5-11b 计算域曲线部分的长度（m）；A_p 为图 5-11b 计算域中空气所占的面积（m²）；Z 为沿气流方向的空间位置（m）；u 为速度（m/s）；ρ 为密度（kg/m³）。

转轮上除湿剂含水量变化：

$$\frac{\partial W}{\partial t} = \frac{K_m P_w (Y_a - Y_w)}{f_m \rho_w A_w}$$

式中，W 为除湿剂含水量（kg/kg）；t 为时间（s）；P_w 为图 5-11b 计算域曲线部分的长度（m）；A_w 为图 5-11b 计算域中除湿剂所占的面积（m²）；f_m 为转轮中除湿剂的质量比例；ρ_w 为转轮固相密度（kg/m³）。

转轮中流动空气的能量守恒方程为

$$(C_{pa} + Y_a C_{pv}) \frac{\partial T_a}{\partial z} = \frac{h P_p}{u_a \rho_a A_p} (T_w - T_a)$$

式中，T_a 为空气温度（℃）；C_{pa} 为干空气比定压热容 [J/(kg·℃)]；C_{pv} 为水蒸气比定压热容 [J/(kg·℃)]；h 为空气与除湿剂之间的表面传热系数；方程左边项代表空气能量的增加，右边项代表除湿剂与空气交换的热量。

除湿剂的能量守恒方程为

$$(C_{pw} + W f_m C_{pl})\frac{\partial T_w}{\partial t} = \frac{h P_w}{\rho_w A_w}(T_a - T_w) + \frac{K_m P_w H_{sor}}{\rho_w A_w}(Y_a - Y_w)$$

式中，T_w 为除湿剂温度（℃）；C_{pw} 为除湿剂固体部分的比热容 [J/(kg·℃)]；C_{pl} 为除湿剂液体部分的比热容 [J/(kg·℃)]；H_{sor} 为水分吸附热（J/kg）；方程左边项代表除湿剂中能量的存储量，右边第一项为热传导传递的能量，第二项为伴随传质过程传递的能量。

与除湿剂（硅胶）平衡的湿空气的相对湿度 ϕ_w 与硅胶含湿量 W 之间的关系采用如下经验关联式：

$$\phi_w = 0.0078 - 0.0576W + 24.2\,W^2 - 124\,W^3 + 204\,W^4$$

湿空气含湿量 Y_w 与湿空气相对湿度 ϕ_w 存在如下关系：

$$Y_w = \frac{0.622\phi_w p_s}{p_{atm} - \phi_w p_s}$$

式中，p_s 为空气干球温度对应的水的饱和蒸气压（Pa）；p_{atm} 为大气压力（Pa）。

上述方程组的初始条件和边界条件见表 5-3。

表 5-3 转轮描述方程组的初始条件和边界条件

条件	处理区	再生区	冷却区
初始条件	$T_{ap}(t,0) = T_{ap,in}$	$T_{ar}(t,0) = T_{ar,in}$	$T_{ac}(t,0) = T_{ac,in}$
边界条件	$T_{wp}(0,z) = T_{wc}(t_c, L-z)$	$T_{wr}(0,z) = T_{wp}(t_p, L-z)$	$T_{wc}(0,z) = T_{wr}(t_r, L-z)$
	$Y_{wp}(0,z) = Y_{wc}(t_c, L-z)$	$Y_{wr}(0,z) = Y_{wp}(t_p, L-z)$	$Y_{wc}(0,z) = Y_{wr}(t_r, L-z)$

2. 交叉流热交换器

对于用于空气和空气热交换的交叉流热交换器，使用传热单元数即 NTU-ε 法进行计算，传热效能，有

$$\varepsilon_{CHE} = \frac{q_{m_{hot}} C_{pa,hot}(T_{hot,in} - T_{hot,out})}{\min(q_{m_{hot}} C_{pa,hot}, q_{m_{cold}} C_{pa,cold})(T_{hot,in} - T_{cold,in})}$$

式中，q_m 为质量流量（kg/s）；下标 hot 表示热流体，cold 表示冷流体，in 表示进口，out 表示出口。ε_{CHE} 取为 0.55。

3. 直接蒸发冷却器

空气在直接蒸发冷却器中经历等焓变化，出口温度使用传热效能法进行计算，传热效能为

$$\varepsilon_{DEC} = \frac{T_{in} - T_{out}}{T_{in} - T_{wet}}$$

式中，T_{in}、T_{out} 分别为空气进、出直接蒸发冷却器的温度（℃）；T_{wet} 表示环境湿球温度（℃）。ε_{DEC} 取为 0.65。

4. 空气加热器

根据能量平衡方程，空气加热器消耗的热量为

$$Q_{reg} = q_{m_{a,hot}} C_{pa,hot}(T_{ahot,out} - T_{ahot,in}) = q_{m_w} C_{pw}(T_{wi} - T_{wo})$$

式中，$q_{m_{a,hot}}$ 为空气的质量流量（kg/s）；$C_{pa,hot}$ 为空气的比定压热容 [J/(kg·℃)]；$T_{ahot,in}$、$T_{ahot,out}$ 分别为空气进、出加热器的温度（℃）；q_{m_w} 为热水的质量流量（kg/s）；C_{pw} 为水的比热容 [J/(kg·℃)]；T_{wi}、T_{wo} 分别为热水的进、出口温度（℃）。

在忽略风机耗功的情况下，除湿空调系统的热效率为

$$
\text{COP}_{\text{th}} = \frac{Q_{\text{c}}}{Q_{\text{reg}}} = \frac{q_{m_{\text{pa}}}(h_1 - h_6)}{q_{m_{\text{ra1}}} C_p(T_{10} - T_9) + q_{m_{\text{ra2}}} C_p(T_{13} - T_{12})}
$$

式中，$q_{m_{\text{pa}}}$ 为被处理空气的质量流量（kg/s）；$q_{m_{\text{ra1}}}$、$q_{m_{\text{ra2}}}$ 为两股加热空气的质量流量（kg/s）。

模型中一些固定参数和变化参数见表 5-4。

表 5-4 除湿空调系统模型参数及取值

参数及符号	数值及单位	参数及符号	数值及单位
支撑材料正弦高度，a	1.75mm	硅胶比热容，C_{pw}	921J/(kg·℃)
支撑材料正弦宽度，b	3.5mm	硅胶密度，ρ_{w}	720kg/m³
除湿剂涂覆厚度，c	0.15mm	空气密度，ρ_{a}	1.1614 kg/m³
转轮直径，D	0.2m	空气比定压热容，C_{pa}	1005J/(kg·℃)
转轮厚度，L	0.1m	空气导热系数，k_{a}	0.0263W/(m·℃)
除湿剂溶质质量比例，f_{m}	0.7	水蒸气比定压热容，C_{pv}	1872J/(kg·℃)
被处理空气进口温度，$T_{\text{p,in}}$	35℃	水比热容，C_{pl}	4186J/(kg·℃)
被处理空气进口含湿量，$Y_{\text{p,in}}$	15g/kg	转轮转速	6～20r/h
被处理空气进口速度	2.5m/s	再生空气进口温度	65～140℃
再生空气进口含湿量，$Y_{\text{r,in}}$	15g/kg	再生空气进口速度	1.5～5.5m/s
处理区与再生区面积之比，$A_{\text{p}}/A_{\text{r}}$	1～3.57		

计算流程如图 5-14 所示，其中处理区计算的流程如最右侧所示，再生区和冷却区的计算流程类似，MATLAB 程序请扫码详见本书电子参考资料"转轮除湿空调系统分析计算程序"。

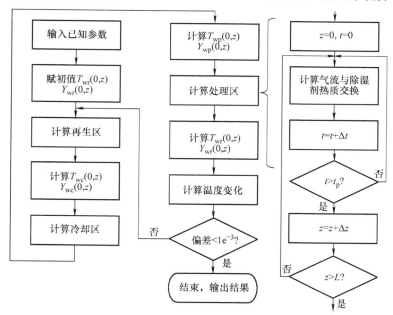

图 5-14 计算流程

5.5 微型 J-T 节流制冷器分析

对微型 J-T 节流制冷器的分析参照参考文献 [17]。

5.5.1 文献概述

焦耳-汤姆孙（J-T）型低温制冷机由于具有结构简单、紧凑及冷却速度快等特点，已广泛应用于红外探测器、冷冻手术探头、热相机和导弹制导系统的冷却。小型焦耳-汤姆孙低温制冷机的性能取决于热交换器的效率。在这种低温制冷机中使用的热交换器是汉普森型回热式热交换器。设计高效的热交换器对于低温制冷机的性能具有至关重要的意义。本节在稳态条件下对热交换器进行了数值模拟，并根据参考文献［17］中的实验数据对结果进行了验证，确定了面积校正因子以计算有效的传热面积，该系数考虑了螺旋几何形状的影响。为获得低温制冷机的最佳性能，本节优化了运行参数（质量流量、压力）和设计参数（热交换器长度、盘管的螺旋直径、翅片尺寸、翅片密度），从而较为系统地解决了小型 J-T 低温制冷机的设计问题。

5.5.2 问题描述

开式微型 J-T 节流制冷器由一个汉普森型回热式热交换器、一个节流元件和一个蒸发器组成，如图 5-15a 所示，制冷器的性能取决于热交换器的效率。汉普森型回热式热交换器的结构如图 5-15b、c 所示，翅片管螺旋缠绕在芯轴上，最外侧设有护罩管，高压制冷工质（如氮气、氩气）在翅片管的管内从上向下流动，经过预冷后节流降压达到低温，低温低压流体在蒸发器中蒸发，提供冷量，随后通过芯轴和护罩管之间的间隙向上流动，与向下的高压流体进行热交换，温度升高，最后被排放出去。以工质氩气为例，图 5-16 给出了整个过程的压-焓图。

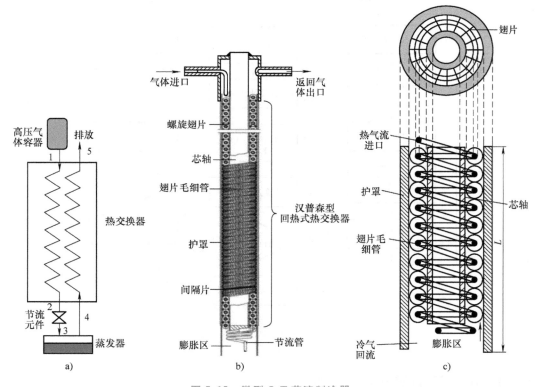

图 5-15　微型 J-T 节流制冷器

a）示意图　b）结构图　c）剖面图

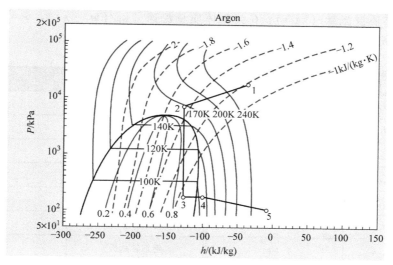

图 5-16　J-T 节流制冷压-焓图

5.5.3　物理模型

模型假设：①热传导是沿热交换器轴线的一维导热；②忽略了毛细管壁沿径向的热传导；③螺旋管为完美的圆形且间距很小；④翅片和护罩管之间的径向间隙忽略不计；⑤护罩管外表面的发射率为定值。

热交换器几何结构建模如下。

1. 低压气体通道面积

从护罩和芯轴之间的总环形面积中减去无翅片的管的横截面面积和螺旋一圈内翅片的面积，可得到低压气体流动通道面积为

$$A_c = \frac{\pi}{4}(d_{si}^2 - d_{mo}^2) - \frac{\pi}{4}\left[(D_{hel} + d_{co})^2 - (D_{hel} - d_{co})^2\right] - N_{\text{fins per coil}}t(d_f - d_{co})$$

式中，$N_{\text{fins per coil}}$ 为螺旋一圈内翅片的个数；d_f 为翅片管的直径（m）。

2. 翅片管表面积和周长的计算

翅片管的表面积为裸毛细管的表面积和一圈中所有翅片两侧的表面积相加，再减去一圈中管上所有翅片的底部所占的表面积，忽略翅片尖端的表面积。计算公式如下：

$$A_s = \pi^2 D_{hel}\left[0.5n(d_f^2 - d_{co}^2) + d_{co}(1 - nt)\right]$$

式中，n 为每米长度上的翅片数。

翅片管表面水力周长，即单位轴向长度的表面积，计算公式如下：

$$p_{co} = \frac{\pi^2 D_{hel}}{d_f}\left[0.5n(d_f^2 - d_{co}^2) + d_{co}(1 - nt)\right]$$

低压侧的水力直径计算公式如下：

$$D_h = \frac{4A_c}{p_{co}}$$

以上方程中未说明的符号含义及取值见表 5-5，该表还列出了其他结构参数。

描述流体状态变化的物理方程如下。

1. 连续性方程

$$\frac{dq_m}{dx} = \frac{d(GA)}{dx} = 0$$

式中，q_m 为气体质量流量（kg/s）；G 为气体质量流速 $[kg/(m^2 \cdot s)]$，$G = \rho u$，其中，ρ 为气体密度（kg/m³），u 为气体流速（m/s）；A 为流动通道面积（m²）。

表 5-5　热交换器结构尺寸　　　　　　　　　　（单位：mm）

尺寸	数值	尺寸	数值
毛细管内径，d_{ci}	0.3	螺旋直径，D_{hel}	3.5
毛细管外径，d_{co}	0.5	管间距	1.0
芯轴内径，d_{mi}	2.3	毛细管圈数	50
芯轴外径，d_{mo}	2.5	翅片高度	0.25
护罩管内径，d_{si}	4.5	翅片间距	0.3
护罩管外径，d_{so}	4.8	翅片厚度，t	0.1
热交换器长度，L	50	毛细管总长	549.5

2. 动量守恒方程

$$\frac{dP}{dx} = -\frac{2fG^2}{\rho d} - G^2 \frac{d(1/\rho)}{dx}$$

式中，P 为气体压力（Pa）；f 为范宁摩擦系数；d 为通道水力直径（m）。

3. 能量守恒方程

高压热流体　　　　　　$q_{m_h} C_{ph} \frac{dT_h}{dx} = h_h p_{ci}(T_w - T_h)$

低压冷流体　$q_{m_c} C_{pc} \frac{dT_c}{dx} = h_c [p_{co}(T_c - T_w) + p_{si}(T_c - T_s) + p_{mo}(T_c - T_m)]$

翅片毛细管　　　$k_w A_w \frac{d^2 T_w}{dx^2} = h_h p_{ci}(T_w - T_h) + h_c p_{co}(T_w - T_c)$

芯轴管　　　　　　　　$k_m A_m \frac{d^2 T_m}{dx^2} = h_c p_{mo}(T_m - T_c)$

护罩管　　　　　　$k_s A_s \frac{d^2 T_s}{dx^2} = h_c p_{si}(T_s - T_c) + h_r p_{so}(T_s^4 - T_a^4)$

式中，下标 h、c、w、m、s、a 分别表示热流体、冷流体、毛细管、芯轴管、护罩管和环境；T 为温度（K）；A 为横截面面积（m²）；h 为表面传热系数 $[W/(m^2 \cdot K)]$；k 为导热系数 $[W/(m \cdot K)]$；C_p 为比定压热容 $[J/(kg \cdot K)]$；h_r 为通过辐射形式传热的系数 $[W/(m^2 \cdot K^3)]$。

上述五个微分方程的边界条件如下：

$x = 0$ 处，$T_h = T_{h,in}$，$\frac{dT_w}{dx} = 0$，$\frac{dT_s}{dx} = 0$，$\frac{dT_m}{dx} = 0$，$P = P_{h,in}$

$x = L$ 处，$T_c = T_{c,out}$，$\frac{dT_w}{dx} = 0$，$\frac{dT_s}{dx} = 0$，$\frac{dT_m}{dx} = 0$，$P = P_{c,out}$

式中，$P_{h,in}$、$T_{h,in}$ 分别为热流体进口压力（Pa）和温度（K）；$P_{c,out}$、$T_{c,out}$ 分别为冷流体出口压力（Pa）和温度（K）。

4. 传热和流动关联式

高压气体在螺旋线圈中流动时的范宁摩擦系数为

$$f = 0.184 \left(1 + 3.5 \frac{d_{ci}}{D_{hel}}\right) Re^{-0.2}$$

低压流体在翅片间流动时的范宁摩擦系数为

$$f = 0.184\,Re^{-0.2}$$

式中，Re 为雷诺数。

热流体在 $Re > 1 \times 10^4$ 时的表面传热系数为

$$h_{\mathrm{h}} = 0.023 C_{ph} G_{\mathrm{h}}\,Re_{\mathrm{h}}^{-0.2}\,Pr_{\mathrm{h}}^{-2/3}\left(1 + \frac{3.5\,d_{\mathrm{ci}}}{D_{\mathrm{hel}}}\right)$$

冷侧流体在 $2.0 \times 10^3 < Re < 3.2 \times 10^4$ 时的表面传热系数为

$$h_{\mathrm{c}} = 0.26 C_{pc} G_{\mathrm{c}}\,Re_{\mathrm{c}}^{-0.4}\,Pr_{\mathrm{c}}^{-2/3}$$

护罩管和环境间通过辐射形式传热的系数为

$$h_{\mathrm{r}} = \cfrac{\sigma}{\cfrac{1}{e_{\mathrm{s}}} + \cfrac{A_{\mathrm{so}}}{A_{\mathrm{r}}}\left(\cfrac{1}{e_{\mathrm{r}}} - 1\right)}$$

式中，σ 为玻尔兹曼常数 $[\mathrm{W}/(\mathrm{m}^2 \cdot \mathrm{K}^4)]$；$e_{\mathrm{s}}$ 为护罩管表面发射率；A_{r}、e_{r} 分别为节流制冷器周围空间表面的面积（m^2）和发射率。

5. 物性计算

工质热物性使用 aspenONE 软件的 BWR-S 方程计算。其他材料的导热系数 k 与热力学温度 T 之间的关系如下：

铜（毛细管材料） $\qquad\qquad\qquad\qquad\qquad\qquad k = 0.0028 T^2 - 1.525 T + 608$

莫奈尔合金（曾称蒙乃尔合金，芯轴材料） $\qquad k = 6.5169 \ln T - 14.76$

不锈钢（护罩管材料） $\qquad\qquad\qquad\qquad\quad k = 5.0353 \ln T - 13.797$

微型 J-T 节流制冷器模拟计算流程如图 5-17 所示，MATLAB 程序请扫码详见本书电子参考资料"微型 J-T 节流制冷器分析计算程序"。

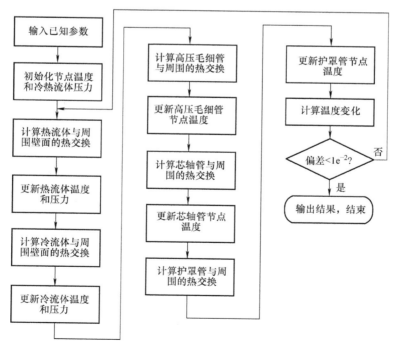

图 5-17　微型 J-T 节流制冷器模拟计算流程

5.6 低温黏性压缩机分析

对低温黏性压缩机的分析参照参考文献 [18]。

5.6.1 文献概述

国际热核反应堆（International Thermonuclear Experimental Reactor，ITER）装置在气体的流动和处理方面有许多课题，其中，等离子体环形区域需要在真空环境下运行，运行产生的氢同位素和氦被低温吸附，随后在再生过程中被排放。低温黏性压缩机（Cryogenic Viscous Compressor，CVC）与其他机械泵一起，构成了氢同位素和氦分离的初级提纯系统。目前，美国橡树岭国家实验室已经建立了缩小的 CVC 实验装置，但缺乏充足、有效的数据来量化分析实验过程。为此本节建立了 CVC 工作过程的一维瞬态模型，表征了 CVC 内的物质、动量和能量输送特性，并和 CVC 缩小实验装置的实验数据取得了良好一致。

5.6.2 问题描述

低温黏性压缩机原理如图 5-18 所示，其主体是一个同心套管热交换器，氢同位素和微量氦气的混合物流过内管，而冷氦气（7～9K）作为冷却剂流过外部环形管。当泵表面温度低于氢的三相点温度时，黏性流中的氢分子开始沉积在泵表面，从气态转变为固态。凝华，即氢分子从蒸气向固体的相变，是 ITER 低温黏性压缩机的主要工作机制。表 5-6 给出了氢的饱和蒸气压随温度的变化。受到氢沉积的影响，混合气在径向和轴向都会发生质量、动量和能量的变化，同时，混合气和冷却氦气之间传热的热阻也会随着沉积发生变化。

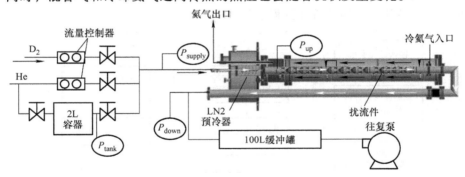

图 5-18 低温黏性压缩机原理

表 5-6 氢的饱和蒸气压随温度的变化

温度/K	5	6	7	8	9	10
蒸气压/Pa	0.00476	0.16	2.08	14.91	71.23	255.58

5.6.3 物理模型

模型假设：①混合气当作纯氢气处理，以下氢气均指混合气；②氢和氦的流量都为恒定值；③流动按照一维处理。

针对图 5-19 所示的 CVC 微元，可以建立以下方程。

1. 氢的连续性方程

$$r \frac{\mathrm{d}M_{z,\mathrm{H_2}}}{\mathrm{d}z} + 2M_{r,\mathrm{H_2}} = 0$$

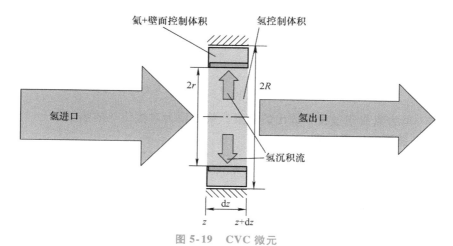

图 5-19   CVC 微元

式中，M_{z,H_2} 为氢的轴向质量流速 $[kg/(m^2 \cdot s)]$；M_{r,H_2} 为氢的径向质量流速 $[kg/(m^2 \cdot s)]$，即氢沉积在壁面上的速度。它们的计算公式如下：

$$M_{z,H_2} = \rho_{H_2} u_z$$
$$M_{r,H_2} = h_m(\rho_{H_2} - \rho_{H_2,w})$$

式中，ρ_{H_2} 为流体中氢的密度 (kg/m^3)；$\rho_{H_2,w}$ 为低温泵表面固体蒸气压下的氢密度 (kg/m^3)；u_z 为氢的轴向速度 (m/s)；h_m 为氢的传质系数 (m/s)，计算公式如下：

$$h_m = \frac{Sh \cdot D_{ab}}{2r}$$

式中，D_{ab} 为氢在混合气中的扩散系数 (m^2/s)；Sh 为舍伍德（Sherwood）数，在 EES 中可调用过程 PipeFlow_N_local 计算。

2. 氢气流的动量方程

$$r\frac{d\Phi_{zz}}{dz} + 2\,\Phi_{rz} = 0$$

$$\Phi_{zz} = \rho_{H_2} u_z u_z + P$$

$$\Phi_{rz} = \Delta P_{friction} + M_{r,H_2} u_z$$

式中，Φ_{zz} 为轴向动量通量（Pa）；Φ_{rz} 为径向动量通量（Pa）；$\Delta P_{friction}$ 为 dz 长度对应的摩擦损失，计算公式如下

$$\Delta P_{friction} = \rho_{H_2} f \frac{u_z^2}{2}\frac{dz}{2r}$$

式中，f 为摩擦系数。

3. 氢气流的能量方程

$$r\frac{dE_z}{dz} + 2E_r = 0$$

$$E_z = \rho_{H_2} u_z h_{H_2} + \rho_{H_2} u_z \frac{u_z^2}{2}$$

$$E_r = M_{r,H_2}\left(h_{H_2} + \frac{1}{2}u_z^2\right) + h_t(T - T_w)$$

式中，T 和 T_w 分别为氢和壁面的温度（K）；h_t 为氢的表面传热系数 $[W/(m^2 \cdot K)]$，计算公式如下：

$$h_t = \frac{Nu}{2r}k$$

式中，k 为氢的导热系数 $[W/(m \cdot K)]$；Nu 为努塞特（曾译为努谢尔特）数，在 EES 中可调用过程 PipeFlow_N_local 计算。

4. 氢气流与壁面间的热流

$$E_{r,H_2 \to w} = M_{r,H_2}\left(\Delta h_{H_2} + \frac{1}{2}u_z^2\right) + h_t(T - T_w)$$

式中，右边第一项为氢凝华过程中放出的热量，第二项为对流传热的热量。

5. 氦气流与壁面的能量变化

$$E_{r,H_2 \to w} A_s = Q_{r,w \to coolant} + \frac{\Delta U_w}{\Delta t}$$

$$Q_{r,w \to coolant} = \frac{T_w - T_{coolant}}{R_{coolant}}$$

式中，A_s 为传热面的面积（m^2）；$\Delta U_w/\Delta t$ 为壁面内能变化；$Q_{r,w \to coolant}$ 为氦气流与壁面间的传热量；$R_{coolant}$ 为热阻（K/W）。

6. 气体状态方程

$$P = \rho R_m T$$

即按照理想气体处理氢气和氦气，此处 R_m 为氢气或氦气的气体常数 $[J/(kg \cdot K)]$。

作为一个非稳态传热和流动问题，其初始和边界条件如下：①入口氢气质量流量稳定在 0.0011g/s；②入口氢气温度稳定在 77K；③入口氢气压力和入口氦气温度依据测量值（见图 5-20，数据提取可采用 getdata 等软件）；④泵体初始温度与氦气温度一致。

低温黏性压缩机分析计算流程如图 5-21 所示，其中 t_L 为计算时长，MATLAB 程序请扫码详见本书电子参考资料"低温黏性压缩机分析计算程序"。

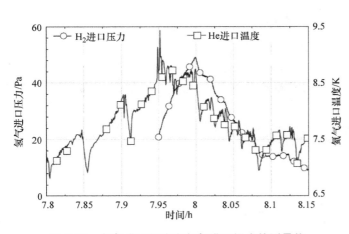

图 5-20　氢气进口压力和氦气进口温度的测量值

图 5-21　低温黏性压缩机分析计算流程

练习题

5-1　例 5-1 设计的热泵若工质改为 R32，同样设计工况下两器制冷剂充注量为多少？如果要做到精准计算，还需要什么方面的数据？

5-2　两相区平均空泡系数计算公式在特殊情况① $x_{in}=0$、$x_{out}=1$，② $x_{in}=1$、$x_{out}=0$ 下，可化简成什么形式？

5-3　微型 J-T 节流制冷器分析中，工质为纯氩气，如果工质不够纯，为 99% Ar + 1% O$_2$（摩尔分数），编程分析对制冷量会有何影响。

5-4　低温黏性压缩机分析采用理想气体来描述所涉氢气和氦气，试评估该简化对计算结果的影响。

5-5　阅读以下文献中的一篇，结合其所描述问题的数学模型，分析问题的可解性，画出求解流程图和程序结构图，编制程序求解问题，并将计算结果与原文进行对比。可选文献如下：

1）ZHANG H N, SHAO S Q, XU H B, et al. Numerical Investigation on Fin-Tube Three-Fluid Heat Exchanger for Hybrid Source HVAC&R Systems [J]. Applied Thermal Engineering, 2016, 95: 157-164.

2）KUMAR K, SINGH A, SHAIK S, et al. Comparative Analysis on Dehumidification Performance of KCOOH-LiCl Hybrid Liquid Desiccant Air-Conditioning System: An Energy-Saving Approach [J]. Sustainability, 2022, 14 (6): 1-22.

3）AMMAR MAH, BENHAOUA B, BALGHOUTHI M. Simulation of Tubular Adsorber for Adsorption Refrigeration System Powered by Solar Energy in Sub-Sahara Region of Algeria [J]. Energy Conversion and Management, 2015, 106: 31-40.

4）KHOSRAVI A, KOURY RNN, MACHADO L. Thermo-Economic Analysis and Sizing of the Components of an Ejector Expansion Refrigeration System [J]. International Journal of Refrigeration, 2018, 86: 463-479.

5）KARKI KC, PATANKAR SV. Airflow Distribution Through Perforated Tiles in Raised-Floor Data Centers [J]. Building and Environment, 2006, 41 (6): 734-744.

6）CHAUHAN SS, RAJPUT SPS. Thermodynamic Analysis of the Evaporative-Vapour Compression Based Combined Air Conditioning System for Hot and Dry Climatic Conditions [J]. Journal of Building Engineering, 2015, 4: 200-208.

7）YANG Y A, REN C A, TU M B, et al. Theoretical Performance Analysis of a New Hybrid Air Conditioning System with Two-Stage Energy Recovery in Cold Winter [J]. International Journal of Refrigeration, 2020, 117: 1-11.

8）CAO HS, MUDALIAR AV, DERKING JH, et al. Design and Optimization of a Two-stage 28K Joule-Thomson Microcooler [J]. Cryogenics, 2012, 52 (1): 51-57.

9）THOMAS RJ, GHOSH P, CHOWDHURY K. Role of Heat Exchangers in Helium Liquefaction Cycles: Simulation Studies Using Collins Cycle [J]. Fusion Engineering and Design, 2012, 87 (1): 39-46.

10）CHANG H M, CHUNG MJ, KIM MJ, et al. Thermodynamic Design of Methane Liquefaction System Based on Reversed-Brayton Cycle [J]. Cryogenics, 2009, 49 (6): 226-234.

参 考 文 献

［1］陈光明，陈国邦. 制冷与低温原理 ［M］. 2 版. 北京：机械工业出版社，2010.

［2］HEROLD K E, RADERMACHER R, KLEIN S A. Absorption Chillers and Heat Pumps ［M］. 2nd. Boca Raton：CRC Press, 2016.

［3］吴业正. 制冷原理及设备 ［M］. 4 版. 西安：西安交通大学出版社，2015.

［4］丁国良，张春路. 制冷空调装置智能仿真 ［M］. 北京：科学出版社，2002.

［5］DHAR P L. Thermal System Design and Simulation ［M］. New York：Academic Press, 2017.

［6］陆亚俊，马最良，邹平华. 暖通空调 ［M］. 3 版. 北京：中国建筑工业出版社，2015.

［7］KERRY F G. Industrial Gas Handbook：Gas Separation and Purification ［M］. Boca Raton：CRC Press, 2007.

［8］童景山. 流体热物性学：基本理论与计算 ［M］. 北京：中国石化出版社，2008.

［9］TAYLOR R, KRISHNA R. Multicomponent Mass Transfer ［M］. New York：John Wiley & Sons, Inc. , 1993.

［10］MATHEWS J H, FINK K D. Numerical Methods Using MATLAB ［M］. 4th. New Jersey：Prentice Hall, 2004.

［11］KLEIN S A, NELLIS G F. Mastering EES ［M］. Madison：F-Chart Software, 2012—2021.

［12］吴业正. 小型制冷装置设计指导 ［M］. 北京：机械工业出版社，1998.

［13］BITTLE R R, WOLF D A, PATE M B. AGeneralized Performance Prediction Method for Adiabatic Capillary Tubes ［J］. HVAC&R Research, 1998, 4 (1)：27-44.

［14］MOSAFFA A H, FARSHI L G, INFANTE FERREIRA C A, et al. Exergoeconomic and Environmental Analyses of CO_2/NH_3 Cascade Refrigeration Systems Equipped with Different Types of Flash Tank Intercoolers ［J］. Energy Conversion & Management, 2016, 117：442-453.

［15］WANG J, WANG B L, WU W, et al. Performance Analysis of an Absorption-compression Hybrid Refrigeration System Recovering Condensation Heat for Generation ［J］. Applied Thermal Engineering, 2016, 108：54-65.

［16］ELZAHZBY A M, KABEEL A E, BASSUONI M M, et al. A Mathematical Model for Predicting the Performance of the Solar Energy Assisted Hybrid Air Conditioning System, with One-rotor Six-stage Rotary Desiccant Cooling System ［J］. Energy Conversion & Management, 2014, 77：129-142.

［17］ARDHAPURKAR P M, ATREY M D. Performance Optimization of a Miniature Joule-Thomson Cryocooler Using Numerical Model ［J］. Cryogenics, 2014, 63：94-101.

［18］ZHANG D S, MILLER F K, PFOTENHAUER J M. Solid Deposition in the ITER Cryogenic Viscous Compressor ［J］. Cryogenics, 2016, 78：14-26.

［19］CHANG H M, LIM H S, CHOE K H. Effect of Multi-stream Heat Exchanger on Performance of Natural Gas Liquefaction with Mixed Refrigerant ［J］. Cryogenics, 2012, 52 (12)：642-647.

［20］MULAY V, KULKARNI A, AGONAFER D, et al. Effect of the Location and the Properties of Thermostatic Expansion Valve Sensor Bulb on the Stability of a Refrigeration System ［J］. Journal of Heat Transfer, 2005, 127 (1)：85-94.